PXA320을 이용한

임베디드 시스템 구성 및 응용

남상엽 · 하이버스(주) 기술연구소 공저

도서출판 상 학 당

이 책의 머리말 Preface

21세기로 접어든 지금, 세계 IT 산업은 디지털 기술과 인터넷의 확산으로 디지털, 가전, 컴퓨터, 방송 등 다양한 산업분야가 융합되어 새로운 부가가치를 창출하는 디지털 컨버전스와 사람, 사물, 기계 등 무엇이든지 서로 접속하여 실시간으로 어떠한 정보든지 주고받을 수 있는 환경으로 빠르게 진화하고 있다. 유비쿼터스 컴퓨팅 패러다임은 인간 생활을 둘러싼 모든 환경과 사물 속에 특정 용도와 기능 중심의 컴퓨터를 센서, 칩, 배지 등과 같은 포스트 PC 형태로 내장하고 이들을 유무선 네트워크로 연결함으로써 보이지 않은 컴퓨터를 통해 사람, 장소, 사물의 시시각각 변하는 상황 정보를 활용할 수 있는 미래 정보화의 핵심으로 떠오르고 있다. 이러한 포스트 PC의 시대에 맞추어 적용될 기술적 요소의 무언가가 필요해졌고, 그에 따라 등장한 것이 이 '임베디드(Embedded) 시스템'이다.

임베디드 시스템의 하드웨어는 임베디드 프로세서/임베디드 컨트롤러, 메모리, I/O 장치, 네트워크 장치, 센서, 구동기 등으로 구성되어 있고 임베디드 시스템의 소프트웨어는 운영체제, 시스템 소프트웨어 및 응용 소프트웨어로 구성되어 있다.

이 임베디드 시스템에 사용된 프로세서는 마벨 PXA320 32비트 고성능 프로세서로 제작되었다. PXA320은 기존의 PXA270에 비해 성능 개선, 연장된 배터리 수명을 제공하기 때문에 비디오와 오디오 능력의 개선을 실현할 수 있게 한다. MusicMax 기술을 채택한 Wireless Intel SpeedStep은 지능형 전력관리 기능을 제공해 가변적인 전력 상태를 가능케 하기 때문에 사용자들은 배터리 수명에 손상을 주지 않으면서도 핸드셋에서 최고 30시간까지 MP3를 재생할 수 있다. PXA3x0 애플리케이션 프로세서 제품군에 탑재된 Intel VideoMax 기술은 고성능 비디오 능력을 지원하며, PXA3x0 프로세서 제품군의 미래 버전에도 개선된 해상도를 계속 제공할 것이다. 전력 효율적인 비디오 플레이백과 캡처 능력은 고해상도 콘텐츠를 가능하게 해주며 30fps에서 최고 D1 해상도까지의 풍부한 비디오 품질을 위해 H.264 같은 첨단 코덱을 지원한다. PXA3x0 제품군은 또한 디지털 카메라, 떨림방지 같은 첨단 카메라 효과, 최고 5메가 픽셀까지의 카메라 센서를 지원한다.

여기서 임베디드 시스템(X-Hyper320TKU)의 OS는 커널과 커널을 보조하는 시스템 프로세서, 디바이스 드라이버, API, 데이터 파일, 응용 프로그램으로 구성된 리눅스

(우분투) 기반으로 실습하도록 구성되어 있다. Ubuntu(우분투)는 리눅스의 수많은 배포판 중 한 가지이며, 특히 개인용 PC에 최적화된 배포판을 한다. Ubuntu에서 할 수 없는 일은 없다고 보는 것이 맞는 것 같다.

임베디드 시스템을 개발하려면 기본적인 요소인 '호스트 PC'는 임베디드 시스템 개발을 위한 컴퓨터를 말하며, '타깃 PC(Target PC)'은 실제 임베디드 시스템이 설치된 개발하고자 하는 하드웨어를 말한다. 호스트에는 개발을 위한 개발 툴, 개발된 응용 프로그램을 임시로 수행해 볼 수 있는 타깃 시뮬레이터, 타깃과 연결되어 타깃에 개발된 이미지를 업로드하거나 타깃에 반응하는 디버그 에이전트를 통해 원격 디버깅을 할 수 있게 하는 타깃 서버가 설치돼 있다. 또한, 타깃에는 호스트에서 만들어져서 설치된 여러 컴포넌트가 존재하는데 타깃을 부팅하기 위한 부트로더와 커널, 그리고 임베디드 응용 프로그램이 존재하게 된다. 호스트에 설치된 개발 툴에는 타깃에서 수행될 수 있는 바이너리를 생성하는 크로스 컴파일러가 존재하며 그 밖에 오류를 검색해 주는 디버그 등으로 이루어져 있다. 임베디드 시스템 개발과정은 대략 부트로더 개발, 커널 및 파일시스템 개발, 응용 프로그램 개발의 세 단계로 볼 수 있다.

이 책은 32bit 프로세서인 PXA320를 기반으로 한 X-Hyper320TKU 보드를 이용하여 컴퓨터 · 전자 · 통신 분야 관련 학생과 초보개발자를 대상으로 한 임베디드 시스템 프로그램에 대한 기본학습 및 실습을 위한 책으로서, 처음 리눅스를 접하는 학생 및 개발자에게 쉽고 빠르게 접근할 수 있도록 하는 데 초점을 맞추어 편찬되었다.

이 책의 주요 구성은 다음과 같다.

제 I 부는 임베디드 시스템의 환경 구축으로 1장은 임베디드 시스템의 기초부분으로서 임베디드 시스템의 개요, 임베디드 시스템의 활용, 임베디드 시스템의 향후 전망, 임베디드 시스템 프로세서의 종류 및 특징, PXA320 프로세서, PXA320과 PXA270의 비교 및 X-Hyper320-TKU와 X-Hyper27…TKU 사양비교를 설명하였다.

2장에서는 임베디드 타깃시스템인 X-Hyper320-TKU의 구성 및 성능에 대한 내용으로 구성하였으며 특히 PXA320 프로세서에 대한 개괄적인 특징을 설명하였다.

3장에서는 임베디드 시스템 개발환경 구축을, 4장에서는 디바이스 드라이버 활용으로써 디바이스 드라이버의 개요, 파일 연산, 디바이스 드라이버의 등록과 해제, 디바이스 드라이버 구성, 리눅스 시스템의 디바이스 드라이버 구조, 디바이스 드라이버 구현 그리고 블록 디바이스와 네트워크 디바이스에 대하여 설명하였다.

5장은 임베디드 시스템의 디바이스 드라이버인 프레임 버퍼, 이더넷, 사운드,

UARTs, USB Slave Host, MMC/SD/SDO, RTC, Touch, Dot Matrix, FND, Char LCD, Key Scan, Stepper Motor, DC Motor, LED, GPIO LED, ADC/DAC_test에 대한 설명이다.

6장은 임베디드 시스템의 응용으로써 NFS, GQMPEG, GQVIEW, MPLAYER, TinyX에 대한 응용분야를 간단히 설명하였다.

제II부에서는 실질적인 임베디드 시스템 응용과 실습부분으로써 7장은 스톱워치, 8장은 MP3 player, 9장은 산성비 게임, 10장은 DC 모터 제어, 11장은 Berkeley DB 애플리케이션, 제12장은 GTK Painter, 13장은 PXA Camera, 14장은 SDL 애니메이션으로 구성하여 실습을 할 수 있다.

끝으로 이 책을 집필하는 데 많은 도움을 주신 하이버스(주)의 김태형 사장님과 임직원 관계자 여러분께 감사의 말씀을 전하고, 도서출판 상학당의 관계자 여러분에게 감사의 마음을 전한다. 그리고 어려운 환경 속에서 이 책을 집필하는 데 많은 도움을 준 서정훈 군에게 감사의 말을 전한다.

저자 씀

이 책의 차례 Contents

I부 임베디드 시스템 환경 구축

제 I 부

임베디드 시스템 환경 구축

제 1 장

임베디드 시스템

1.1 임베디드 시스템의 개요

1. 임베디드 시스템

어떤 시스템에 내장되어 특정한 목적만을 수행하는 컴퓨터의 하드웨어와 소프트웨어가 결합한 고기능의 전자제어 시스템을 말한다.

임베디드 시스템(embedded system)의 일반적인 의미는 마이크로프로세서/마이크로컨트롤러를 내장(embedded)하여 원래 제작자가 의도한 특정한 기능만을 수행하는 장치이다.

2. 임베디드 시스템의 구성

임베디드 하드웨어는 임베디드 프로세서/임베디드 컨트롤러, 메모리, I/O 장치, 네트워크 장치, 센서, 구동기 등으로 구성되어 있고 임베디드 소프트웨어는 운영체제, 시스템 소프트웨어 및 응용 소프트웨어로 구성되어 있다.

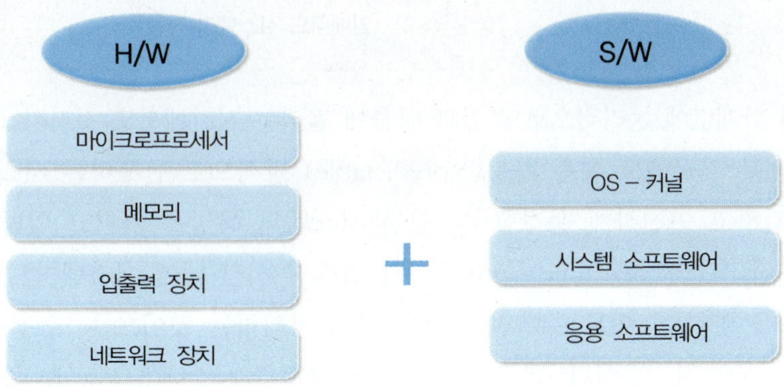

[그림 1-1] 임베디드 시스템의 구성

3. 임베디드 시스템의 특징

특정한 기능에 부합하는 최적화(application-specific functionality), 소형, 경량화, 저전력화, 고신뢰성이면서 네트워크를 지원하고 멀티미디어를 지원하는 시스템으로 실시간 운영이 되는 열악한 환경하에서도 데드라인(deadline) 이내, 즉 반응에 요구되는

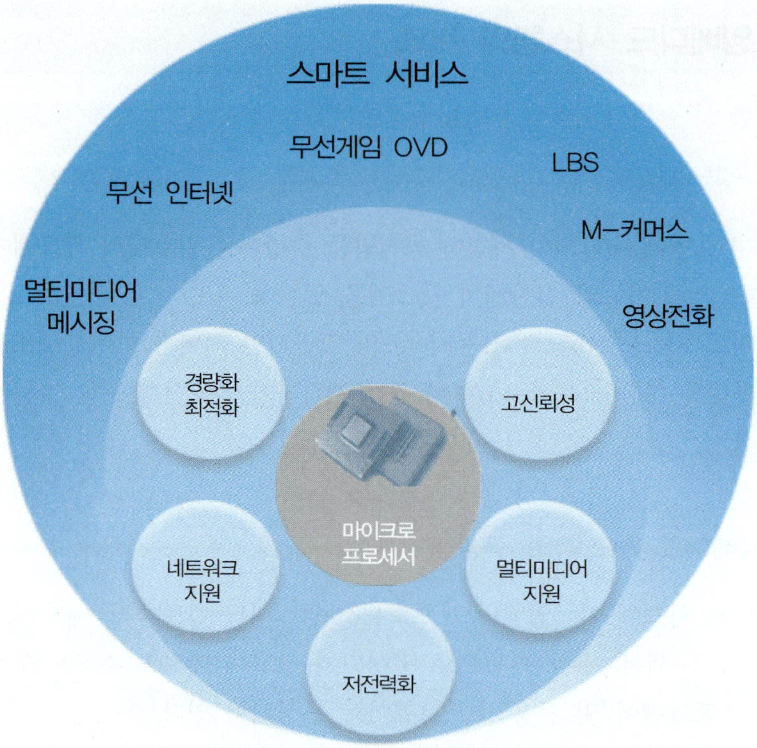

[그림 1-2] 임베디드 시스템의 특징

시간의 한계값에 논리적으로도 결과 산출에 걸리는 시간에서도 적시성(timeliness)을 가지며 외부 자극에도 예측 가능한(predictable) 방식으로 반응하는 시스템으로서 가격에 민감하고 안전하게 동작할 수 있는 시스템의 특징을 가지고 있다.

실시간 시스템(real time system)이란 정해진 시간 내에 시스템이 결과를 출력하는 시스템을 말한다. 이는 주어진 작업을 빨리 처리하는 것이 아니고 정해진 시간을 넘어서는 안된다는 뜻이다. 분류는 하드웨어 실시간 시스템(hardware real-time system)과 소프트웨어 실시간 시스템(software real-time system)으로 분류된다.

① 하드웨어 실시간 시스템은 정해진 시간(deadline) 내에 처리하지 않으면 치명적인 결과를 가져올 때에 작업의 결과가 절대적으로 출력되어야 하는 시스템으로 주로 전투기의 비행제어 시스템, 핵발전소의 제어 시스템, 인공위성의 제어 시스템 등이 이에 해당한다.

② 소프트웨어 실시간 시스템은 정해진 범위를 넘는 시간(deadline) 지연이 발생하

더라도 그것이 시스템의 에러가 되지 않는 시스템으로 주로 컴퓨터, 정보기기, 네트워크 관련기기 등이 이에 해당한다.

임베디드 시스템은 대부분 실시간적인 요소가 내포되어 있고 실시간 시스템이 포함되어 있어야 한다.

1.2 임베디드 시스템의 활용

① 정보가전 : 세탁기, 오디오, 인터넷 냉장고, HDTV 등
② 제어분야 : 공장자동화, 가정자동화, 로봇 제어, 공정제어 등
③ 정보기기 : 핸드폰, PDA, 스마트폰, LBS 등
④ 네트워크기기 : 교환기, Router, 공유기, 홈게이트웨이 등
⑤ 게임기기 : 가정용 게임기(PS2, Xbox, PSP), 지능형 장난감 등
⑥ 항공/군용 : 비행기, 우주선, 로켓, 야전 이동단말(GPS, GIS)
⑦ 물류/금융 : ATM, RFID, 물류단말, 영업단말 등
⑧ 차량/교통 : 자동차, ITS 등
⑨ 사무, 의료 : 전화기, 프린터, Heart pacer, 수술 로봇, 증강현실장비

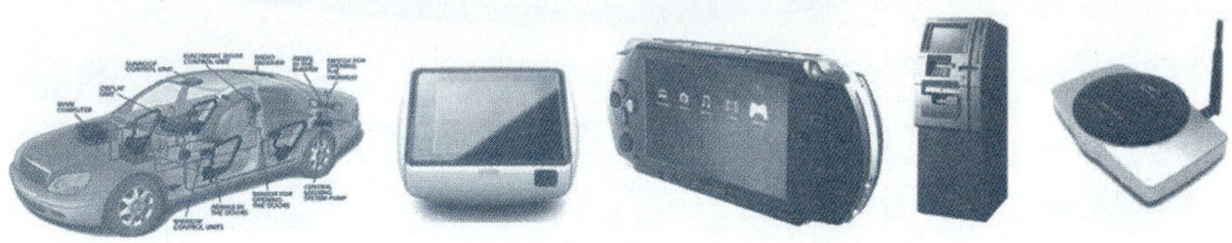

[그림 1-3] 임베디드 시스템의 응용

1.3 임베디드 시스템의 향후 전망

1. 프로세서

① 대부분의 프로세서가 임베디드 시스템용으로 사용한다.

② 데이터 처리용량 증가로 인하여 32비트 코어에서 64비트 코어로 발전한다.

③ 고성능의 파이프라인, DSP, 자바 처리전용 H/W 추가한다.

④ 많은 종류의 마이크로프로세서/컨트롤러 중 응용에 최적인 제품을 찾아내는 것이 설계에서 매우 어렵고 중요한 작업이다.

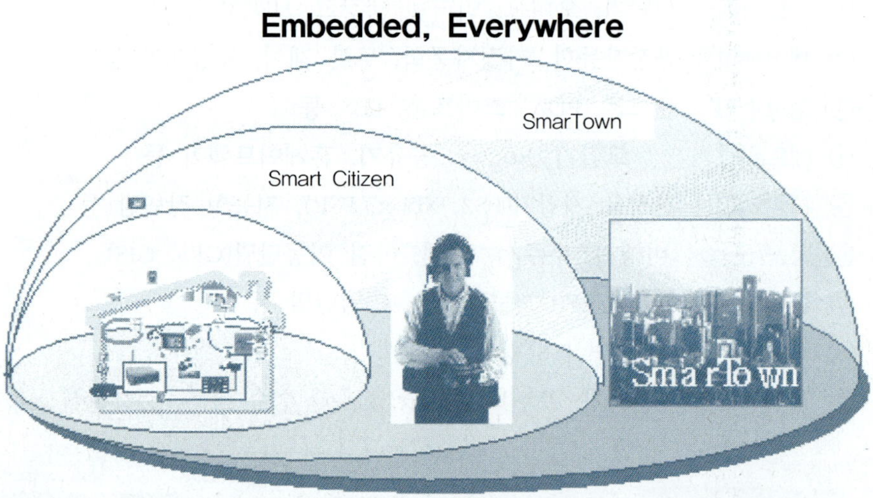

서버	홈서버	퍼스널 서버	웹서비스 서버
클라이언트	정보가전	웨어러블 단말	임베디드 시스템
통신망	홈네트워크	개인통신망	유비쿼터스 네트워크
서비스 유형	홈서비스	모바일 서비스	유비쿼터스 서비스

[그림 1-4] 임베디드 시스템의 향후 전망

2. SoC(System-On-a-Chip)

① CPU, 메모리, DSP, I/O 등을 하나의 칩으로 만드는 기술로써 CPU칩, 메모리 칩, 주변장치 칩 들을 따로 사용하여 설계한다.

② 각 칩에 해당되는 회로를 각각의 IP(Intellectual Property 또는 지적재산권)로 확보해서 한 개의 칩으로 설계한다.

③ 수백만 게이트급의 칩으로 제작된다.

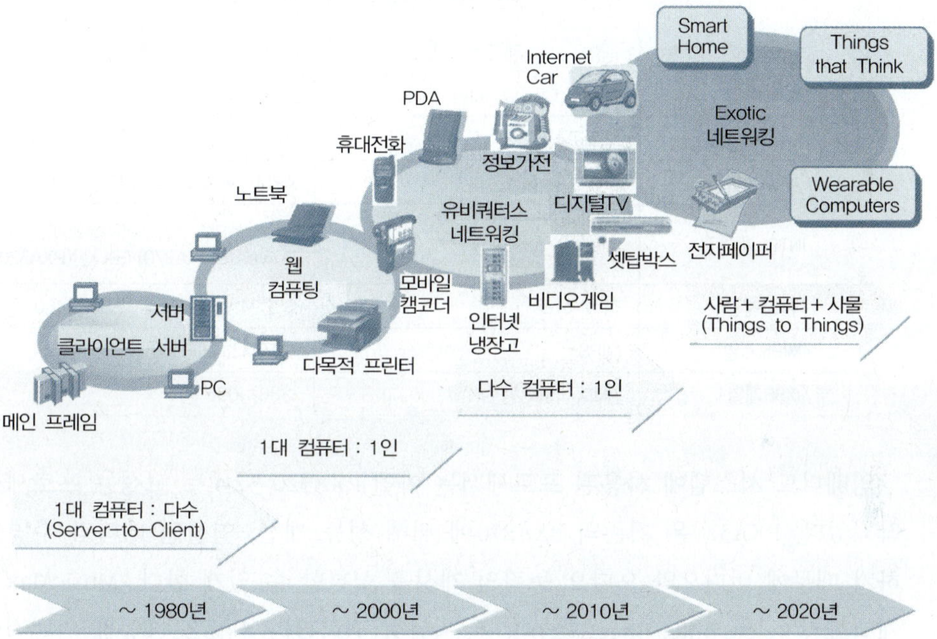

[그림 1-5] 새로운 시대의 가능성

1.4 임베디드 프로세서

임베디드 프로세서는 8비트에서 64비트까지 다양한 종류와 특징을 가지고 있다. 특히 〈표 1-1〉에서 보는 바와 같이 프로세서의 CISC와 RISC별, 제조사별 다양한 종류가 생산되고 있다.

〈표 1-1〉 임베디드 프로세서의 종류

프로세서	제 조 사	종 류
8051계열	Atmel, Cirrus, intel, TI 등	8051
PowerPC계열	모토로라(현재 ; Freescale)	MPC860, 850, 8260
ARM계열	ARM	ARM7, ARM9, ARM10, ARM11
INTEL계열	Intel	strongARM, Xscale(PXA255), Bulverde(PXA270) 모나한(PXA320)
삼성계열	삼성Korea	S3C2410, S3C2440, S3C2460 등
MIPS계열	MIPS	MIPS32, MIPS63 등
X86계열	AMD, Intel 등	I386, I686 등

임베디드 시스템에 사용된 프로세서는 마벨 PXA320 32비트 고성능 프로세서로 제작되었다. PXA320은 기존의 PXA270에 비해 성능 개선, 연장된 배터리 수명을 제공하기 때문에 비디오와 오디오 능력의 개선을 실현할 수 있게 한다. MusicMax 기술을 채택한 Wireless Intel SpeedStep(R)은 지능형 전력관리 기능을 제공해 가변적인 전력 상태를 가능케 하기 때문에 사용자들은 배터리 수명에 손상을 주지 않으면서도 핸드셋에서 최고 30시간까지 MP3를 재생할 수 있다.

PXA3x0 애플리케이션 프로세서 제품군에 탑재된 Intel VideoMax 기술은 고성능 비디오 능력을 지원하며, PXA3x0 프로세서 제품군의 미래 버전에도 개선된 해상도를 계속 제공할 것이다. 전력이 효율적인 비디오 플레이백과 캡쳐능력은 고해상도 콘텐츠를 가능하게 해주며, 30fps에서 최고 D1 해상도까지의 풍부한 비디오 품질을 위해 H.264 같은 첨단 코덱을 지원한다. PXA3x0 제품군은 또한 디지털 카메라, 떨림방지 같은 첨단 카메라 효과, 최고 5메가픽셀까지의 카메라 센서를 지원한다. Intel XScale 프로세서 기술에서 기대되는 바와 같이 마벨 PXA3x0 프로세서 제품군은 주파수 확장과 범용 컴퓨팅 능력부문에서 시장을 계속 리드해 나가고 있다.

사용자들은 마벨 PXA3x0 프로세서 기반의 휴대전화와 소비자용 핸드헬드 기기들을 체험한 후에는 "624 또는 806MHz로의 확장성"이라는 것이 즉각적인 반응(기다리지 않음)뿐만 아니라 배터리 수명의 연장도 의미한다는 사실을 바로 이해하게 될 것이다.

마벨의 독자적인 구조개선은 운영환경과 범용 애플리케이션이 높은 주파수로 임무를 신속하게 처리한 후 저전력 소비상태로 효과적으로 축소될 수 있게 한다. 이러한 기능은 Marvell PXA3x0 프로세서들이 작동이 느린 경쟁제품들에 비해 전체적으로 더욱 훌륭한 전력효율성을 제공한다. 소비자 관점에서 볼 때 배터리 수명에 손상을 주지 않으면서 성능이 크게 개선되는 것을 발견한다는 것은 "624 또는 806MHz로의 확장성"이 2007년에 핸드헬드 기기의 큰 특징으로 만들어 줄 것이다.

PXA3x0 제품군은 사용자들에게 성능이나 배터리 수명에 손상을 주지 않고 옵션형의 안전한 프레임워크 내에서 이동중에도 웹 브라우징과 고급 뮤직 감상 및 최신 비디오 시청을 가능케 해준다. 무선통신 고객들은 이메일을 검색하거나, WIFI를 통해 액티브 콘텐츠를 열어 보거나, 개인화된 MIDI 통화연결음과 콜러 ID를 사용해 휴대전화 통화를 하면서 스테레오 블루투스* 헤드셋을 통해 음악을 들을 수 있다.

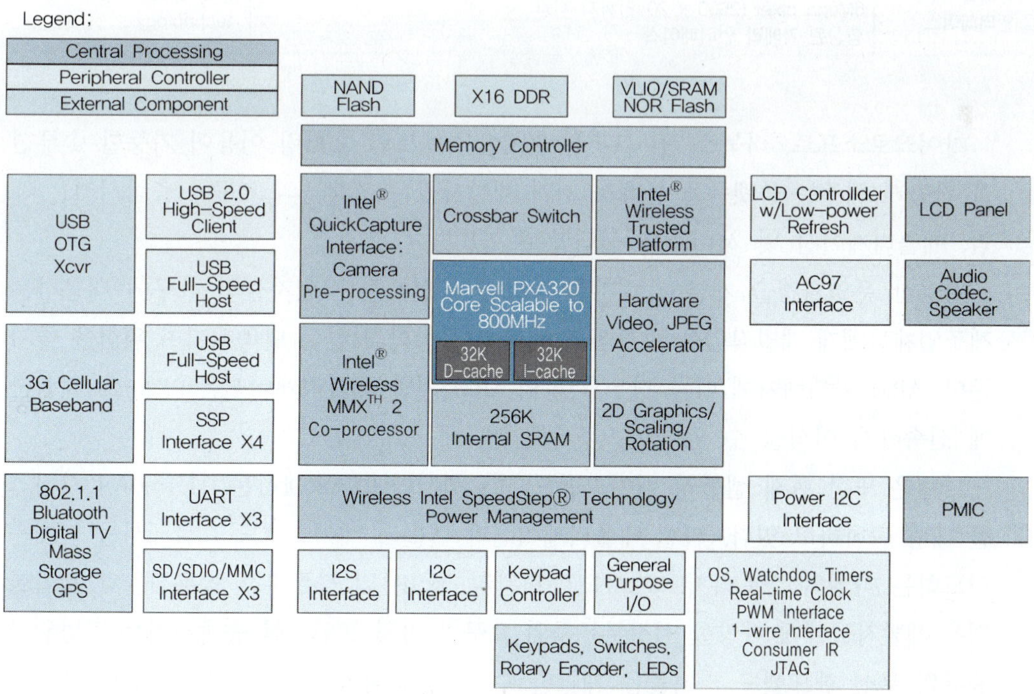

[그림 1-6] PXA320 프로세서 블록도

〈표 1-2〉 PXA320과 PXA270 비교

	모나한 PXA3x0	벌버디 PXA27x
CPU 클록	최대 클록주파수 ; 806MHz ARM 구조 v.5TE compliant PXA270보다 30% 더 빠른 코어 스피드 시스템 버스의 분리로 병목 현상 제거 LCD 및 mini lcd controller로 2개의 LCD를 필요로 하는 smart phone에 적용한다.	624MHz ARM 구조 v.5TE compliant
CPU 코어	ARM11	ARM9
내부 SRAM	6(banks) × 128KB = 768KB 메모리 버스의 병목현상 제거	4(banks) × 64KB = 256KB
응용 SRAM	768KB VGA 또는 그보다 작은 해상도의 저전력 리플래시를 위한 프레임 버퍼	256KB
Touch screen controller	터치스크린 제어기 내장	없음
외부 메모리	DDR과 플래시(Intel Flash or Nand)를 위한 X32 외부 메모리 인터페이스 분리, 고성능의 우수한 장치를 위해 조정된 속도와 대역폭 및 Nor, Nand 지원	Single shared external memory interface
전력소모	Enhanced wireless intel speedStep technology 동일 주파수에서 PXA270보다 50%까지 전력소비 감소	Wireless intel SpeedStep technology
카메라 인터페이스	Enhanced intel quick capture technology 5Mega pixel (2560 x 2048)까지 지원 향상된 카메라 인터페이스	Intel quick capture technology

마이크로소프트, 리눅스, 팜 그리고 RTOS 스펙트럼 오퍼링 이용이 가능한 솔루션을 가능케 해주는 플랫폼을 통해서 기기 개발자들은 고객들의 요구를 충족시키는 체험, 애플리케이션 및 서비스를 선택할 수 있다.

다양한 운영환경을 개발하는 것은 다양한 무선통신 사업자들의 요구에 대응하는 제조업체들에게 개발작업을 보존하고 제품의 시장화 시간을 단축시키며 위험을 줄여준다. ARM 아키텍처에 따를 경우 기존의 ARM 기반 애플리케이션은 PXA3x0 제품군에 신속하게 이식될 수 있다.

마벨은 또한 현재 셀룰러 베이스밴드 프로세서인 PXA800[하몬 (Hermon)] 시리즈를 대량 출하하고 있다. 마벨 애플리케이션과 셀룰러 베이스밴드 프로세서를 업계를 리드하는 마벨의 스토리지, WLAN, 전력관리, VoIP 및 블루투스 솔루션들과 결합할 경우 개발자들에게 다양한 시장부문들의 요구와 가격 포인트를 충족시키는 광범위한 종류의 무선 핸드헬드 기기들을 개발할 수 있는 종합적인 플랫폼을 제공할 것이다.

1.5 임베디드 소프트웨어

임베디드 소프트웨어란 임베디드 시스템에 탑재되는 소프트웨어를 말한다. 임베디드 시스템의 응용 분야가 다양해지면서 예전에는 단순했던 임베디드 소프트웨어가 점점 더 복잡하고 다양한 기능을 처리하게 되었다.

임베디드 OS를 사용하는 이유는 인공위성이나 미사일 제어 등과 같이 오류에 견고한 시스템이나 실시간 시스템을 위해 최적화된 운영체제가 필요할 경우이다. 이러한 경우에는 다양한 목적의 범용적인 운영체제보다는 RTOS(Real Time Operating System)와 같은 임베디드 OS를 사용한다.

RTOS는 표준 하드웨어 환경이 정해져 있지 않다는 점이 윈도우나 유닉스 등 범용 운영체제와 커다란 차이이며, 이는 곧 응용 프로그램뿐 아니라 운영체제 자체에 대해서도 사용자가 환경을 설정해야 하고 때에 따라서는 포팅 노력이 요구된다는 뜻이다. 그리고 시스템의 하드웨어 자원, 특히 메모리 사용에 대해서 많은 제약이 따른다.

예를 들어 일반 OS에서 작동하는 응용 프로그램이 몇 백 KB 메모리를 더 사용한다고 해서 무슨 큰 문제가 되는 것은 아니다. 그러나 임베디드 시스템에서는 메모리를 더 사용하면 그만큼 제품 단가가 올라가고, 특히 이동 환경에서는 제품의 크기와 전지의 사용 시간에도 직접적인 영향을 주게 된다. RTOS는 실시간 처리에 대한 강력한 지원과 통합 개발 및 디버깅 환경을 지원한다. RTOS는 그 종류는 대단히 많이 있다. 대표적으로 화성 착륙선인 패스파인더(PathFinder)와 혼다에서 만든 로봇인 아시모(ASIMO)의 운영체제로 쓰인 윈드리버(WindRiver)의 VxWorks, ISI에서 개발해서 지금은 윈드리버에 통합된 pSOS, Mentor Graphics의 VRTX, 윈도우 CE 닷넷, 윈도우 XP 임베디드, 임베디드 리눅스 등이 있으며 교육용으로 만들어진 uC/OS-II가 있다.

1. 임베디드 시스템의 운영체제

임베디드 시스템(embedded system)이라는 것은 통상적으로 일반적인 시스템과는 달리 특정한 작업만을 수행하도록 설계되며, 초기의 임베디드 시스템은 비교적 아주 단순해서 특별한 운영체제(OS)가 필요 없이 사람이 순차적인 프로그램을 작성해서 실행하도록 되어 있고, 중간에 인터럽터가 발생되는 경우에만 그 순차적인 프로그램에서 잠시 벗어나는 정도였다. 이전의 임베디드 시스템들은 주로 간단하고 단순한 순차적인 작업에 관련되었기 때문에 굳이 운영체제(OS : Operation System)를 사용한다는 것은 낭비가 되었고 그럴 필요조차 없었다.

최근의 임베디드 시스템 분야에서는 그 시스템 자체가 상당히 커지게 되고, 네트워크나 멀티미디어가 시스템에 기본으로 포함되면서 임베디드 시스템이 해야 할 일들도 많아지고 복잡해졌기 때문에 순차적인 프로그램을 작성하기가 매우 어렵게 되었다.

따라서 임베디드 시스템에서는 운영체제의 개념이 필요하게 되었고 임베디드 시스템의 특성상 실시간(real time)이라는 요소를 만족해야 하였으므로 실시간 운영체제가 임베디드 시스템에 도입되게 되었다. 지금도 실시간 RTOS를 채택하여 개발되는 제품들이 점점 늘어나고 있는 추세이며, 이제는 수많은 임베디드 시스템에서 그 목적에 맞게 실시간 운영체제와 함께 적절하게 사용되고 있는 실정이다.

그리고 임베디드 운영체제(embedded operation software)는 크게 RTOS(Real Time OS)와 GPOS(General Purpose OS)로 분류할 수 있다.

2. Window CE

Window CE는 마이크로소프트사에서 개발한 임베디드 시스템용 운영체제이다.

마이크로소프트(이하 MS)는 임베디드 시장에 대한 공략을 위해 1996년 윈도우 CE를 발표했다. MS에서 제작된 기존의 윈도우 인터페이스에 모바일 네트워크 기능을 강화해 가전제품, PDA, 셋톱박스 등에 주로 사용되고 있다. 적외선 통신, 웹 브라우징 기능 이외에도 편리한 개발환경을 가지고 있으며 UI가 기존의 윈도우와 매우 유사하게 제작돼 있어 대부분의 사용자들은 별도의 학습 없이도 바로 사용이 가능하다. 또한 윈도우 CE 계열의 PDA는 흑백 및 컬러 디스플레이가 가능하며 동영상, WAV, MP3 등 멀티미디어 파일의 재생이 가능하여 PDA의 엔터테인먼트 기기화를 가져왔다.

또한 PC용의 윈도우 OS나 각종 오피스 프로그램들과 완벽한 호환이 가능해 기존의 데스크톱이나 노트북에서 가능하던 각종 애플리케이션들을 PDA에서도 그대로 사용할 수 있다는 이점이 있다. 그러나 제한적인 하드웨어를 가진 임베디드 시스템에 너무 많은 기능을 구현하려 했기 때문에 느린 실행 속도와 불편한 UI를 초래했다.

이를 개선해 MS는 2000년 4월 윈도우 CE 3.0을 개발하고 기존의 윈도우 CE와는 전혀 다른 것이라는 것을 강조하기 위해 그것을 포켓 PC(Pocket PC)라고 명명했다. 포켓 PC의 등장으로 기존 윈도우 CE에서 보여주었던 수행속도의 저하와 비효율적인 하드웨어의 활용 등의 문제점들이 보완됐다. 윈도우 PC는 사운드와 동영상 재생 및 컬러 디스플레이 구현 등 다양한 멀티미디어 기능을 기본적으로 제공하며 PC와의 호환성이 뛰어나다. 또한 포켓 인터넷 익스플로러를 기본으로 내장해 모바일 인터넷을 실현했다. 게다가 데스크톱과 거의 흡사한 UI를 갖춤으로써 윈도우에 익숙한 사용자들을 쉽게 끌어들이고 있다. 그럼에도 불구하고 PDA 업계에서 윈도우 CE의 시장점유율은 팜 OS에 미치지 못했다. 하지만 유명 PDA 업체들이 윈도우 CE 채용 제품들을 대거 출시함에 따라 점유율은 계속 증가 추세에 있다.

윈도우 CE는 성능이 상당히 우수하며, 특히 GUI 환경과 많은 애플리케이션을 가지고 있어서 현재 널리 사용되고 있다. 멀티태스킹 오퍼레이팅 시스템인 Windows CE는 32개에 달하는 동시 프로세스를 지원하고 각각의 프로세스는 애플리케이션의 단일 개체이다. 또한, 멀티스레딩 지원은 각각의 프로세스가 다중 실행 스레드를 생성할 수 있게 한다.

스레드(thread)는 다른 부분들과 병행하여 실행되는 프로세스의 한 부분이며 스레드들은 독립적으로 실행한다. 그러나 각각의 스레드는 특별한 프로세스에 속하고 같은 메모리 공간을 공유한다. 스레드들의 총 수는 단지 사용 가능한 물리적인 메모리에 의해 제한된다. Windows CE는 최소의 프로세서 자원에서 스레드 동기화를 실현한다. 그리고 다른 많은 오퍼레이팅 시스템과는 다르게 Windows CE는 스레드와 관련된 작업, 즉 스케줄링, 동기화, 자원관리 등을 다루는 것은 커널을 이용한다.

따라서, 애플리케이션은 다른 스레드 함수들로 프로세스나 스레드의 수행과 완료를 위한 폴(poll)이 필요하지 않다. Windows CE는 선점형이기 때문에 우선순위가 더 높은 프로세스나 스레드가 선점적인 실행을 해야 한다. 그것은 스레드 스케줄링을 위해 여섯 개 등급인 스레드 우선순위를 기초로 한 시분할 알고리즘을 사용한다. Windows CE는 선택한 수의 네트워크 스택을 제공한다. 네트워크 통신들은 적외선 통신, 이더넷, 무선 통신을 포함한 여러 가지 하드웨어를 지원한다. 비록 네트워크 스택이 윈도우의 속성 인터페이스를 통해 유일하게 접근할 수 있어도 Windows CE는 또한 내부적으로 윈도우의 속성에 사용하고 윈도우의 속성 연결을 설정하고 관리하는 섬세한 부분을 다루는 여러 가지 상위 레벨의 API들을 제공한다.

WinInet API는 FTP와 HTTP 1.0을 포함한 인터넷 브라우징 프로토콜들을 지원한다. 또한 Secure Sockets Layer(SSL) 2.0, Secure Sockets Layer(SSL) 3.0 그리고 Private Communication Technology(PCT) 1.0을 포함한 세 가지 보안 프로토콜의 접근을 제공한다. WinInet API는 Common Internet File System(CIFS) 리디렉터를 통한

원격 파일시스템의 접근을 제공한다. 적외선 통신을 위해 Windows CE는 산업 표준 IrDA 프로토콜들을 사용하는 소켓 기반 적외선 통신이 가능한 윈속에서 확장된 IrSock을 지원한다.

Windows CE는 윈속으로써 네트워크 스택과 같은 레벨인 RAS 클라이언트를 제공한다. 인터넷을 위해 개발된 TCP/IP 프로토콜 그룹은 가장 복잡하고 넓게 알려진 네트워크 프로토콜이다. 그것은 광범위한 시스템에 의해 지원되고 Windows CE 네트워크 스택의 핵심을 형성한다. 많은 윈도우 기반 이동장치들은 무선 통신을 사용할 수 있으나, 전통적인 TCP/IP 스택은 유선 네트워크에서 효과적인 함수에 의해서 만들어지기 때문에 무선 기술에서는 불충분하게 동작할 수 있다.

그러나, Windows CE TCP/IP 스택은 무선 네트워킹을 위해 설정되게 디자인되었다. 네트워크 스택의 기반에 있어서 Windows CE는 시리얼 연결 네트워크와 LAN을 위해 데이터 연결 계층을 지원한다. 많은 Windows CE 기반 장치들은 모뎀과 같은 시리얼 통신 연결을 사용하여 네트워크에 연결한다. 시리얼 연결 네트워크를 지원하기 위해 Windows CE는 많이 사용되는 Serial Line Internet Protocol(SLIP)과 Point-to-Point Protocol(PPP)를 구현하였다.

Password Authentication Protocol(PAP), Challenge Handshake Authentication Protocol(CHAP)과 Microsoft CHAP의 세 가지 프로토콜들은 시리얼 연결 통신에 사용하고 있다. LAN 연결에 대한 지원은 Windows CE에서는 NDIS((2) NDIS, Network Driver Interface Specification2) 4.0으로 구현하였고 단지 이더넷 미니 포트 드라이버들만 지원한다. 그리고 Windows CE를 여러 가지 다른 플랫폼의 사용자 입력 요구를 받아들일 수 있게 지정할 수 있다. 현재 키보드, 입력 패널, 음성 그리고 스타일러스는 Windows CE를 기반으로 한 장치들의 사용자 입력 방법이다.

MS는 윈도우 CE 3.0의 소스 코드를 공개한 후 2002년 초 코드명 탈리스커(Talisker)로 알려졌던 윈도우 CE 닷넷과 윈도우 XP 임베디드를 공식 발표했다. MS는 윈도우 CE 닷넷을 Non-X86 프로세서 계열이거나 실시간이 요구되는 시스템에 대해서 권고를 하고 있으며, PC 운영체제인 윈도우 XP 프로페셔널의 컴포넌트 버전인 윈도우 XP 임베디드는 네트워킹과 서버 기능을 수행하는 시스템 개발에 권고를 하고 있다.

1.6 임베디드 리눅스 시스템

1. 리눅스란

리눅스(linux)는 운영체제이다. 운영체제란 하드웨어와 응용 프로그램, 혹은 사용자 사이에서 시스템을 제어하고 운영하는 프로그램이다. 엄밀한 의미로 말하면 리눅스는 프로세스 스케줄링, 가상 메모리, 파일 관리, 장치 입/출력이라는 기본적인 서비스를 제공하는 운영체제의 커널일 뿐이다.

초기의 리눅스는 핀란드 헬싱키 대학의 교수에 의해 개발된 유닉스 기반의 마이크로 커널 구조를 가지는 인텔 프로세스에서 동작하는 운영체제인 미닉스(Minix)를 이 대학 학생인 리누즈 토발즈(Linus Torvalds)가 수정하여 인터넷에 공개한데서부터 출발한다. 그 이후 리눅스는 전세계의 해커들에 의해서 지속적으로 수정 보완되면서 급속히 발전하여 왔다.

또한 리처드 스톨만(Richard Stallman)에 의해 창시된 자유 소프트웨어 재단(FSF : Free Software Foundation)과 노선을 함께 하여 GNU GPL(General Public License)하에 커널 소스를 공개하여 오늘에 이르고 있다. 이러한 소스 코드 공개에 기초한 자유 소프트웨어 정신에 입각하여 리눅스는 해커들에 의해 급속한 진전을 이루었으며, 비로소 1994년 5월에 커널 버전[리눅스 커널 버전이 홀수(odd)이면 개발 버전, 짝수(even)이면 안정 버전임을 의미한다.] 1.0.0이 발표되었고 1996년 6월에는 커널 버전 2.0.0이 발표되었다.

그리고 2001년 1월에는 커널 버전 2.4.0이 발표되었다. 이제 리눅스는 저렴한 중소형 컴퓨터뿐만 아니라 서버급 컴퓨터에 널리 사용되고 있는 실정이다. 또한, 최근에는 크기를 현격히 줄여 임베디드 시스템에 리눅스가 포팅되어 임베디드 운영체제로 각광받고 있다. 리눅스는 유닉스 시스템의 표준 인터페이스로 자리잡고 있는 POSIX 표준을 따르고 있으나, 진정한 자유 소프트웨어를 구현하기 위해 유닉스 소스 코드 사용을 배제하고 모든 소스를 새로 작성하였다. 초기의 리눅스는 i386 이상의 X86 CPU를 탑재한 PC에서 운영되는 것을 목표로 하였으나, 현재에는 Macintosh, SPARC, MIPS, Alpha 머신 등에서 동작하는 최고의 이식성을 자랑하는 운영체제가 되었다.

리눅스는 진정한 개념의 멀티태스킹이 가능하며, 가상 메모리를 구현하며, 공유 라이브러리, 메모리 관리, TCP/IP 네트워킹과 유닉스 계열 시스템들이 가지는 특징들을 포함하는 공개 운영체제인 것이다.

리눅스는 상용 임베디드 OS보다는 실시간적 요소를 충족하지 못하고 윈도우 CE보다는 개발환경이 좋지는 않지만 오픈 소스에 라이선스 비용이 없기 때문에 커널 크기를 줄여 다양한 임베디드 시스템의 개발에 유리하다. 리눅스는 소스를 공개하는 오픈 소스 정책을 따르는 관계로 관련 개발자가 세계 곳곳에 있어 현지의 응용 프로그램을 개발할 수 있는 개발자층이 넓다는 것이 다른 OS들과 구별되는 큰 장점이다. 이에 따라 리눅스를 채용한 임베디드 시스템은 다른 제품에 비해 가격 경쟁력이 우수하고 다양한 응용 프로그램의 개발이 가능할 것으로 기대된다.

임베디드 리눅스는 소스 공개와 아울러 안정성, 신뢰성 및 성능의 확보에 따라 활용도가 급격히 증대되고 있으며, 레드햇, 몬타비스타, 리니오, 우분트 등이 임베디드 리눅스 개발 및 기술지원 사업에 주력하고 있다. 임베디드 리눅스 운영체제는 특정 애플리케이션에 맞도록 리눅스 커널을 최적화한 것이다. 이는 라이선스비가 무료이며, 커널 소스 또한 공개되며 현재 전세계의 수많은 개발자들에 의해 지속적으로 업데이트되고 있다.

그러나 임베디드 리눅스는 열악한 개발환경에 따른 개발기간에 대한 부담과 라운드로빈 방식의 스케줄링을 하므로 실시간 시스템에는 적합하지 않다는 문제점을 가지고 있다. New Mexico Tech에서 기존 리눅스 커널에 실시간 기능을 추가한 RT-Linux를 개발했으며 또한 오픈소스 진영에서는 임베디드 리눅스를 기반으로 한 표준화를 통해 시장 확대를 도모중인데, 2000년에 애질런트, 알카텔, HP, IBM, 윈드리버, ARM, 모토로라 등이 참여하는 세계 최대 규모의 임베디드 리눅스 컨소시엄(ELC : Embedded Linux Consortium)이 결성되어 임베디드 리눅스 및 실시간 운영체제 API 표준인 EL/IX(Em bedded Linux based on POSIX)를 기반으로 플랫폼 표준화를 추진하고 있다.

임베디드 운영체제 시장은 전통적인 RTOS 중심에서 다기능 임베디드 OS 중심으로 발전하는 추세에 따라 VxWorks, pSOS 등의 RTOS의 시장 성장률이 둔화되고 있으며, 전용 실시간 임베디드 시스템에서 높은 시장 점유율을 보였던 VxWorks, pSOS, VRTX와 같은 전통적인 RTOS는 2001년을 기점으로 시장 점유율이 하락하고 있다.

2003년에는 임베디드 리눅스, 임베디드 윈도우 CE 및 팜 OS 등의 임베디드 OS 시장이 기존의 RTOS 시장을 능가할 것으로 예측된다. 전통적인 RTOS의 시장 점유 하락으로 임베디드 OS 시장에서는 MS와 임베디드 리눅스가 시장 선점을 위해 치열한 각축을 벌일 것으로 예상된다.

2. 임베디드 리눅스의 장점

① 산학계에 걸친 수많은 사용자들로부터 지난 수년간 직접 사용되면서 검증된 것으로 효율적이고 안정적이며 성숙된 내용을 가진다.

② 오픈 소스이기 때문에 소스 코드 자체가 공개되어 있고 이의 공급에 따른 로열티 자체가 없기 때문에 부담 없이 쉽게 자체 개발 아키텍처에 공급할 수 있다.

③ 리눅스 커널 자체가 태생적으로 모듈 형식의 코드로 이루어져 있어 쉽게 최소, 최적화가 가능하다.

④ 네트워킹 애플리케이션에 필수적인 TCP/IP, PPP, X.25, HDLC, FDDI 등의 네트워크 코드를 가지며 그 종류에 있어서도 다양하고 무료로 사용할 수 있어 개발에 용이하다.

⑤ 네트워킹 디바이스에서 현존하는 거의 대부분의 프로세스에 포팅되어 있고 대부분의 컨트롤러를 위한 디바이스 드라이버가 제공되기 때문에 그 공급 영역 또한 방대하다.

⑥ 사용자뿐만 아니라 개발자 그룹의 크기도 오픈 소스이면서도 개발을 위한 자체 툴과 라이브러리를 가지고 있는 현대적인 운영체제라는 특성에 맞물려 전세계적으로 거대한 수의 개발자들이 존재한다. 따라서 애플리케이션은 물론 자체 문서도 거의 모든 영역에 대해 상용 운영체제 못지않게 잘 이루어져 있다.

⑦ 이미 PC상에 리눅스 애플리케이션과 커널의 개발에 익숙한 사람들에게 있어 임베디드 리눅스는 자신에게 익숙한 환경을 제공하기 때문에 쉽게 임베디드 애플리케이션을 개발할 수 있게 해준다. 또한, 개발 툴은 어떤 운영체제나 아키텍처 상에도 포팅이 되어 있으므로 한번 개발 툴에 익숙해지면 개발환경에 제약이 없어진다는 장점이 있다.

⑧ 실시간(real time)을 지원하여 지금까지 상용 OS에 열세였던 Real Time성을 크게 확보하고 보다 다양한 분야에 공급을 할 수 있다.

3. 임베디드 리눅스의 단점

① 임베디드 리눅스(embedded linux) 위에서 실행될 수 있는 애플리케이션이 상당히 부족한 실정이다. 따라서 임베디드 리눅스를 OS로 채택하고 이를 확산시키는 데 걸림돌이 되고 있는 실정이다.

② 임베디드 리눅스를 이용하여 장비개발시 개발환경에 접근하는 데 상당히 어렵

다. 커널을 비롯하여 마이크로 프로세스(micro process), 네트워크, 각종 툴(tool) 등을 다루어야 하는 내용이 방대하므로 단시일 내에 전문적인 개발자 양성에 문제가 있다.

4. 우분투

우분투(Ubuntu)는 비영리 리눅스 프로젝트 데비안에서 파생됐다. 데스크톱용 제품이 대표적이지만 서버 버전도 있다. 여느 리눅스처럼 전세계 리눅스 개발자들이 공동으로 소스코드 연구에 참여한다.

마크 셔틀워스의 캐노니컬은 우분투 상용화를 주도하는 업체다. 마크 셔틀워스는 캐노니컬과 별도로 1000만달러를 기부해 우분투 연구를 후원하고 있기 때문에 개발자들은 '자칭 자애로운 종신독재자(Self-Appointed Benevolent Dictator For Life)'를 줄여 그를 SABDFL이라는 애칭으로 부른다.

우분투라는 이름은 남아프리카어로 '공동체 의식에 바탕을 둔 인간애'를 뜻한다. 우리의 '홍익인간(弘益人間)'과 비슷한 개념이다. 우분투의 가장 큰 경쟁력은 레드햇이나 수세 리눅스보다 개인이 사용하기 쉽게 개발됐다는데 있다. 전문가가 아닌 윈도 환경에 너무나 익숙한 일반 사용자들도 다루기 편리하도록 윈도와 유사한 화면을 제공한다. 설치 시간도 비교적 짧아 네트워크 환경에 따라 차이가 있지만 20~30분 가량 소요된다. MP3 파일이나 그림 · 동영상 파일 등도 대부분 지원되며 '베릴' 등 일부 기능은 윈도우를 능가하는 성능을 제공한다.

리눅스를 말하면 항상 몇 가지 나오는 단어가 있다.

① 어렵다.
② 게임 안돌아 가자나…
③ 오피스도 안 돌아가는데…
④ 인터넷 뱅킹도 안된다.

앞에 말들은 다 맞을 수도 있고, 다 틀릴 수도 있다.

Ubuntu(우분투)는 리눅스의 수많은 배포판들 중 한 가지이며, 특히 개인용 PC에 최적화된 배포판을 한다. Ubuntu(우분투)에서 할 수 없는 일은 없다고 보는 것이 맞는 것 같다.

5. 우분투 다운로드

① 인터넷 주소창에서 http://www.ubuntu.com 입력한다. 그리고 Download를 클릭한다.

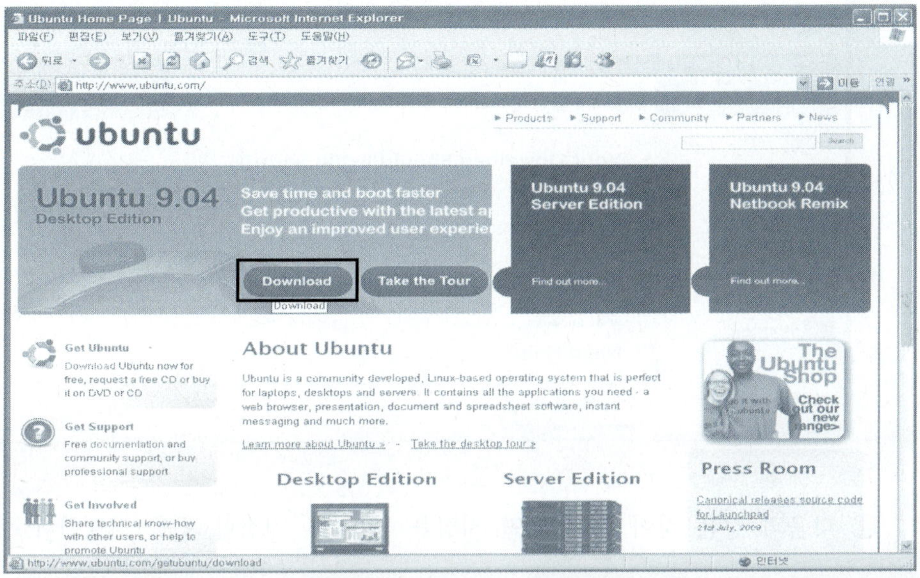

② Please choose a location에서 korea를 선택하고 밑에 Download를 클릭한다.

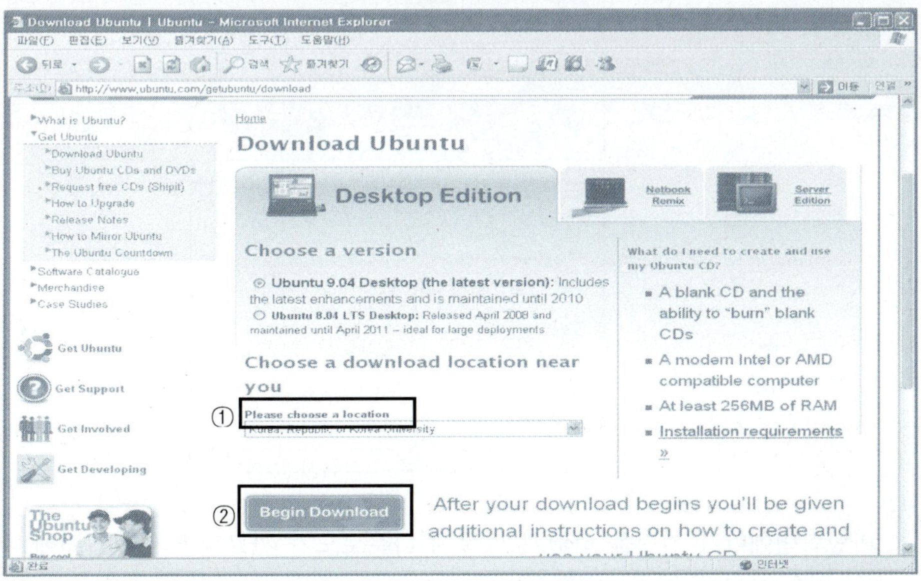

③ 팝업창에 뜨게 되면 클릭을 해서 파일 다운로드를 클릭한다.

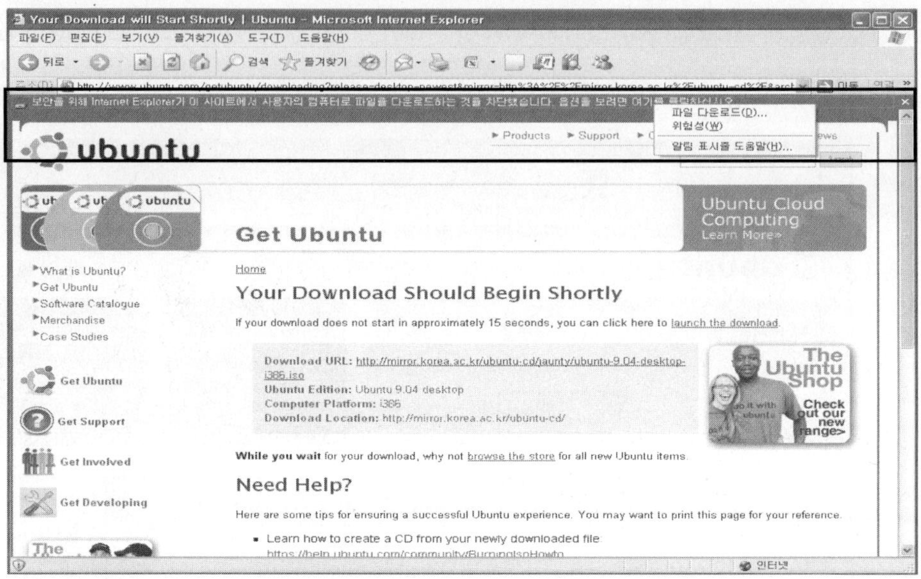

④ 다음과 같은 창이 뜨게 되면 저장을 클릭 후 저장할 곳을 지정한다.

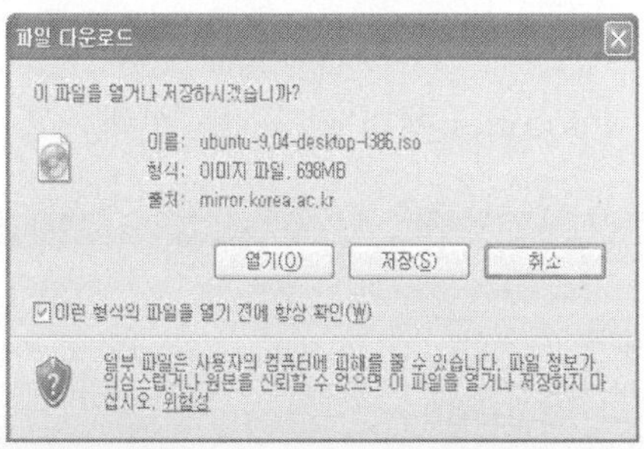

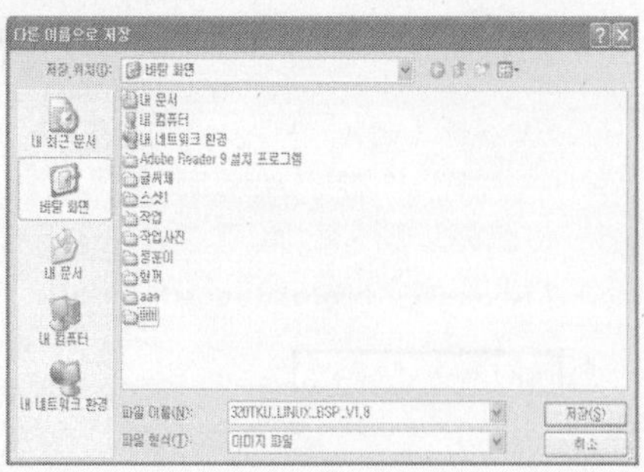

바탕화면에다가 지정을 하였기 때문에 다운로드가 완료되면 바탕화면에 저장되어 있는 것을 확인할 수 있다.

1.7 임베디드 시스템 개발환경

1. 임베디드 시스템 개발환경의 개요

임베디드 시스템 개발시 전체 시스템의 가격이나 소비되는 전력을 낮추기 위해 하드웨어 및 소프트웨어의 많은 제한을 가하게 된다. 따라서 임베디드 시스템에 사용하는 OS는 일반적인 일반 OS보다는 시스템에 특화된 운영체제를 사용한다.

임베디드 시스템을 개발하기 위해선 기본적으로 다음과 같은 요소들이 갖춰져 있어야 한다. '호스트 PC'는 임베디드 시스템 개발을 위한 컴퓨터를 말하며, '타깃 PC(Target PC)'는 실제 임베디드 시스템이 설치된 개발하고자 하는 하드웨어를 말한다. 호스트에는 개발을 위한 개발 툴, 개발된 응용 프로그램을 임시로 수행해 볼 수 있는 타깃 시뮬레이터, 타깃과 연결되어 타깃에 개발된 이미지를 업로드하거나 타깃에 반응하는 디버그 에이전트를 통해 원격 디버깅을 할 수 있게 하는 타깃 서버가 설치돼 있다. 또한 타깃에는 호스트에서 만들어져서 설치된 여러 컴포넌트가 존재하는데 타깃을 부팅하기 위한 부트로더와 커널, 그리고 임베디드 응용 프로그램이 존재하게 된다. 호스트에 설치된 개발 툴에는 타깃에서 수행될 수 있는 바이너리를 생성하는 크로스 컴파일러가 존재하며 그 밖에 오류를 검색해 주는 디버거 등으로 이루어져 있다.

2. 임베디드 시스템 개발과정

임베디드 시스템 개발과정은 대략적으로 부트로더 개발, 커널 및 파일시스템 개발, 응용 프로그램 개발의 세 단계로 볼 수 있다.

1) 부트로더 개발

부트로더는 타깃 보드에 전원이 인가되면 부트 롬으로부터 가장 먼저 수행되는 프로그램이다. 보통 부트로더는 OS의 커널을 로드하는 순수 로더로서의 기능뿐만이 아니라 현재 레지스터나 메모리 값, 버스 상태 등을 살펴볼 수 있는 모니터 기능, 기초적인 네트워크 모듈을 내장해 네트워크를 통한 커널을 다운받아서 커널 로드를 할 수 있는 기능을 포괄하고 있다. 부트로더는 보통 부트 롬에 내장되어 있으며 부트로더를 새로 작성하여 타깃에 설치하려면 호스트와 JTAG 인터페이스 혹은 기타 인터페이스를 통하여 설치할 수 있으며 이외의 방법에는 롬 라이터를 이용하여 롬에 구워서 설치할 수 있다.

대부분 상용 임베디드 OS에서는 부트 롬 부분을 앞서 잠깐 언급한 BSP라 불리는 패키지의 일부분으로 규정하고 있다. 반면 임베디드 리눅스의 경우는 규격화된 BSP가 존재하지 않으므로 하드웨어 벤더가 리눅스용 BSP를 제공하지 않을 경우 부트 롬 부분을 각 하드웨어 플랫폼에 맞게 작성해야 한다.

2) 커널 및 디바이스 드라이버 및 파일시스템 개발

커널 및 디바이스 드라이버의 개발은 호스트의 임베디드 시스템 개발 툴에서 이뤄진다. 개발을 위해서는 개발자가 먼저 시스템에 대한 하드웨어 사양을 숙지해야 하며 이를 바탕으로 커널 및 디바이스 드라이버를 설정하게 된다. 이렇게 생성된 커널 및 디바이스 드라이버들은 부트 롬과 같이 하나의 이미지 파일 형태로 되어 부트 롬에 저장되거나 별도의 저장장치에 파일시스템을 통한 파일 형태로 구현된다.

만일 부트 롬의 용량이 작거나 기타 저장장치가 없는 경우 부트로더에서 네트워크 모듈을 통해 별도의 서버로부터 커널을 다운받아 부팅이 진행될 수도 있다.

특히 부트 롬이나 저장장치의 용량이 제한적일 경우는 커널 이미지 자체를 압축해 저장되는 것이 일반적이다.

3) 임베디드 응용 프로그램

임베디드 응용 프로그램은 앞에서 구현된 커널과 파일시스템을 바탕으로 수행된다. 응용 프로그램의 개발은 커널과 마찬가지 방법으로 호스트에서 생성이 가능하며 호스트에 설치된 개발 툴의 크로스 컴파일러에 의해 타깃 보드에 맞는 바이너리가 생성되게 된다. 생성된 응용 프로그램의 실행은 임베디드 OS 개발 툴 내의 타깃 에뮬레이터나 실제로 타깃 보드에 옮겨서 실행이 가능하다. 또한 응용 프로그램은 네트워크를 이용한 원거리 디버깅을 이용하거나, JTAG 인터페이스를 이용한 디버깅을 통하여 에러를 확인해 볼 수 있다.

제 2 장

임베디드 시스템 구성 및 성능

2.1 임베디드 시스템(X-Hyper320TKU) 특징

여기서는 마벨 모나한(Manahan) PXA320 기반의 임베디드 시스템에 대한 주요특징 및 임베디드 시스템 사양에 대하여 서술하였다.

이 임베디드 시스템은 최신의 임베디드 시스템 기술 트렌드가 적용된 실험 실습 장비이다. 벌버디(Bulverde) 후속인 마벨(Marvell) PXA320 프로세서 기반으로 제작되어 모바일용에 적합한 멀티미디어, 파워 매니지먼트 기술이 강화된 첨단 임베디드 시스템 실험 장비이다.

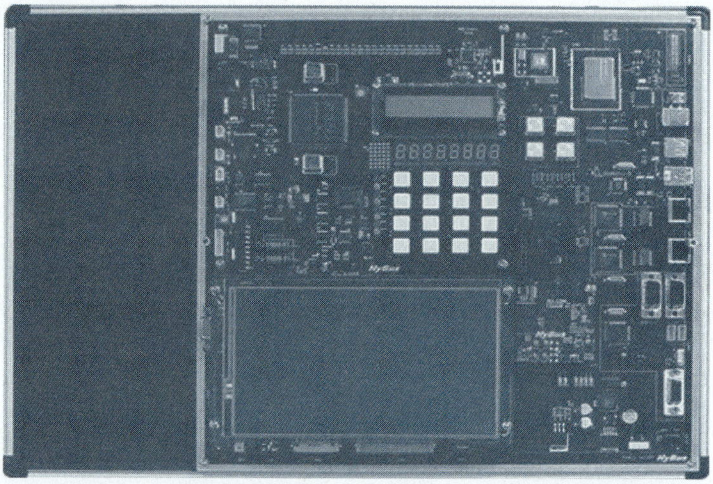

[그림 2-1] 임베디드 시스템 X-Hyper320TKU 장비 외형

① 이 시스템은 CPU 보드 + 메인보드 + IEB 보드로 모듈별 구성되어 있어 추가 기능을 위한 확장 및 CPU 업그레이드, FPGA 독립 실험 등이 가능한 특징이 있다.

② PXA320은 PXA270보다 더 빠른 코어 속도(806MHz)를 제공한다.

③ 266MHz DDR SDRAM의 사용으로 SDRAM보다 성능이 뛰어나서 빠른 프로그램 실행속도를 가지고 있다.(266MHz DDR SDRAM 128Mbyte)

④ PXA320은 내부 SRAM 용량이 768KByte(PXA270은 256K)이어서 800 × 480LCD를 사용했을 경우 리플래시를 위한 프레임 버퍼를 내부 SRAM으로도 가능하다. 이러한 이점은 저전력으로 LCD를 구동할 수 있고 인터페이스 또한 빠르게 동작한다.

⑤ NAND 플래시의 장점은 NOR 플래시보다 가격이 저렴하며, 보드 수정 없이도 용량이 더 큰 NAND 플래시로 교체가 가능하다.

⑥ LCD 및 Mini LCD Controller를 가지고 있어 2개의 LCD를 필요로 하는 Smart Phone에 적용이 가능하다.

⑦ Touch Controller가 기본 내장되어 별도의 외장 Touch Controller가 필요 없다.

⑧ DMB 장착으로 DMB 시청 및 교육이 가능하다.

⑨ 무선 LAN 모듈이 기본 장착되어 있다.

⑩ Touch Controller가 기본 내장되어 별도의 외장 Touch Controller가 필요 없다.

2.2 임베디드 시스템 구성

1. 임베디드 시스템의 하드웨어 사양

1) CPU 보드

임베디드 시스템(X-Hyper320TKU)은 CPU 보드가 별도로 제작되어 있다. 모듈 형태로 제작되어 PXA310, PXA300 등 다른 CPU로 업그레이드 및 변경이 가능하게 설계되어 있다. 이 CPU 모듈을 사용하여 사용자가 별도 임베디드 장비 제작도 가능하다.

CPU 보드 하드웨어 사양은 〈표 2-1〉과 같다. [그림 2-2]는 실제 CPU 보드의 실물 사진이다.

〈표 2-1〉 CPU 보드 사양

분 류	항 목	내 용
CPU	PXA320(806MHz)	Monahan-P
메모리	NAND Flash memory 128MByte	
	266MHz DDR SDRAM 128MByte	
PMIC	PMIC	MAX8660

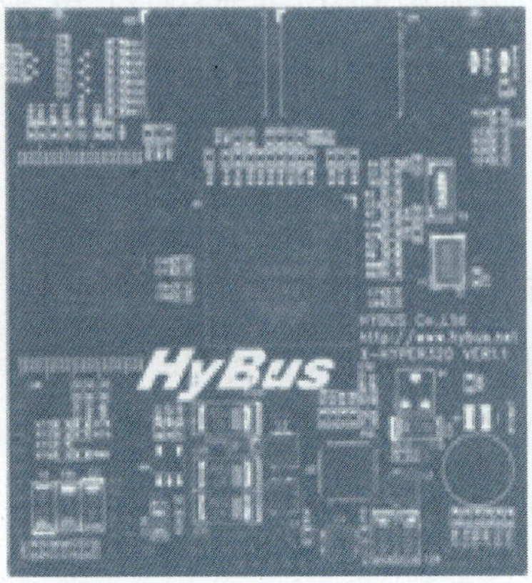

[그림 2-2] 임베디드 시스템의 CPU 보드(X-Hyper320TKU)

2) 메인보드

X-Hyper320TKU 임베디드 시스템의 메인보드이다. DMB, TFT 7" LCD, Wireless LAN, Ethernet, USB 등 고급 디바이스들이 장착되어 첨단 장비 개발이 가능하다. 하드웨어 사양은 〈표 2-2〉와 같다. [그림 2-3]은 실제 메인보드의 사진이다.

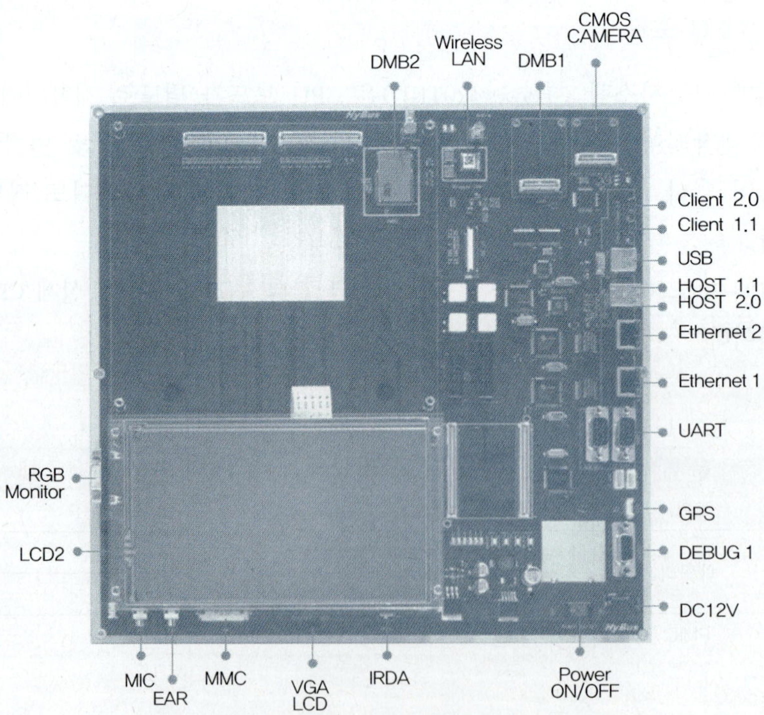

[그림 2-3] 임베디드 시스템의 메인보드

〈표 2-2〉 메인보드 사양

분 류	항 목	내 용
외부 장치	CPLD	Xilinx CoolRunner-II
	USB Host 2.0 2Port	TD242LP
	Display	7" Wide TFT Color LCD
	Touch Screen	CPU에 내장
	IDE I/F	mini IDE
	Analog RGB(VGA Monitor)	THS8135
	Ethernet(10/100)	2Port
	Wireless LAN	Max 54Mbps, IEEE802.11g/b
	Audio-AC97(WM9712)	SPEAKER 내장
	DMB	DMB 모듈
	Camera	CMOS Camera 1.3M Pixel
	GPS	GPS Module
	USB	USB Host/Client 1.1 각 1Port
		USB Host 2.0 2Port
		USB Client 2.0 1OPort
	UART	Debug(RS232), GPS(TTL), FFUART(RS232) 1port(3EA)
		Bluetooth(RS232), IrDA(TTL), RS232, TTL 1port(4EA)
	VGA	VGA I/F
	Key Button / LED	GPIO 4EA
	Mic, Speaker	Jack Type
	MMC/SD	MMC/SD 1Slot
확장 커넥터	160 pin	2.54mm Pitch

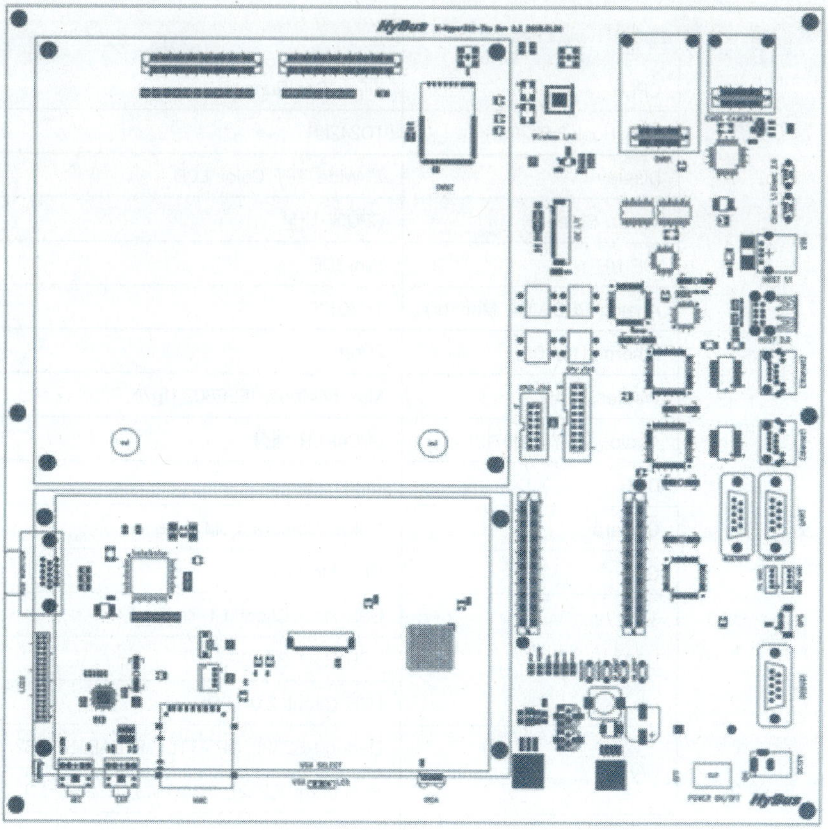

[그림 2-4] 임베디드 시스템의 메인보드 부품 배치도

(1) IEB 확장 보드

임베디드 시스템의 기초실험을 위해서 저급 디바이스만을 모아 놓은 IEB 확장 보드를 제작하여 학생들이 저급 디바이스로 처음에 교육하고, 추후에 고급 디바이스로 공부할 수 있도록 단계별 교육이 가능한 장비이다. IEB 확장 보드의 사양은 〈표 2-3〉과 같고 [그림 2-5]는 IEB 보드의 실물 사진이다.

〈표 2-3〉 IEB 확장 보드의 하드웨어 사양

분류	항 목	내 용
FPGA	EP1C6240PQFP	Cyclone(PQFP-240)
Programming ROM	EPC2	EP2(PLCC/SOCKET)
RF 디바이스	CC2420	CC2420(QLP48)
DC 모터 제어	L298	DIP
Step 모터 제어	L297	DIP
ADC	ADC0804	
DAC	DAC0800	
7-Segment	7-Segment * 8	
DOT Matrix	DOT Matrix	
글자 LCD	글자 LCD	

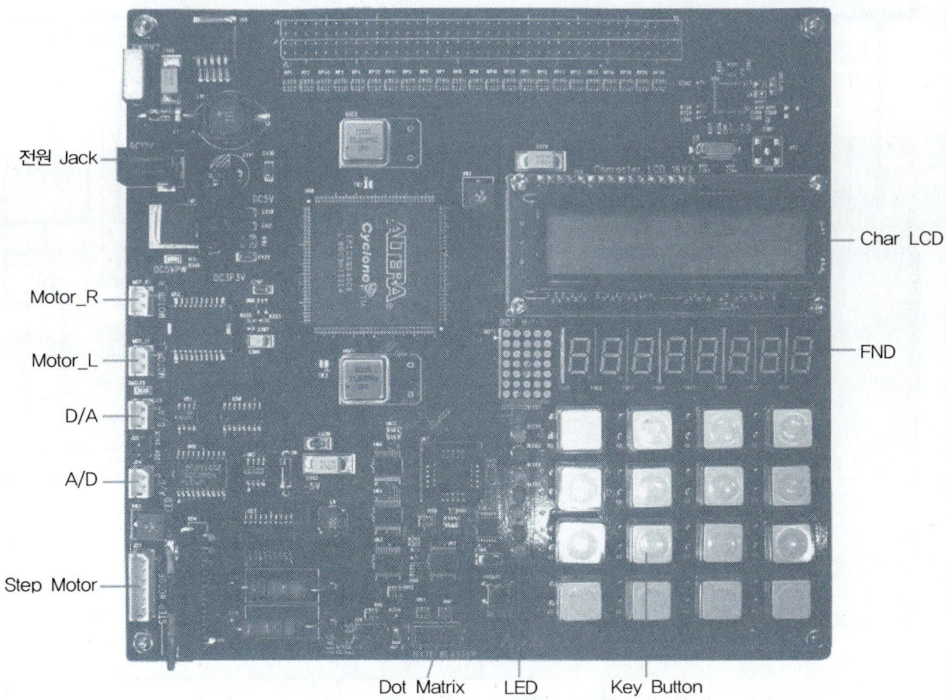

[그림 2-5] 임베디드 시스템의 IEB 확장 보드

(2) 임베디드 시스템의 블록도

[그림 2-6]은 임베디드 시스템의 전체 블록도를 나타낸다.

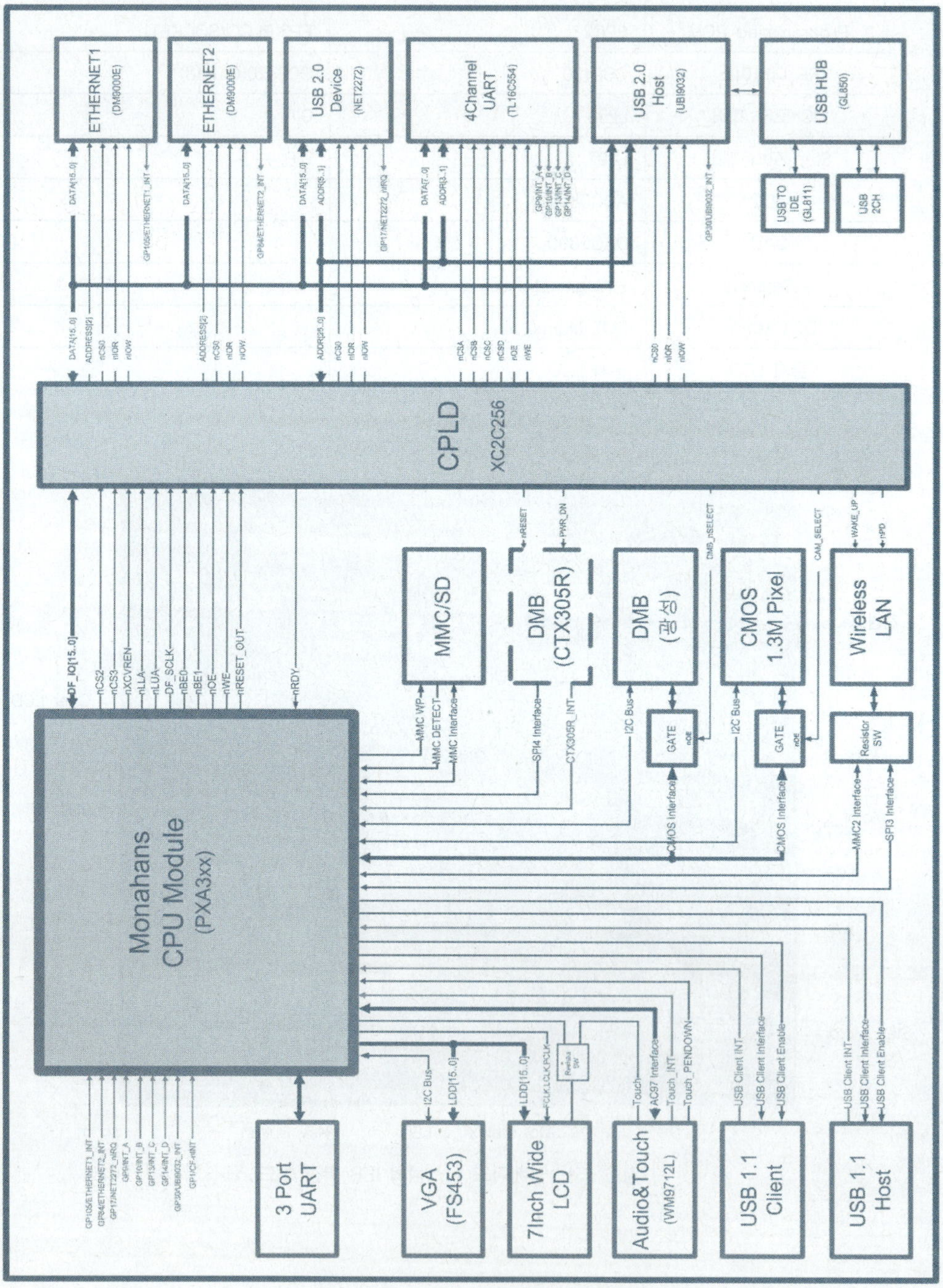

[그림 2-6] 임베디드 시스템의 블록도

2. 임베디드 시스템 소프트웨어 사양

1) 메인보드의 소프트웨어 사양

〈표 2-4〉 메인보드의 소프트웨어의 사양

분 류	항 목	내 용
O/S	Linux	Linux 2.6.11
컴파일러	GNU Tool for ARM	
JTAG	XDB	OPTION
파일시스템	JFFS2(Rootfile system) Ext2, ext3, YAFFS, RAMFS, NFS	
부트로더	hybus-boot320	
GUI	GTK QT/Embedded	
디바이스 드라이버	Ethernet	10/100Base-T
	Wireless LAN	
	TFT LCD	7inches TFT LCD Interface
	Touch Screen	Toch Screen Controller
	AC'97 Codec	Audio
	PMIC	
	MMC/SD	
	USB 1.1 Host/Client	
	USB 2.0 Host/Client	
	CMOS Camera	
	PCMCIA/CF	
	VGA	
	IDE	mini-IDE
응 용	Tiny X-Server	
	MatchBox	Windows manager
	MP3 Player	
	동영상 Player	MPEG 1,2,4, WMV1/2/3, DivX 5
	Web Brower	
	USB Cam	OV511 CAM 지원
	Access Pointer	802.a, 802.b

2) IEB 확장 보드의 소프트웨어 사양

〈표 2-5〉 IEB 확장 보드의 소프트웨어 사양

분 류	항 목	내 용
디바이스 드라이버	DC Mocter Control	L298
	Step Mocter Control	L297
	ADC	ADC0804
	DAC	DAC0800
	7-Segment	8 ea
	DOT Matrix	5 × 7
	Character LCD	2 × 16
응 용	IEB Test Program	

3) 임베디드 시스템의 GUI 응용

이 시스템은 [그림 2-7]처럼 응용 프로그램을 GUI 형태로 제작하여 동작할 수 있도록 제작되어 있다. 임베디드 시스템에서 응용에 대한 요구가 많아지는 실정에서 이런 아이콘을 학생이 직접 제작하여 만들어서 연동 실험한다면 좋은 효과가 있을 것이다.

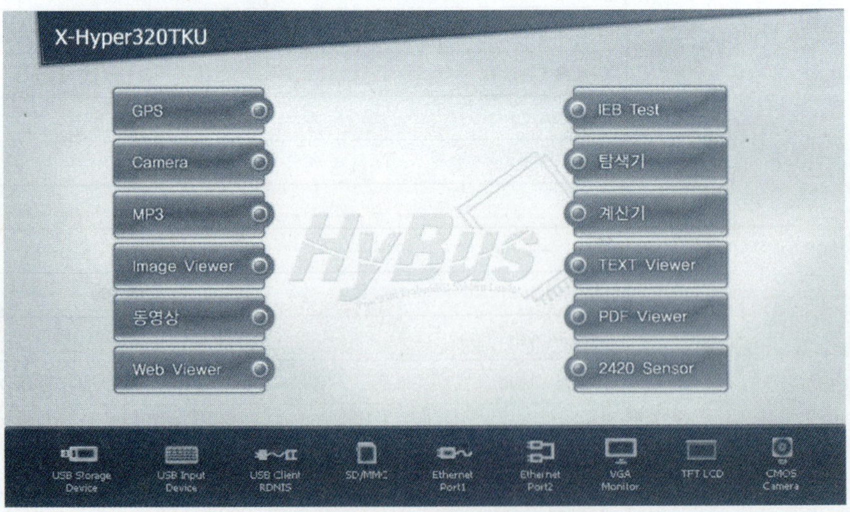

[그림 2-7] 임베디드 시스템의 응용 GUI 화면

3. 임베디드 시스템(X-Hyper320TKU) 세부 블록도

1) 전 원

임베디드 시스템의 전원의 구성은 [그림 2-8]과 같은 블록도로 구성되어 있다.

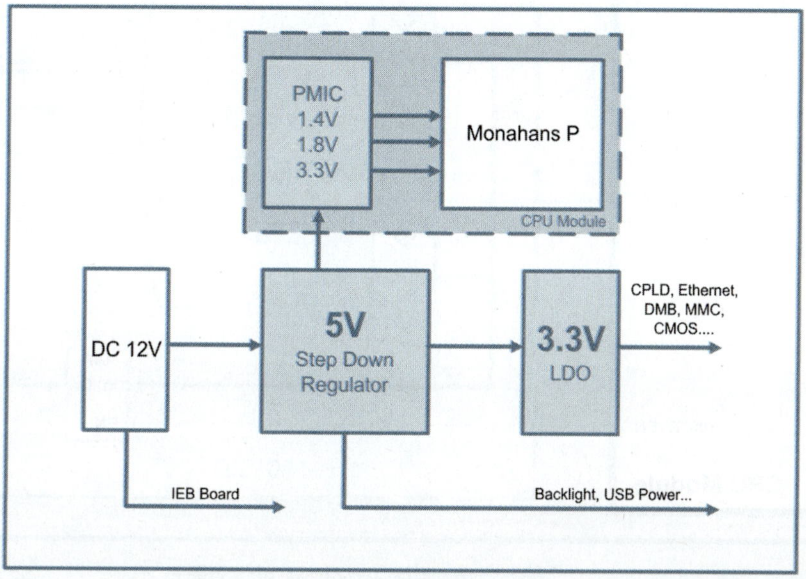

[그림 2-8] 임베디드 시스템의 전원 블록도

임베디드 시스템 보드는 DC 12V(2A 이상)를 사용한다. DC 12V는 IEB 보드에 전원 공급을 해주고, CPU 모듈은 DC 5V 전원 공급을 한다. 보드 내부는 DC 5V와 DC 3.3V로 보드 전체 디바이스에 공급을 해주고 있다.

2) 시스템 버스

PXA320 CPU의 시스템 버스는 두 가지가 있다. 하나는 DDR SDRAM 전용 Bus(EMPI)와 다른 하나는 FLASH 및 외부 디바이스를 위한 DFI Bus이다.

DFI Bus는 기존 Intel PXA CPU들과 달리 16bit Bus로 순차적으로 Address /Address/Data순으로 access하는 Multiplex 방식을 사용한다. 이는 (nLLA, nLUA, nXCRVEN) Signal에 의해 상/하위 Address, Data로 구분한다. 외부 디바이스들을 제어하기 위해서는 이런 Multiplex 방식을 VLIO 방식이나 SRAM Interface 방식으로 변환해 주어야 한다.

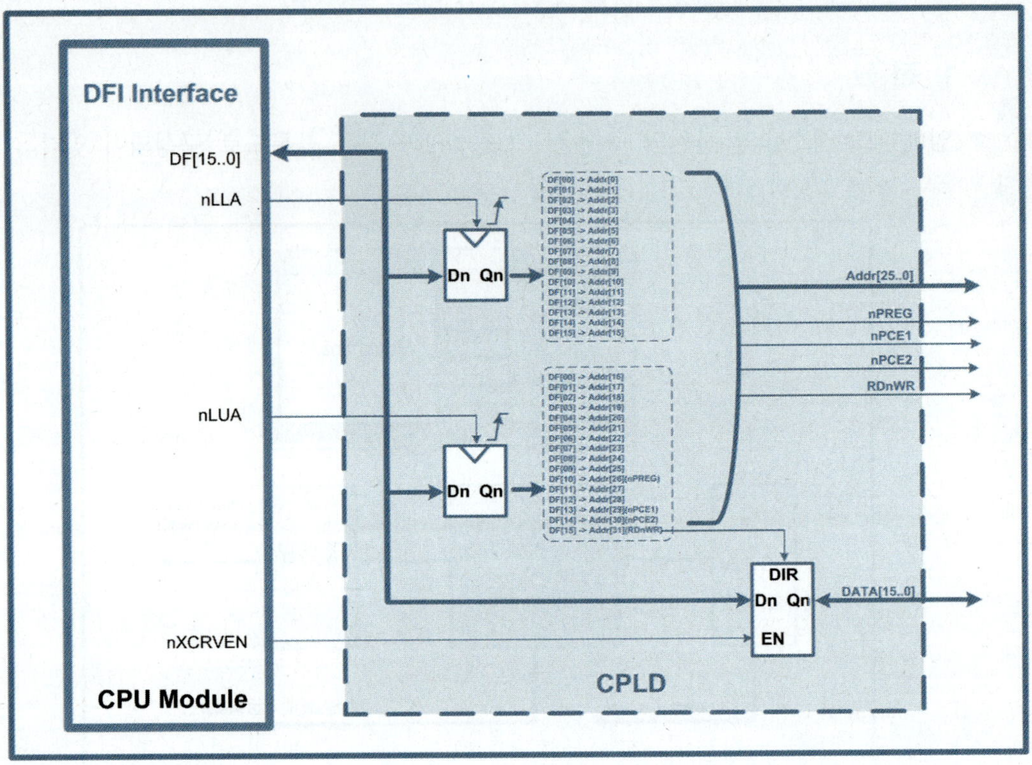

[그림 2-9] 임베디드 시스템 버스 블록도

임베디드 시스템에서는 이러한 변환 과정이 CPLD에 구현되어 있다.

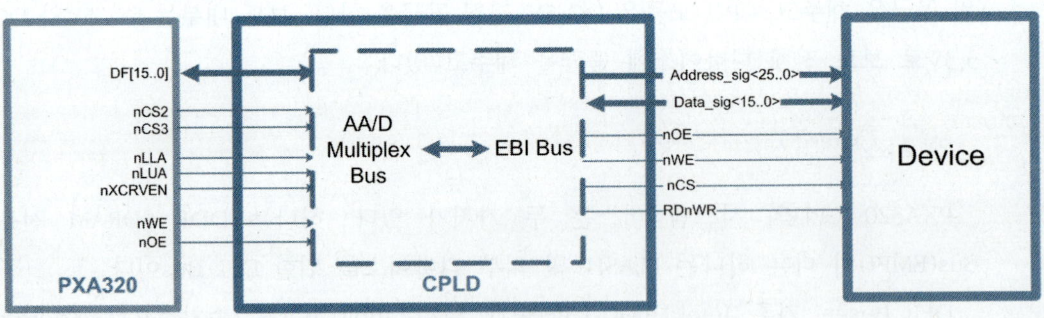

3) Ethernet

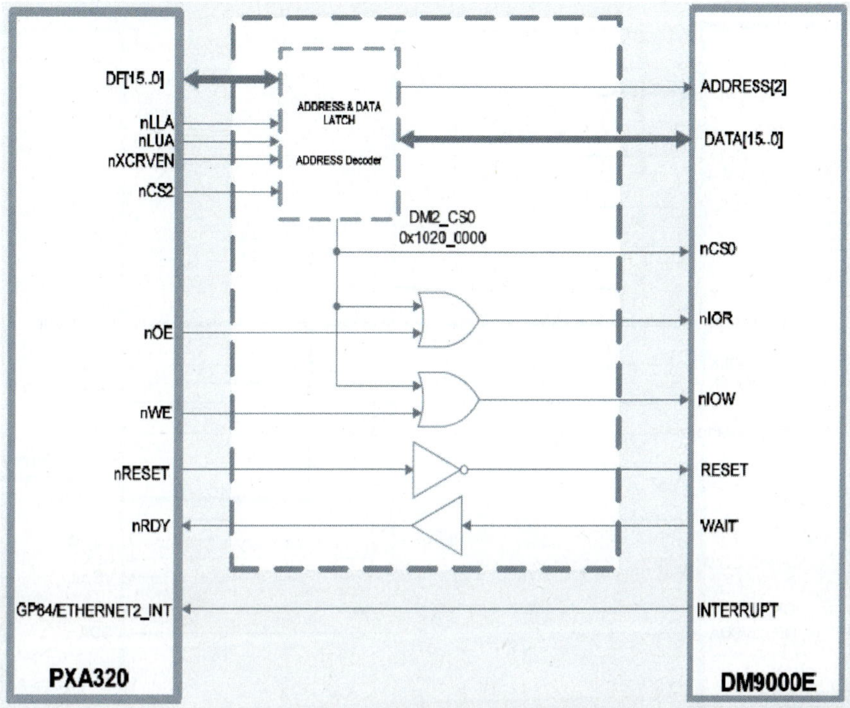

[그림 2-10] 임베디드 시스템의 Ethernet 블록도

10/100을 지원하는 DM9000E는 CPU와는 16bit Data Bus로 결선되어 있고, CPU의 Address 비트가 DM9000E의 CMD와 연결되어 있다.

CMD의 High/Low에 의해 DM9000E는 16Bit Bus가 Data/Address로 동작한다. DM9000E의 Chip Select와 간단한 로직들은 전부 CPLD(Address Decoding)에서 구현되어 있다.

4) TFT LCD

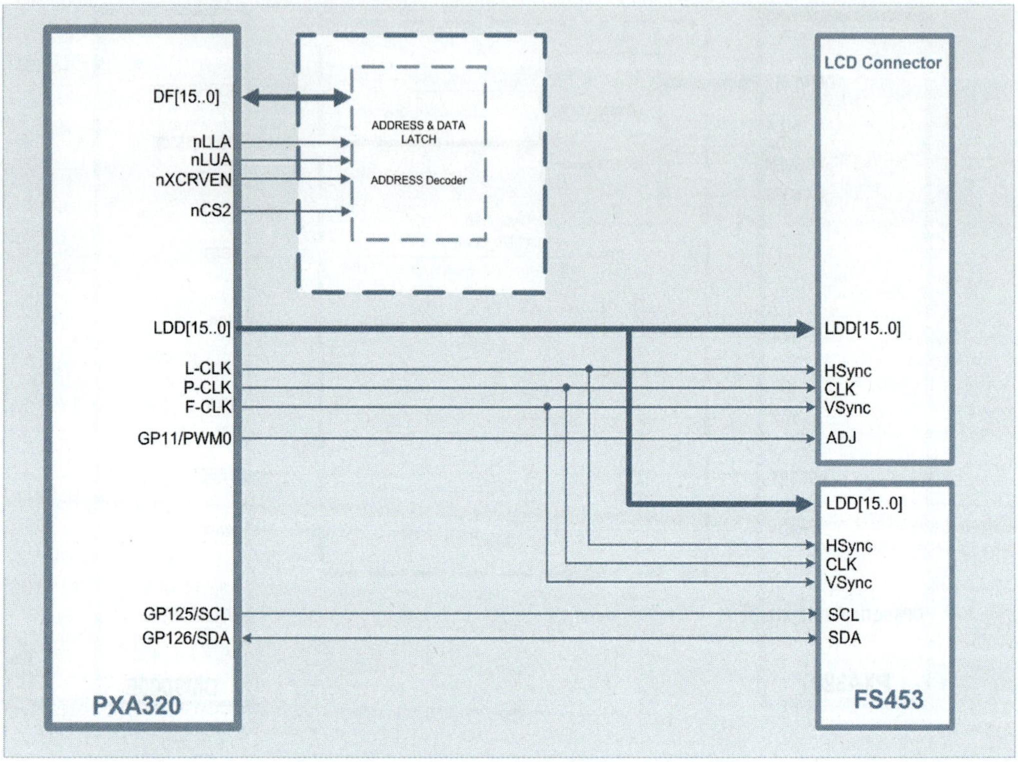

[그림 2-11] 임베디드 시스템의 TFT LCD 블록도

PXA320 CPU의 LCD 출력 핀은 18핀(18bit)로 구성되어 있으나, 임베디드 시스템에서는 16bit로 사용하고 있다. 이 LCD는 LED 백라이트 내장 타입이라 백라이트용 5V 전원만 공급해 주면 백라이트는 동작하며, 논리 입력전압(Logic Input Voltage)은 3.3V, 밝기 조절은 PWM 방식을 사용한다. FS453은 RGB 출력을 위해 사용되었다.

5) USB(Internal)

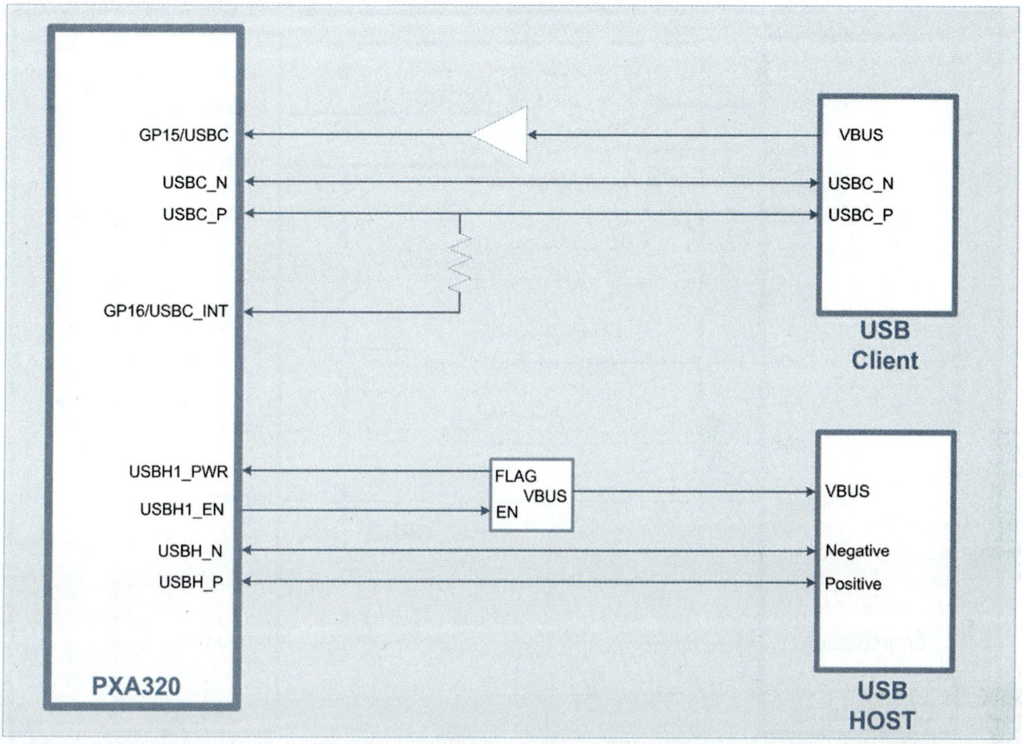

[그림 2-12] 임베디드 시스템의 USB 블록도

PXA320은 USB HOST 1.1과 USB Client 1.1 Controller를 내장한다.

USB 클라이언트는 Vbus에 의해 CPU쪽으로 Interrupt를 발생시키고, CPU의 레벨을 맞추기 위해 중간에 buffer를 사용했다. CPU의 Interrupt에 의해 USB 접속을 확인하고 GPIO로 USB를 활성화시킨다.

USB Host는 Connecotr와 직접적으로 연결되어 있고, CPU의 USBH1_EN Signal로 USB Power을 enable하고 USB Overcurrent flag인 USBH1_PWR로 USB Power를 관리한다.

6) USB 호스트 2.0(External)

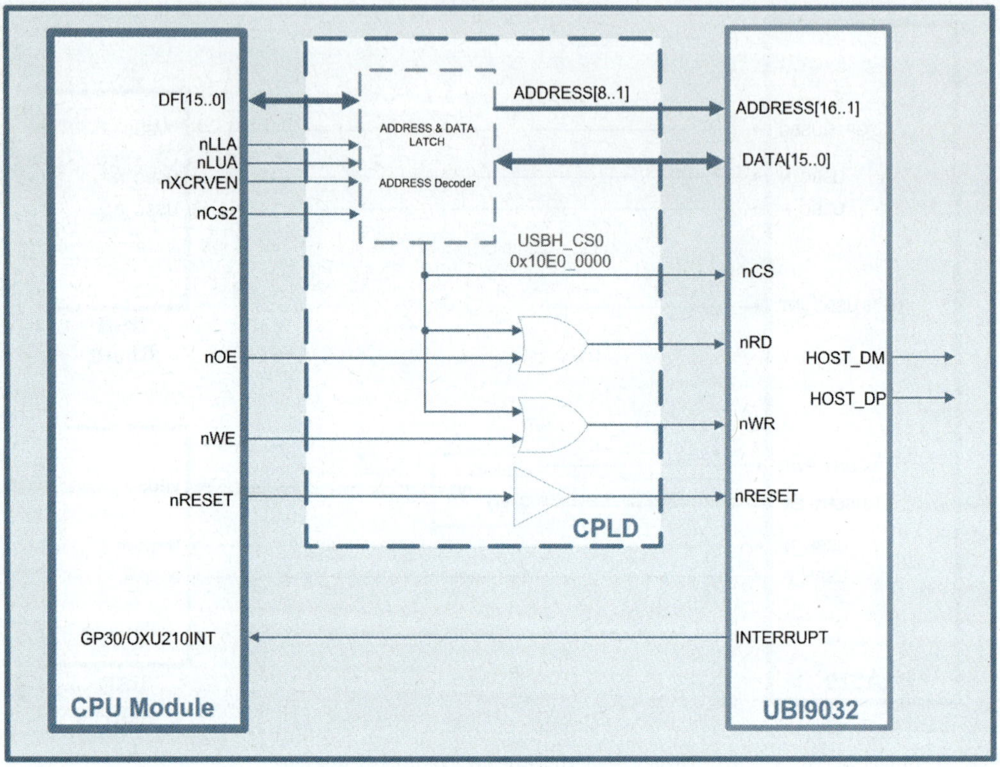

[그림 2-13] X-Hyper320TKU USB Host 2.0 블록도

UBI9032는 Host 2.0으로 Hi-Speed를 지원하며 16Bit Data Bus를 사용한다. Chip Select와 간단한 로직들은 전부 CPLD(Address Decoding)에서 구현되어 있다.

임베디드 시스템(X-Hyper320TKU)에서는 USB Hub Controller(GL850)를 사용하여 USB Port를 확장하였다. GL850은 Hardware적으로 구성되어 있어서 USB Interface가 동작하면 GL850도 자동적으로 동작하게 되어 있다. GL850의 4Port 중 2Port는 Connector로서 연결되어 있고, 1Port는 USB TO IDE Controller(GL811)를 사용하여 1.8Inch Mobile Hard Disk를 연결하였다. GL811 역시 USB interface가 동작하면 GL811도 자동적으로 동작하게 되어 있다.

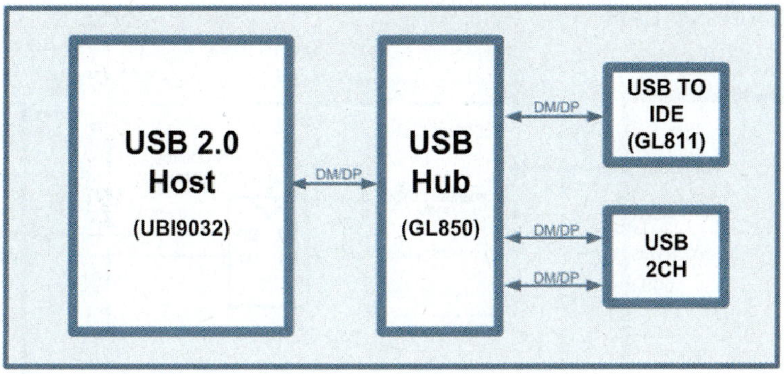

7) USB 클라이언트 2.0(External)

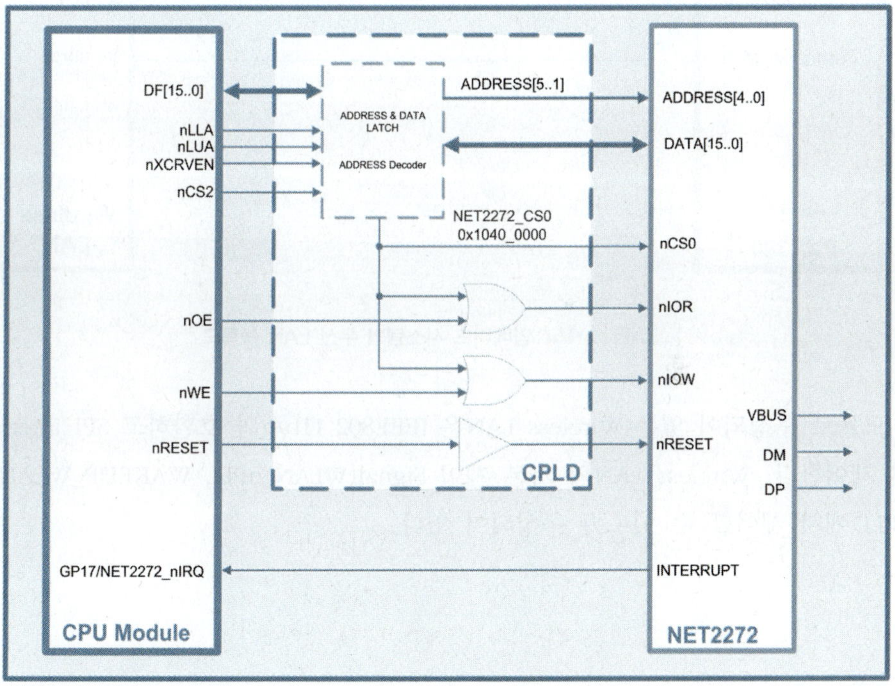

[그림 2-14] 임베디드 시스템의 USB 클라이언트 2.0 블록도

USB Client 2.0을 지원하는 NET2272는 3가지의 Address Mode를 지원한다. 각 Mode에 따라서 하드웨어 방식이 틀리며 X-Hyper3xxTKU에서는 Non-Multiplexed Direct Address Mode를 사용하였다.

Chip Select와 간단한 로직들은 전부 CPLD(Address Decoding)에서 구현되어 있다.

8) Wireless LAN

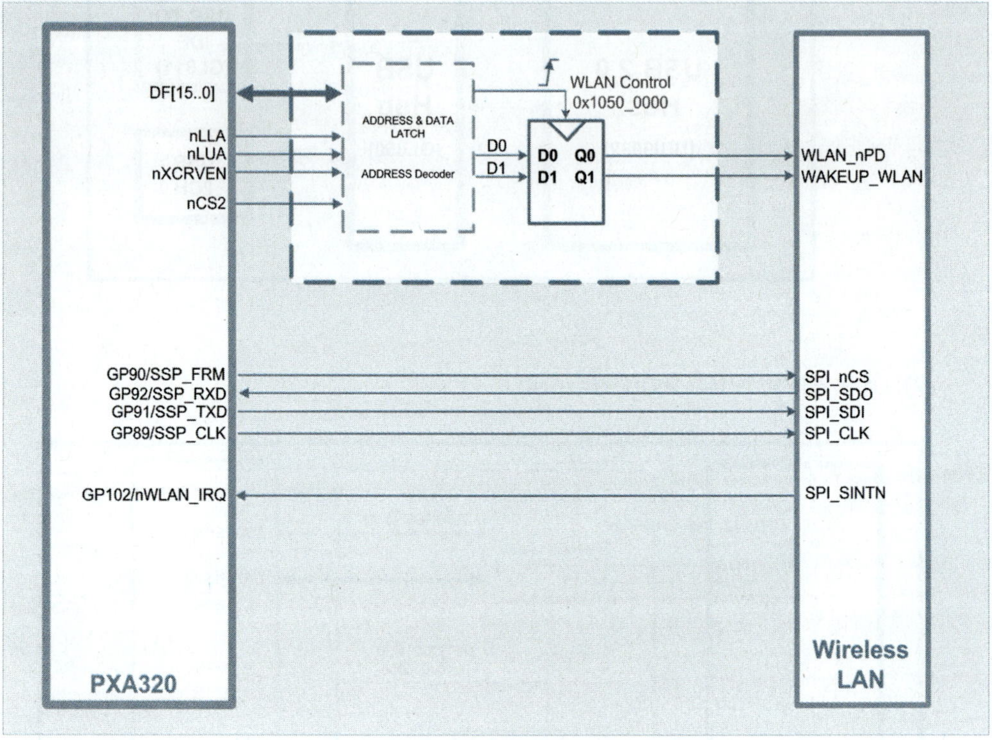

[그림 2-15] 임베디드 시스템의 무선 LAN 블록도

모듈로 구성되어 있는 Wireless LAN은 IEEE802.11b/g와 호환하고 SPI interface로서 제어한다. Wireless LAN의 기본 제어 Signal(WLAN_nPD, WAKEUP_WLAN)들은 CPLD에서 제어할 수 있도록 구성되어 있다.

9) MMC / SD / SDIO

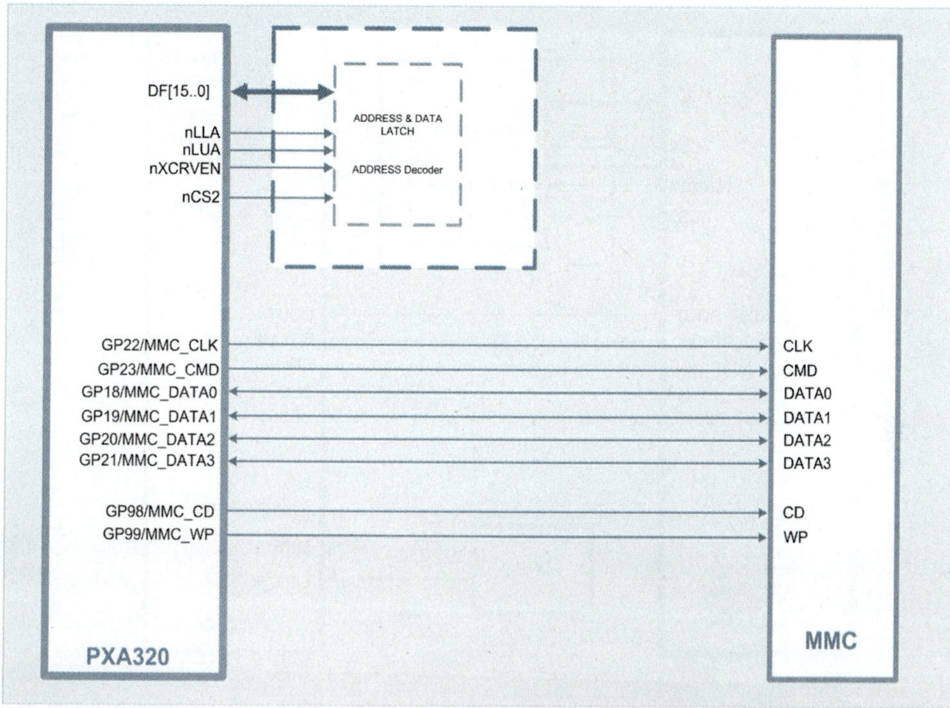

[그림 2-16] 임베디드 시스템의 MMC/SD 블록도

PXA320은 MMC(MultiMedia Card), SD(Secure Digital), SDIO(Secure Digital I/O)를 지원하는 controller를 2포트 제공한다. MMC/SD/SDIO에 대한 통신 Protocol을 지원하며 다음 사양을 만족한다.

① MultiMedia Card System Specification Version 4.0

② Secure Digital Memory Card Specification Version 1.10

③ Secure Digital I/O Card Specification Version 1.0

임베디드 시스템의 보드에서 MMC/SD/SDIO Controller를 사용하기 위해서는 CPU의 MMC/SD/SDIO Controller에 전원을 공급해야 한다. 이 보드에서는 MAX8660 6번 전원 출력 단자가 PXA320 CPU의 MMC/SD/SDIO Controller로 공급되는 전압으로 설계되어 있다. 먼저 MAX8660에 접근해서 6번 전원 출력을 3.3V로 세팅해 주어야 한다.

10) Audio

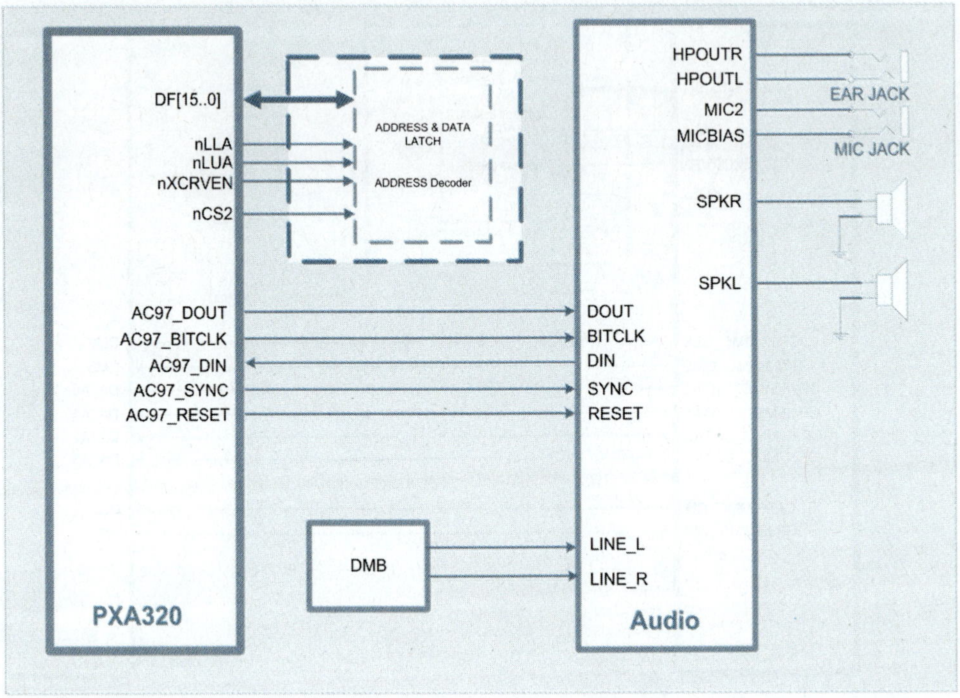

[그림 2-17] 임베디드 시스템의 Audio 블록도

임베디드 시스템의 보드에서는 EAR JACK, MIC JACK, 그리고 2개의 스피커로 구성되어 있다. 그리고 DMB에서 나오는 오디오 Signal들이 Audio Codec의 LINE Input에 연결되어 있다.

11) UART

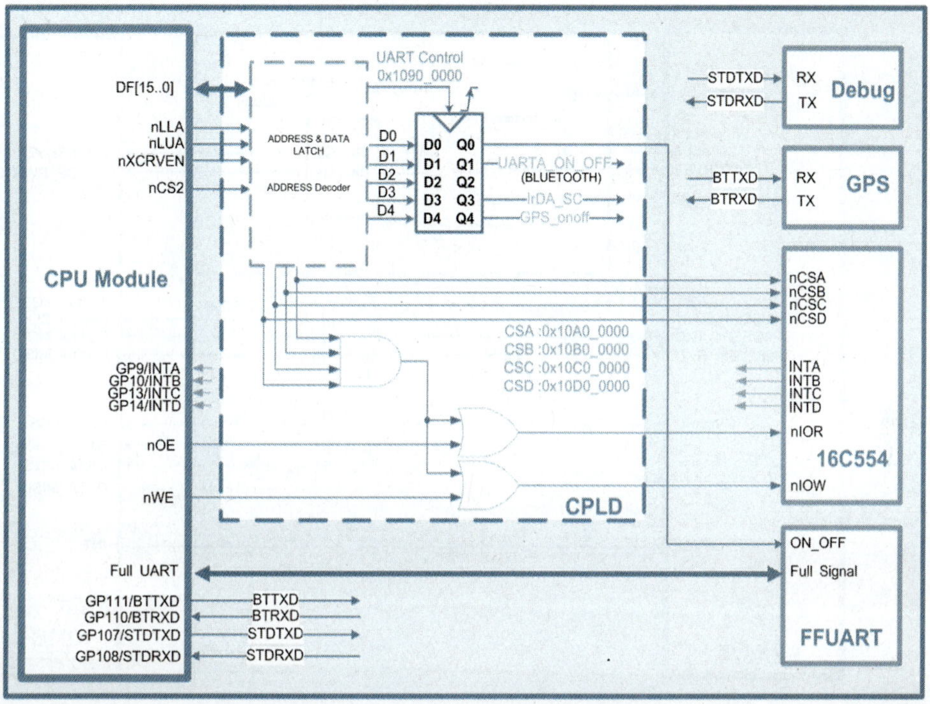

[그림 2-18] 임베디드 시스템의 UART 블록도

임베디드 시스템은 Internal 3Port, External 4Port로 총 7Port의 UART를 지원하며, Internal 중 Standard UART는 Debug용으로, FF UART는 Full UART용으로, BT UART는 GPS 전용으로 설계되어 있다. External 4Port 중 PortA는 BLUETOOTH(Bluetooth Module 바로 사용 가능)전용으로 Port B는 IrDA 전용으로 나머지 2Port는 Connector로서 구성되어 있다.

12) DMB

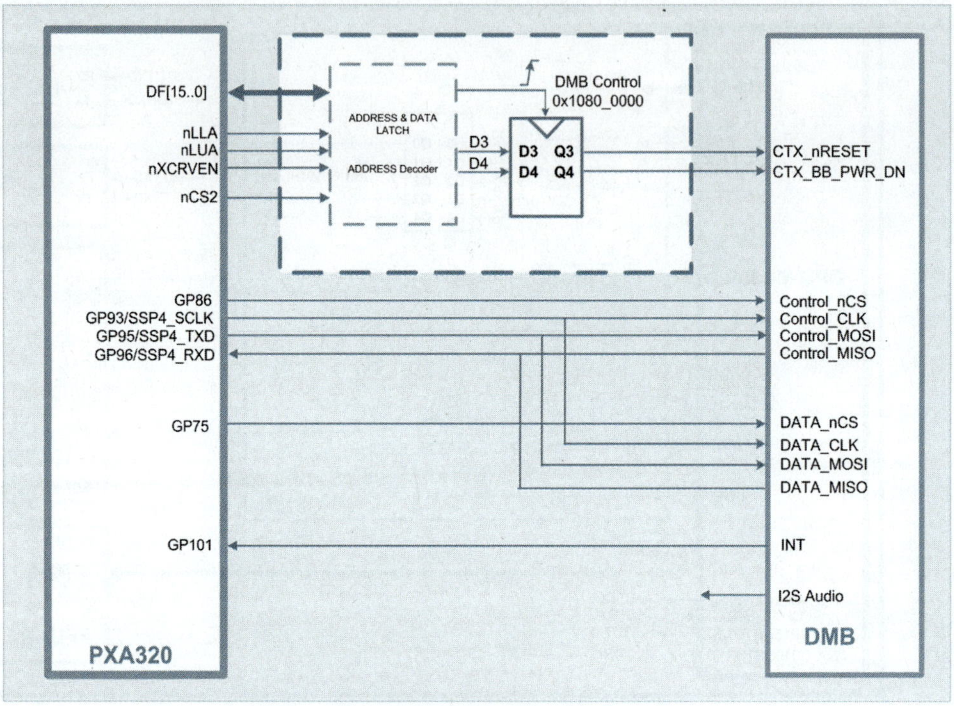

DMB(CTX305R)

[그림 2-19] 임베디드 시스템의 DMB 블록도

CTX305R DMB는 Interface가 SPI로 되어 있으며 Control Interface와 Data Interface로 분리되어 있다. DMB를 제어하기 위한 기본 Control Signal들은 CPLD에서 출력이 이루어지며, 각각의 Chip Selec에 SPI 라인은 브리지되어 있다.

13) PMIC

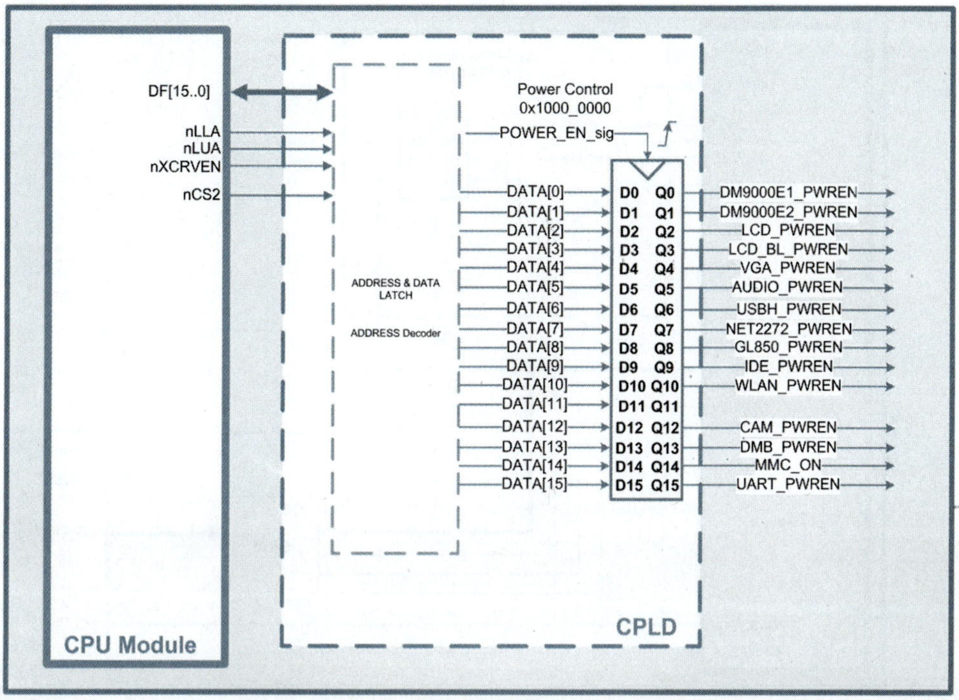

[그림 2-20] 임베디드 시스템의 PMIC 블록도

임베디드 시스템은 각각의 디바이스들을 ON/OFF할 수 있도록 설계되어 있다. 이는 CPLD에서 담당하며 CPLD의 ON/OFF 동작에 의해 각각의 디바이스들로 전원이 공급된다.

14) CMOS 카메라

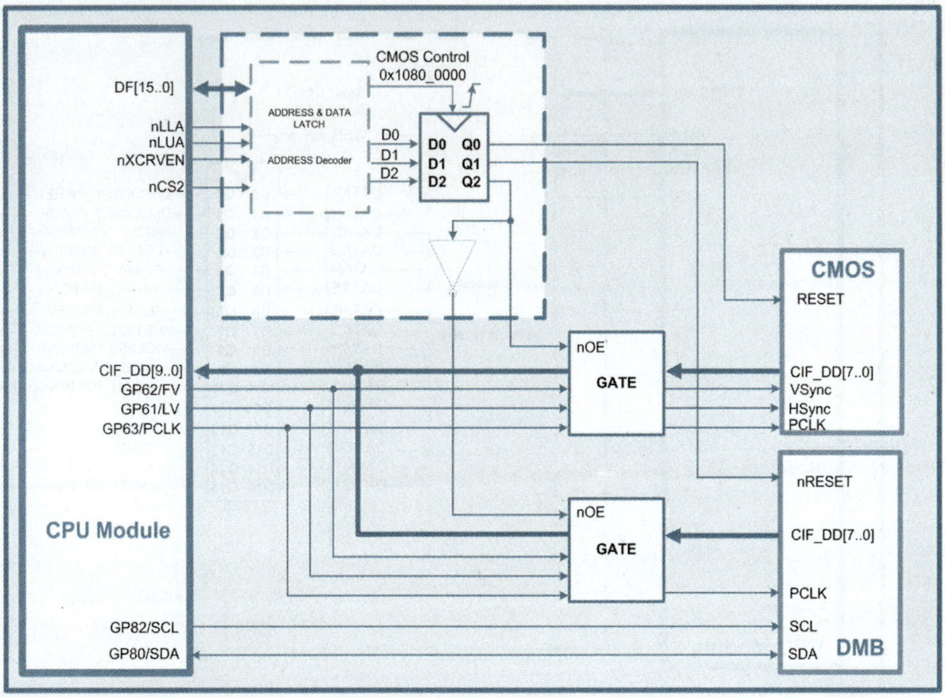

[그림 2-21] 임베디드 시스템의 CMOS 카메라 블록도

임베디드 시스템에서는 C-MOS Camera와 DMB Module(광성전자)에서 CIF Interface를 입력받는다. 회로설계상 두 개는 동시에 사용 불가능하고, 한 개씩의 디바이스만 사용 가능하다. 그래서 중간에 Buffer Gate를 사용하여 Select할 수 있도록 설계되어 있다.

4. 임베디드 시스템(X-Hyper320TKU)의 맵

1) 플래시 메모리 맵(Map)

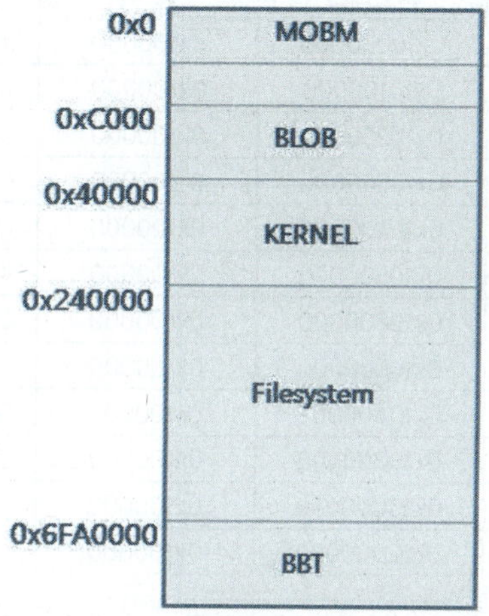

[그림 2-22] 플래시 메모리 맵

2) SDRAM 메모리 맵

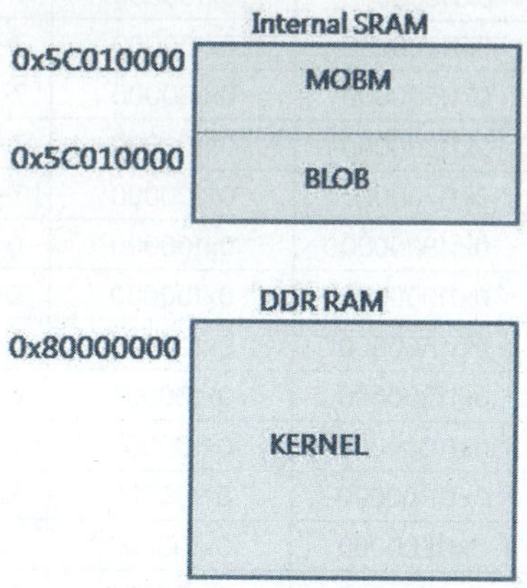

[그림 2-23] SDRAM 메모리 맵

3) Static 메모리 맵

(1) 메인보드

이 름	어드레스	범 위	설 명
CPLD	0x10000000	0x100000	XHyper320TKU CPLD Power
DM9000-1	0x10100000	0x100000	10/100 Base-T Ethernet Controller
DM9000-2	0x10200000	0x100000	10/100 Base-T Ethernet Controller
CPLD ID	0x10300000	0x100000	CPLD ID
NET2272	0x10400000	0x100000	USB2.0 Slave
WLAN	0x10500000	0x100000	Wireless module
CMOS	0x10800000	0x100000	CMOS Camera
UART ON_OFF	0x10900000	0x100000	External uart power on/off
16C554 CSA	0x10A00000	0x100000	Serial Controller CS A
16C554 CSB	0x10B00000	0x100000	Serial Controller CS B
16C554 CSC	0x10C00000	0x100000	Serial Controller CS C
16C554 CSD	0x10D00000	0x100000	Serial Controller CS D

(2) IEB 확장 보드

이 름	어드레스	범위	설 명
FND1	0x11000000	0x100000	7-Segment 1
FND2	0x11100000	0x100000	7-Segment 2
FND3	0x11200000	0x100000	7-Segment 3
FND4	0x11300000	0x100000	7-Segment 4
FND5	0x11400000	0x100000	7-Segment 5
FND6	0x11500000	0x100000	7-Segment 6
FND7	0x11600000	0x100000	7-Segment 7
FND8	0x11700000	0x100000	7-Segment 8
DOT_1 Col	0x11800000	0x100000	Dot Collumn 1
DOT_2 Col	0x11900000	0x100000	Dot Collumn 2
DOT_3 Col	0x11A00000	0x100000	Dot Collumn 3
DOT_4 Col	0x11B00000	0x100000	Dot Collumn 4
DOT_5 Col	0x11C00000	0x100000	Dot Collumn 5
KEY_W	0x11D00000	0x100000	Key Write
KEY_R	0x11E00000	0x100000	Key Read
DAC	0x11F00000	0x100000	Digital to Analog Convertor
ADC	0x12000000	0x100000	Analog to Digital Convertor
STEP Motor	0x12100000	0x100000	Step Motor controller
DC Motor	0x12200000	0x100000	DC Motor controller
Character LCD	0x12300000	0x100000	Character LCD Control
LED	0x12400000	0x100000	LED

제 3 장

임베디드 시스템 개발환경 구축

3.1 개발환경의 개요

마벨 PXA320 프로세서 플랫폼인 X-Hyper320TKU 보드에 리눅스 BSP를 설치, 컴파일하는 방법을 작성한 것이다.

1. HOST PC 권장사항

리눅스 배포판이 설치된 PC(권장 배포판 : Asianux open edition3) 사항은 다음과 같다.

① CPU : Pentium 2.4G 이상 / AMD sempron 2400 이상(x64인 경우 32비트용 배포판을 설치하여 사용한다)
② RAM : 256MB 이상
③ HDD : 1.5GB 이상의 여유 공간
④ VGA : 리눅스 드라이버 호환 모델(ATI, Geforce, Matrox 등)
⑤ Parallel : 1port(xdb 사용시, *usb to parallel 사용 불가)
⑥ Ethernet : 1port(2port 권장)
⑦ Serial : 1port(*usb to serial 사용가능)
⑧ CD-Rom : 32x 이상

2. 배포판 설치시 주의사항

① 파티션은 일반 ext3로 포맷해서 사용하며, 보안관련 체크하게 될 경우 NFS 등의 문제가 발생할 수 있다.
② xinetd, tftp, NFS, minicom 등의 패키지는 개발시 꼭 필요하므로 최초 설치시 같이 설치하는 것이 좋다.

주 의

VMWARE를 이용하여 리눅스를 설치할 경우 Host PC 자원 분리로 컴파일 시간이 오래 걸리고 가상 PC 내에서 실제 디바이스 제어가 잘 안 될 수 있다. 사용하는 것을 권장하지 않는다.

3. 보드 연결

X-Hyper320TKU의 메모리, TFT LCD 및 CPU 등의 소형 칩셋은 작은 충격에도 손상될 우려가 있기 때문에 항상 조심히 다루어야 하고 전원이 인가된 후에는 LCD 및 케이블 등에 항상 유의하기 바란다.

1) Serial 연결

① 시리얼 케이블을 연결한다. X-Hyper320TKU에는 그림과 같이 시리얼 케이블로 보드의 DEBUG1이라고 쓰여 있는 시리얼 커넥터와 호스트 PC의 Com 포트에 연결해주면 된다.

② DEBUG1 포트와 PC의 시리얼 포트에 연결한다.

2) Ethernet 연결

① 이더넷 크로스 케이블(Ethernet cross cable)을 연결한다. X-Hyper320TKU의 이더넷 포트(Ethernet port)(LAN)와 Host PC의 RJ45(이더넷 카드)를 제공한 크로스(Cross) LAN 케이블로 연결한다(X-Hyper320TKU를 이더넷 허브에 직접 연결하려면 일반 Direct LAN cable을 연결하면 된다).

② Ethernet Port는 2가지가 있는데 현재 2차 Beta 버전에는 위의 그림의 포트를 사용한다.

3.2 시리얼 환경 구축

1) minicom setting(for Linux)

① -s 옵션으로 minicom 설정창을 띄운다.

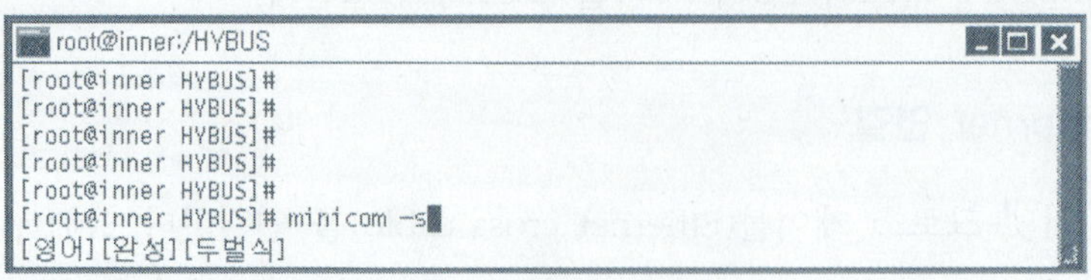

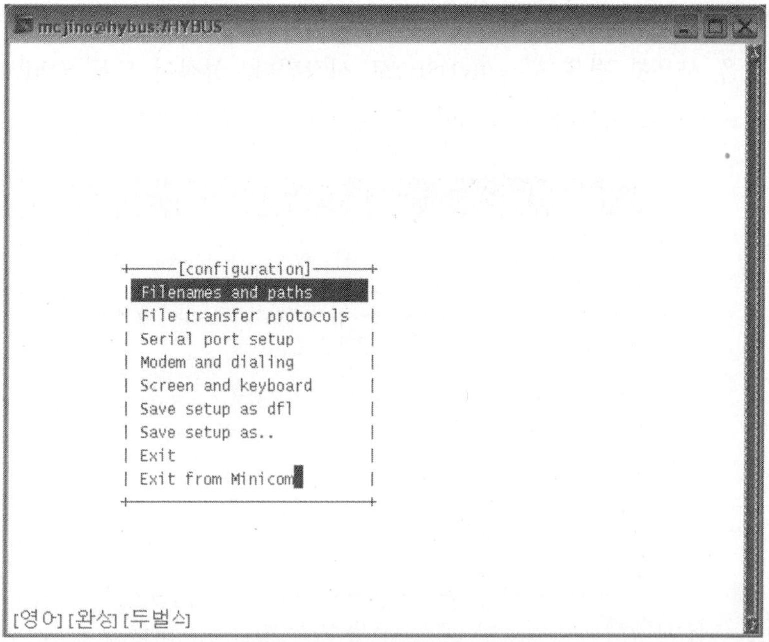

② "Serial port setup"에서 Bps 38400 8N1, Hardware Flow Control : NO로 세팅한다.

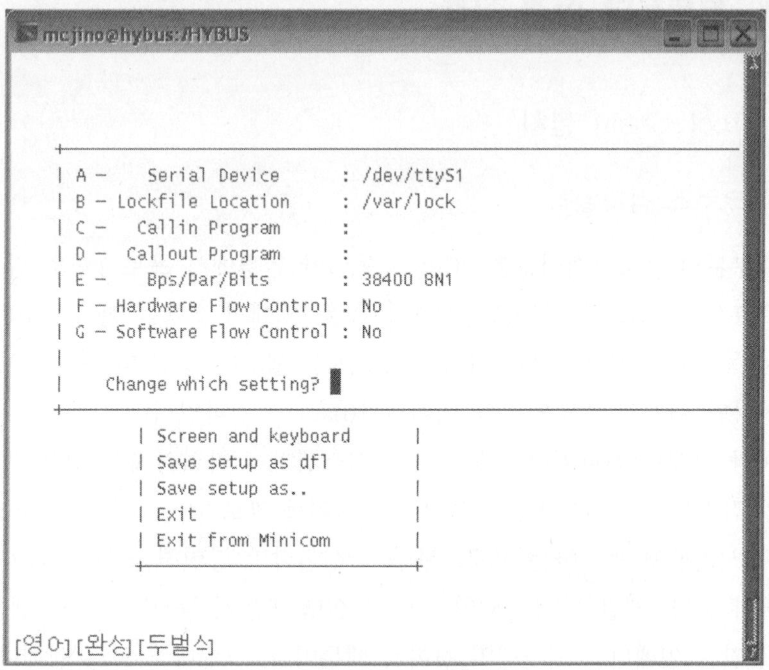

③ Serial Device에서 /dev/ttyS0는 COM1, /dev/ttyS1은 COM2이다. USB to serial을 사용할 경우 /dev/ttyUSB0로 시작된다. 설정이 모두 끝났으면 "Save setup as dfl"로 저장하고 종료한 후 다시 minicom을 실행한다.

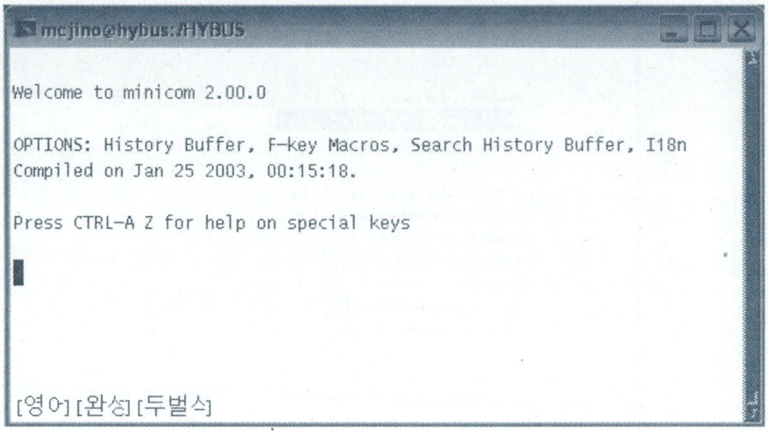

3.3 부트로더 환경 구축

1. Tool-Chain 설치

1) 크로스 컴파일러

대부분의 프로그래머들은 PC라는 동일한 환경에서 프로그램을 작성한다. PC에서 프로그램을 짜고 컴파일하고, 실행 파일을 PC에서 수행을 한다. 이렇게 동일한 환경에서 동작되는 컴파일러와 이 컴파일러에서 생성된 실행 파일을 동일한 환경에서 수행한다면 이때의 컴파일러를 네이티브(native) 컴파일러라고 한다.

이와 반대로 컴파일러가 동작하는 시스템과 컴파일러에 의해서 생성된 실행 파일이 동작하는 시스템이 다를 때 이 컴파일러를 크로스(cross) 컴파일러라고 한다. 임베디드 시스템에 동작하는 프로그램을 작성한다면 당연히 크로스 컴파일러 환경을 구축해야 한다. 개발환경은 PC일 것이고 실행 파일이 동작하는 시스템은 다른 CPU 구성을 갖는 임베디드 시스템일 것이기 때문이다. 그렇다고 모든 임베디드 시스템에 동작하는 프로그램들이 크로스 컴파일 환경을 필요로 하는 것은 아니다. PC와 같은 구조를 갖는 임베디드 리눅스 시스템을 만든다면 PC의 네이티브 컴파일러에서 만들어진 실행 파일이 그대로 수행될 수 있기 때문이다. 하지만 임베디드 시스템 대부분이 저렴한 가격대를 요구하거나 또는 특수한 기능을 수행하는 구조를 가지기 때문에 이런 경우는 조금 드믄 편이다.

2) 정 의

말 그대로 툴들을 모아 놓은 것이다. 여기서 말하는 툴은 개발 툴이다. 개발에 필요한 Compiler, 각종 Debugger, library, Util 등을 모아 놓았다는 뜻이다. 가장 중요한 것은 gcc 컴파일러이다. 또한 gcc 사용하기 위해 필요한 binutils도 포함되며 binutils는 바이너리를 다루는데 사용된다. 이 툴로는 C 라이브러리를 사용하는 것을 제외한 나머지 대부분의 커널을 컴파일할 수 있다.

① 호스트 PC 리눅스를 부팅한 후 터미널을 열어 "/usr/local/" 폴더에 "arm-linux-4.1.1.tar"을 복사하고 "tar zxvf arm-linux-4.1.1.tar"을 실행해 압축을 해제한다.

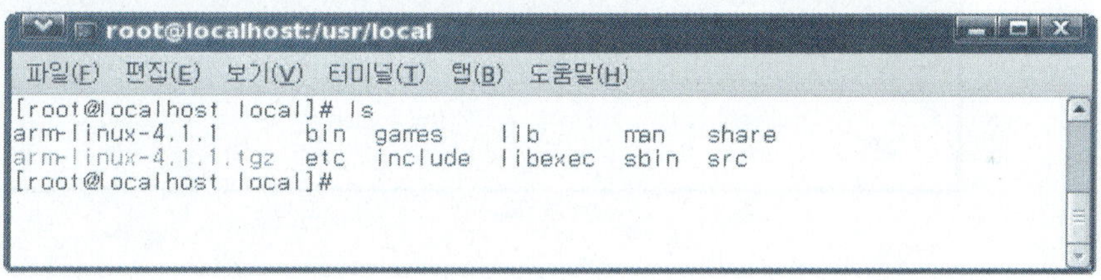

② "/usr/local/arm-linux-4.1.1/bin" 폴더 내용을 확인한다.

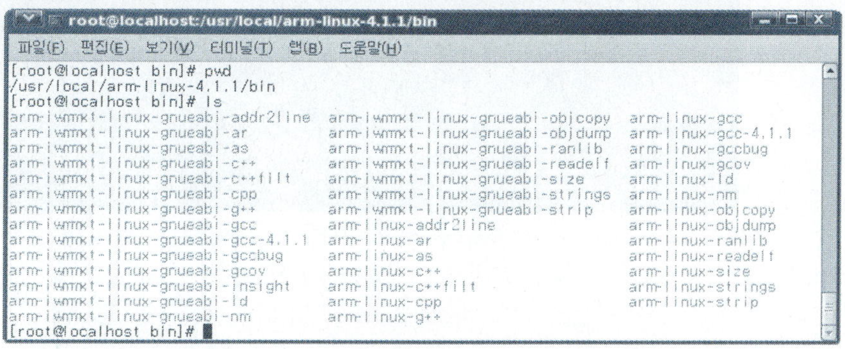

③ "/root/.bash_profile" 내용을 vi를 이용해 "PATH=$PATH:$HOME/bin:" 뒤에 조금 전 폴더의 위치인 "/usr/local/arm-linux-4.1.1/bin/"을 추가한다.

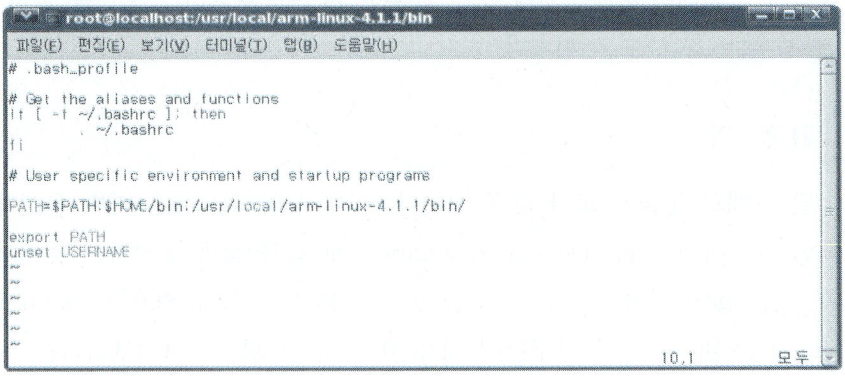

④ "/root/.bash-profile" 파일에서 PATH를 수정한 후 수정된 내용을 "source /root/.bash_profile"로 적용시켜 준다.

⑤ 아래와 같이 .PATH가 적용된 것을 확인할 수 있다.

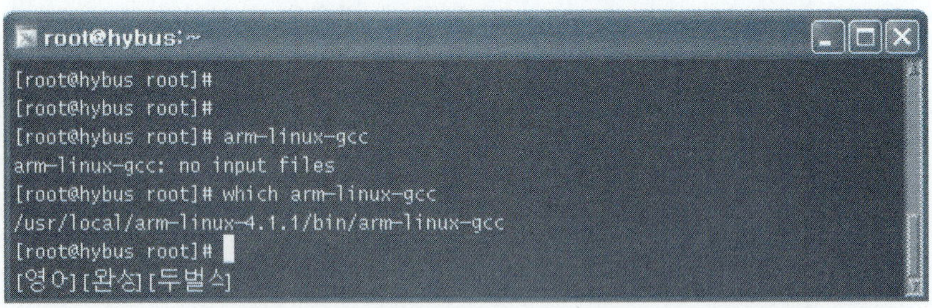

2. 부트로더 컴파일

1) 부트로더 빌딩(Bootloader Building)

일반적으로 임베디드 시스템에서는 일반 PC와는 달리 CMOS와 같이 여러 가지 용도로 사용되는 BIOS가 쓰이지 않는다. 대신에 부트로더가 이 기능을 대신한다. 부트로더가 H/W(MPU, SDRAM, FLASH, UART, GPIO) 등을 초기화한다.

2) 부트로더 기능

① 부트로더에서 하드웨어에 대한 초기화(cpu speed, 메모리 타이밍, 인터럽트, UART, GPIO)를 한다.
② 부트로더의 가장 중요한 기능인 리눅스를 부팅할 수 있게 해주는 기능
③ 커널 이미지를 SDRAM에 저장한 후 커널 이미지의 주소로 점프하는 기능
④ 이미지 다운로드
⑤ 호스트상에서 컴파일된 커널이나 Root 이미지를 시리얼을 이용하여 SDRAM에 다운로딩이 가능하다(단, 다운로드는 이더넷을 통해서만 가능함). Ethernet tftp, bootp
⑥ 플래시 제어
⑦ 플래시 쓰기, 삭제 기능
⑧ 플래시 lock, unlock 기능

3) 부트로더 컴파일 - 툴체인 설치

부트로더 빌드를 하기 위해 Bootloader.tgz 파일 압축을 풀면 blob, image, mobm, util 디렉토리가 나온다.

```
☞ cd Bootloader↵
☞ tar zxvf Bootloader.tgz
```

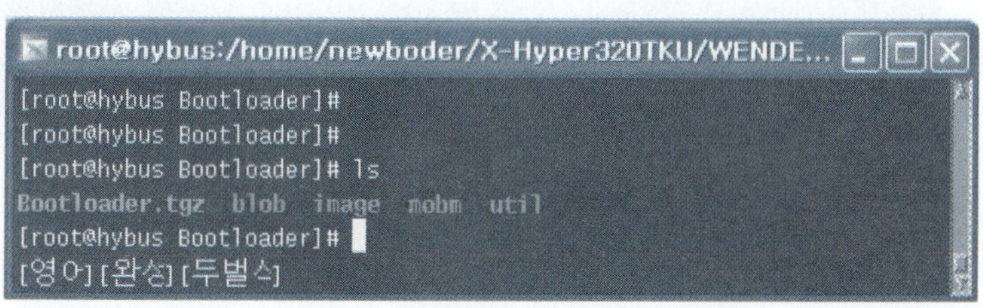

(1) Blob 빌드 명령

☞ cd blob
☞ export PATH=$PATH:/usr/local/arm-linux-4.1.1/bin/
☞ ./config.sh

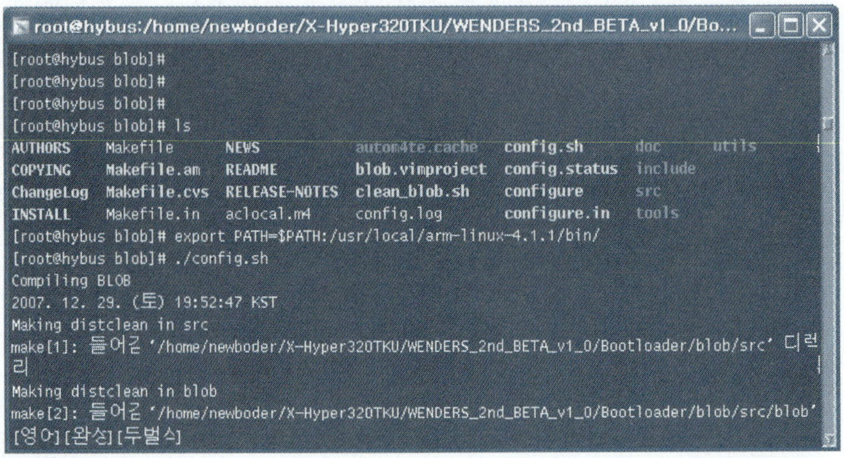

(2) MOBM 빌드 명령

☞ cd mobm
☞ export PATH=$PATH:/usr/local/arm-linux-4.1.1/bin/
☞ make

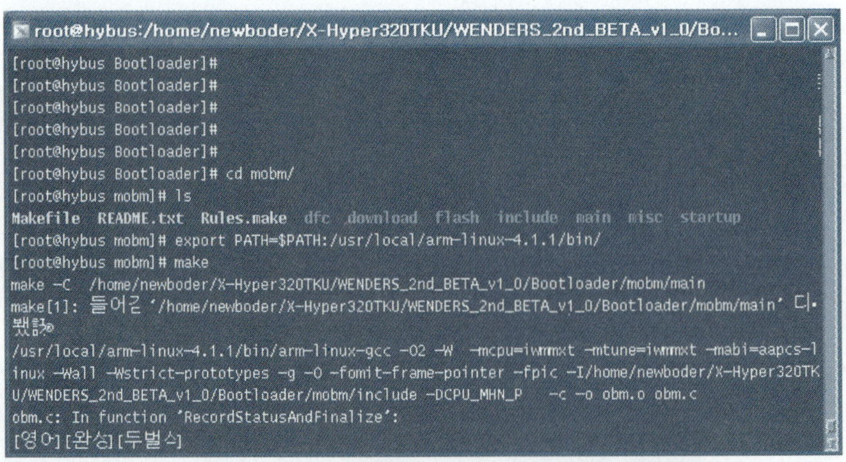

3. 부트로더 순서

1) NAND Boot Sequence

최초 CPU에 전원이 인가되면 stack되어 있는 Boot ROM에 있는 Boot 코드가 실행된다. 이 Boot ROM은 NAND Flash 0번지에 있는 MOBM(OEM boot)로 이동하며 MOBM에서는 system up, 내부 SRAM 초기화, NAND Flash controller 초기화 등을 하고 자기 자신과 Blob 이미지를 내부 SRAM에 복사한 후 BLOB의 startup 코드로 branch한다.

2) MOBM StartUP

MOBM 소스는 Bootloader/mobm에 있다.

startup 코드는 Bootloader/mobm/startup/StartUp.S부터 시작하며 C code로 넘어와서 Bootloader/mobm/main/obm.c 파일의 OBMBootMain() 함수로 넘어온다. 함수 마지막인 TransferControlToOSLoader()를 호출해서 BLOB으로 branch한다.

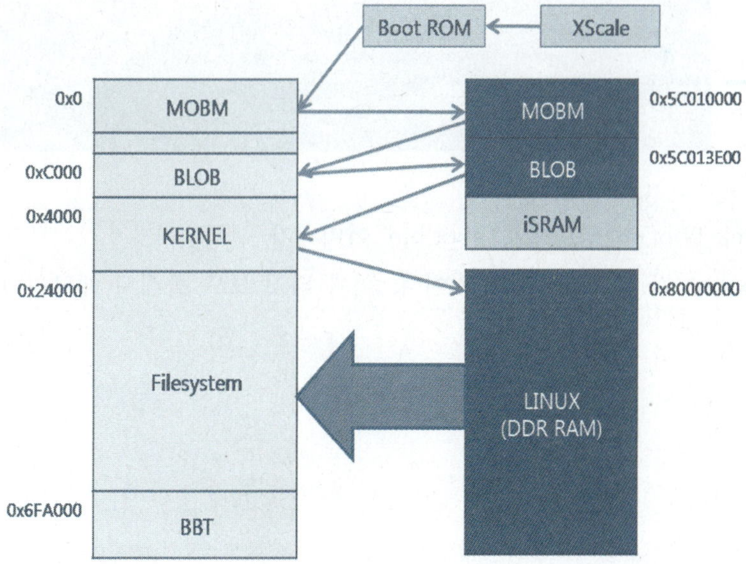

4. link_image

mobm과 blob이 컴파일이 완료되었으면 link_image util을 이용하여 하나의 바이너리로 재생성한다. 유틸 사용법은 프로젝트의 Bootloader/util 디렉토리에 mobm과 blob을 복사하고 # ./link_image -d descr_v2_lb.txt 〉/dev/null 2〉&1를 실행하면 된다.

복사하고 커맨드를 주는 과정이 번거롭기 때문에 Bootloader/image 폴더의 mk_boot.sh 스크립트를 이용해도 된다.

#./mkboot.sh

☞ cd image
☞ ./mk_boot.sh

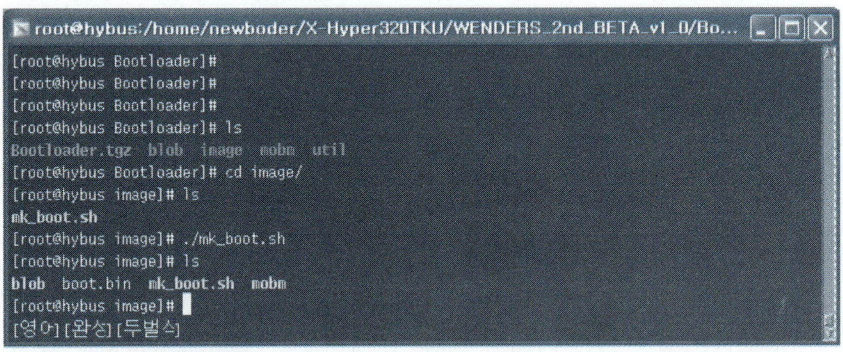

./mk_boot.sh 명령으로 boot.bin 이미지가 생성된다.

boot.bin가 부트로더 이미지이다. 이를 타깃 보드 플래시 메모리 0번지에 퓨징하면 된다.

5. 부트로더 퓨징

X-Hyper320TKU보드는 기본적으로 부트로더가 퓨징(fusing)되어 출시된다. 아래와 같이 부트로더 동작 메시지가 확인되면 XDB 사용부분은 패스하고 “커널” 장으로 넘어가면 된다.

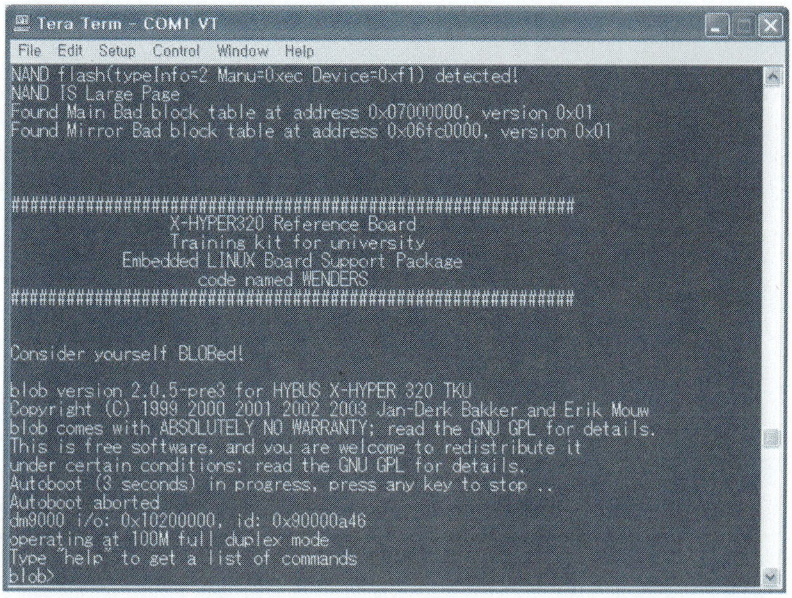

부트로더 이미지(boot.bin)를 PXA320 Nand Flash에 Write하기 위해서는 XDB debbuger가 필요하다. XDB debbuger는 하이버스 홈페이지에서 구할 수 있다.

(hybus.net → 제품소개 → Emulator → XDB)

XDB Download : 그림과 같이 XDB를 연결한다.

1) Install

XDB용 소프트웨어 Marvell C++ Software Development Tool Suite for Intel XScale® Microarchitecture, Professional, v2.1를 PC에 설치한다. XDB를 사용하기 위해서는 호스트 PC 바이오스 메뉴에서 패러럴 포트 모드를 ECP+EPP로 설정해야 한다.

2) Setup

① Marvell(R) XDB Debugger를 실행하고 New를 선택한다.

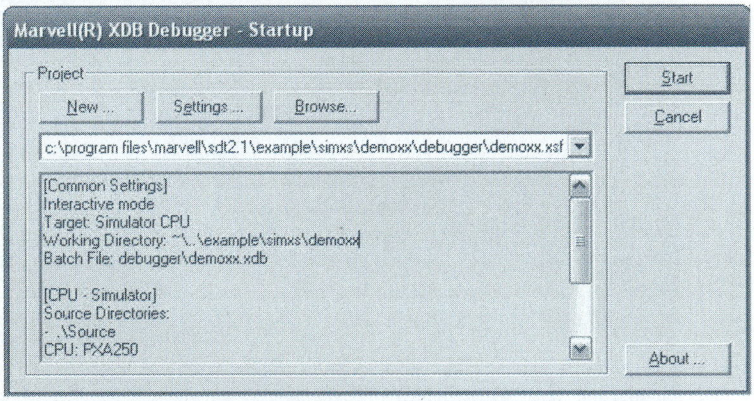

② Target과 Initial Batch File을 설정한다.

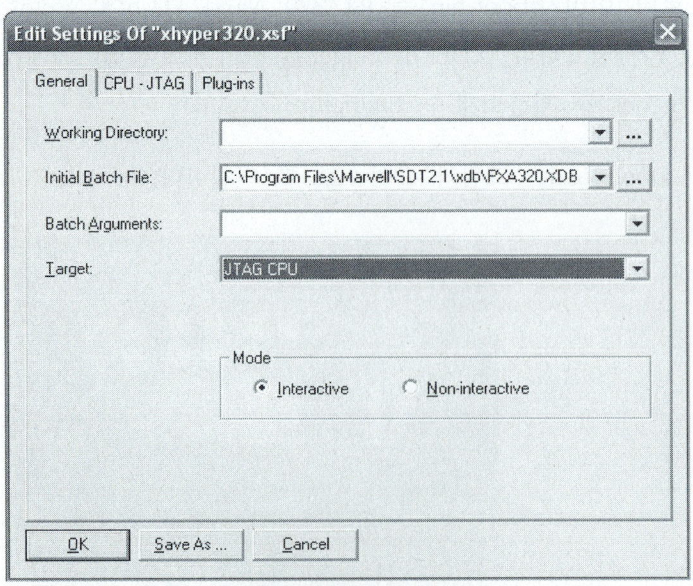

③ CPU-JTAG에서 Board를 PXA3XX로 세팅한다.

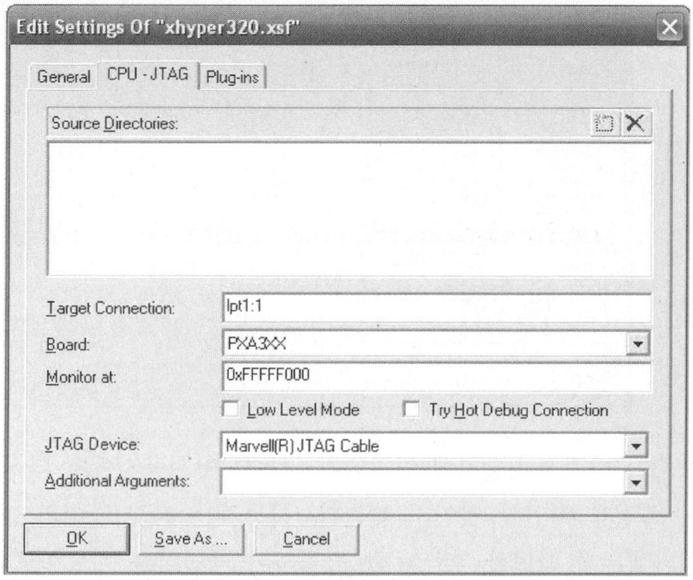

④ 완료되었으면 save As하여 Pxa320_hybus.xsf라고 저장한다.

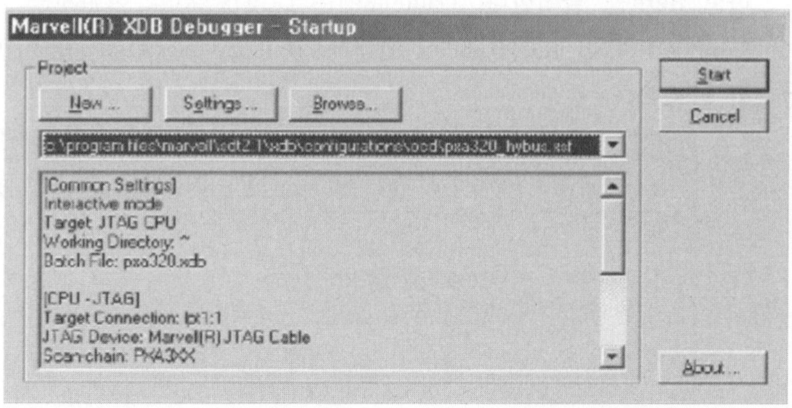

⑤ 저장되었으면 보드에 전원을 on하고 Start를 눌러 실행한다. 케이블연결이 잘 되었는지, 시스템이 잘 구동되었는지 확인한다. 설정이 올바르다면 XDB가 시작되고 타깃 장치와 연결된다. 디버거가 시작되고 Marvell® XDB Debugger창을 화면에서 볼 수 있다.

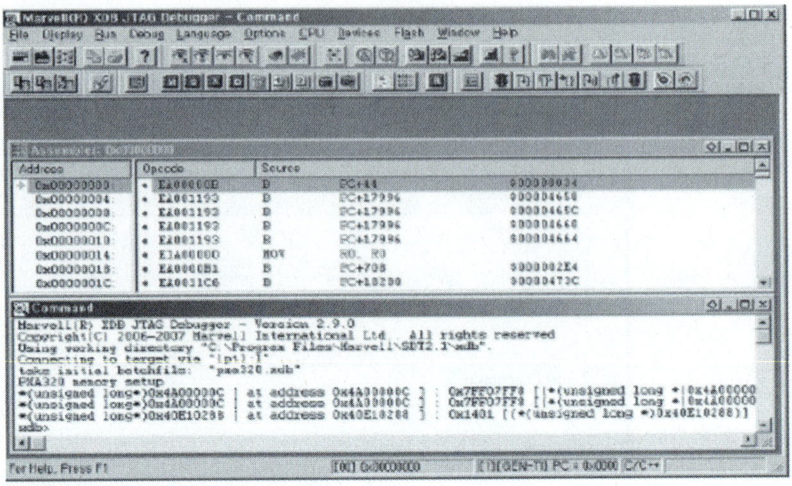

⑥ XDB가 타깃 Jtag장치에 연결되지 않는다면 사용자에서 다시 할 것인지, 하드웨어 설정을 확인할 것인지 묻는다. 사용자는 타깃 장치와 타깃 JTAG에 전원을 인가했는지 확인한 후 Yes를 클릭하여 재연결을 시도하도록 한다.

⑦ Flash fusing은 상단의 아이콘을 클릭해서 fusing한다.

⑧ 보드는 PXA320, Flash는 NAND Flash로 설정하고 offset in flash는 0x0번지로 하고 Burn을 클릭한다. DataFile에는 Download할 이미지를 지정한다. 먼저 Extended Flash Functionality 탭에서 Print bad block table을 선택하고 Execute를 클릭한다.

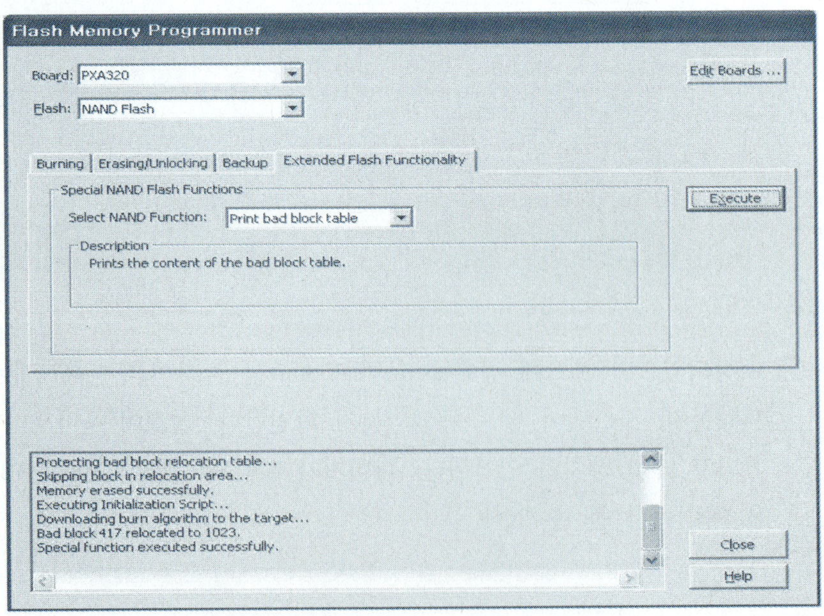

⑨ Erasing/Unlocking 탭에서 All Blocks을 선택하고 Erase를 클릭한다.

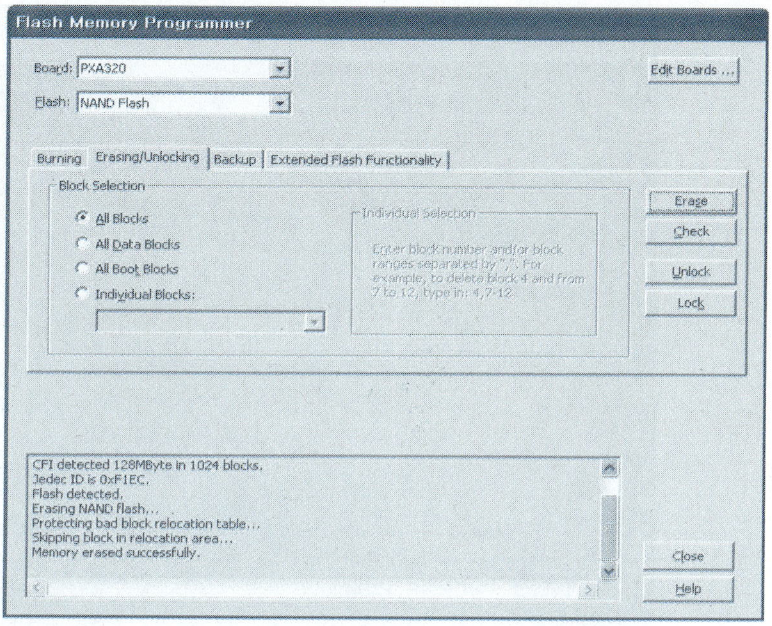

⑩ All Blocks Erase을 실행한 후에 이제 Burning 탭에서 퓨징할 부트로더를 선택하고 Offset은 0x0000으로 하고 Burn을 눌러서 boot.bin 부트로더 이미지를 퓨징하기 시작한다.

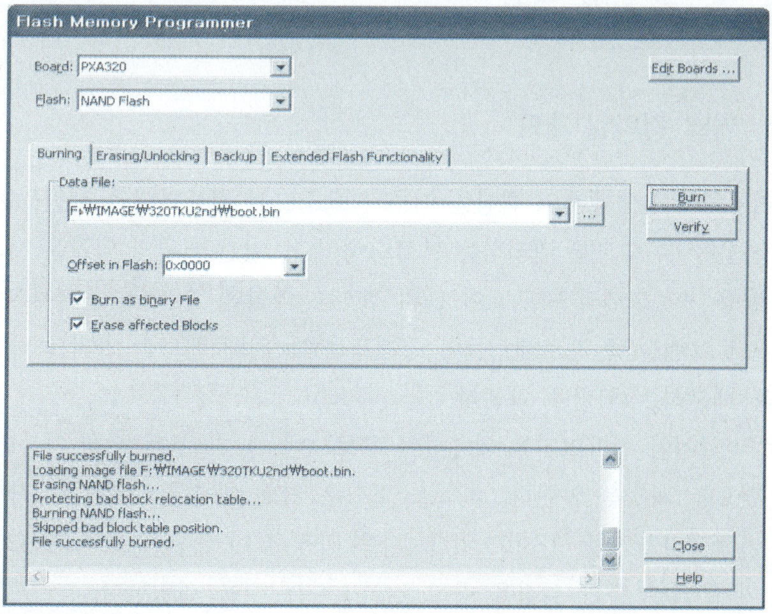

⑪ Fusing이 끝나면 XDB상에서 RUN을 하거나 시스템을 재부팅해서 확인해본다.

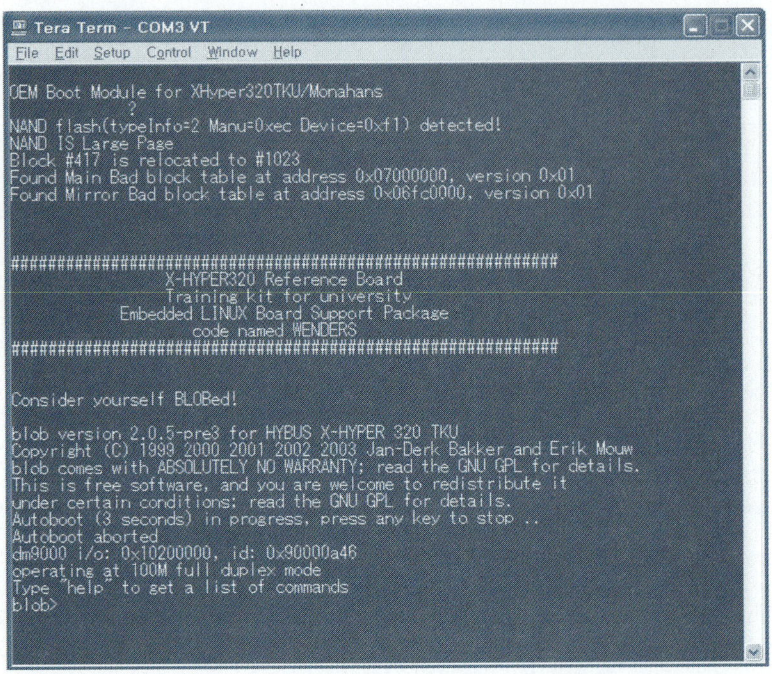

3.4 커널 환경 구축

1. 커널 컴파일 개요

커널이란 운영체제의 핵심을 이루는 요소로서 컴퓨터내의 자원을 사용자 프로그램이 사용할 수 있도록 관리하는 프로그램이다. 이런 커널의 역할은 사용자가 작동시키는 응용 프로그램과 하드웨어 간의 조정자 역할을 맡는다. 동시에 수행되는 여러 응용 프로그램들(즉 프로세스들와 스레드들)을 위해 메모리 관리를 해 주며 컴퓨터 자원을 배분하는 역할을 해준다.

컴파일이란 컴파일러를 이용하여 프로그램 소스로부터 수행 가능한 바이너리 코드를 만드는 과정을 말한다. 리눅스 소스는 거의 대부분 C 언어로 작성되었으며 약간의 어셈블리 코딩을 가지고 있다. 다음 과정은 이 커널을 X-Hyper320TKU 타깃 보드에 맞게 커널 환경 설정을 하고 컴파일하는 것을 설명한다.

2. 커널 구성

처음 사용시에는 먼저 아래와 같이 X-Hyper270TKU 설정을 한 후에 menuconfig 화면으로 이동한다.

커널 디렉토리 최상위 위치에서 위와 같이 명령을 내린다. make xhyper270tku_defconfig은 커널을 컴파일할 때 필요한 옵션을 X-Hyper320TKU에 맞추어지게 만들어 놓은 것이다. 이는 한 번만 실행하면 된다.

make menuconfig 명령으로 kernel configuration 창으로 들어간다. 그러면 아래와 같은 화면이 나온다.

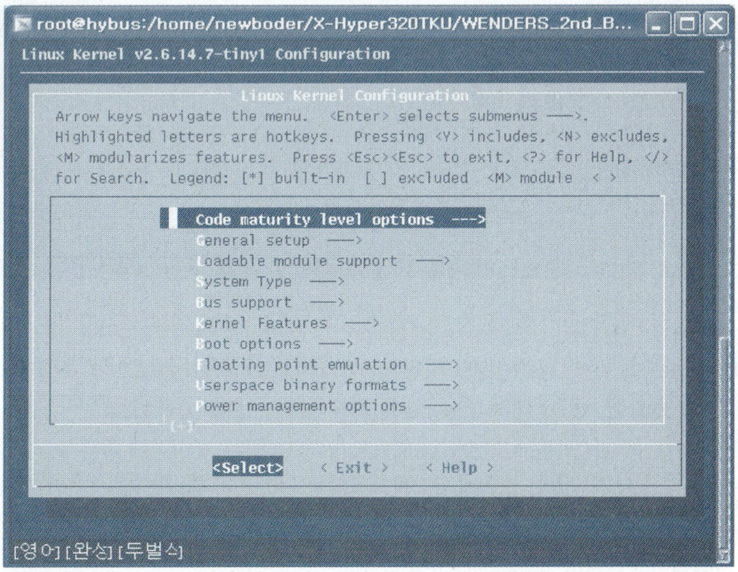

여기서 커널을 built-in(*)을 할 것인지 Module(M) 형태로 할 것인지 등을 선택하고 컴파일하는 과정이다. 또한 메뉴를 새로 추가할 수도 있다. 이 과정에서는 처음으로 이미지를 만들기 위해서 메인 화면으로 이동 후 바로 빠져 나와 이미 기본값으로 지정되어 있는 값들로 저장을 한다. 그러면, 기본으로 제공되는 모든 기능들이 모두 선택된 상태에서 컴파일되어 이미지를 만들 수 있다.

```
☞ make WENDERS_defconfig
☞ make menuconfig
```

이미 기본적인 설정은 미리 되어 있다. 그러므로 어떻게 되었는지 확인만 하고, Exit로 저장만 하고 빠져나오면 된다. 원래 여기서 커널에 필요한 설정들을 하면 된다.

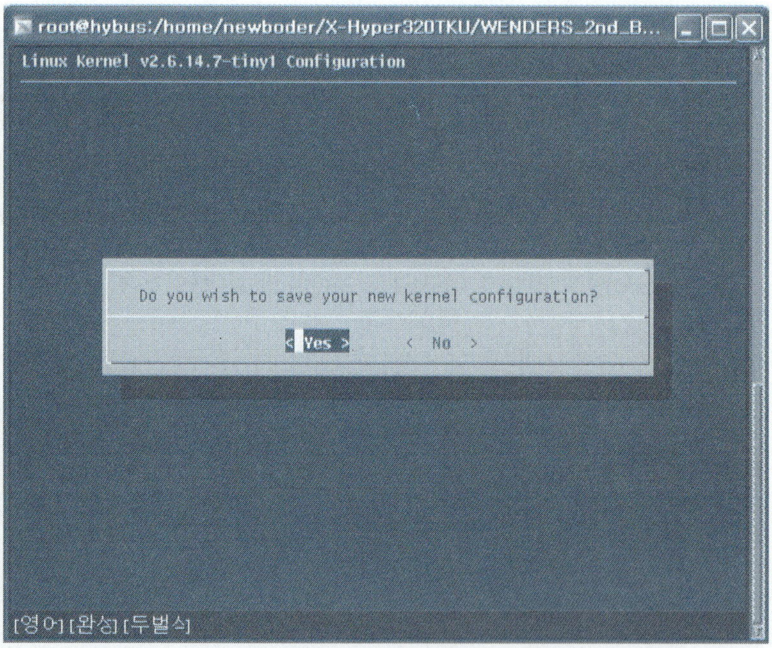

아래에 나오는 것이 menuconfig의 최상위 옵션이다. 메뉴 방식의 화면에서 단축 글쇠(황색 글자)와 방향키로 메뉴 사이를 옮겨 다닐 수 있다.

① "----〉" 표시가 있는 곳에서 엔터키를 누르면 하위 메뉴가 열린다.

② 〈ESC〉를 두 번 누르거나 〈Exit〉를 선택하면 상위 메뉴로 올라간다.

③ h 키를 누르거나 아래의 〈Help〉를 선택 하게 되면 도움말을 볼 수 있다.
④ 〈Tab〉 키를 누르면 컨트롤 사이를 옮겨 다닌다.
⑤ 질문에 대해 Y는 커널에 포함, N은 제외, M은 모듈을 뜻한다.
⑥ 설정 상태는 [ ] 또는 〈 〉 안에 *(선택), M(모듈), 빈칸(제외)로 표시된다.
⑦ 모듈 기능(M)은 "〈 〉"으로 표시된 질문에만 쓸 수 있다.

3. 커널 설정

X-Hyper320TKU의 커널 설정항목을 설명한다.

1) Code maturity level options ↵

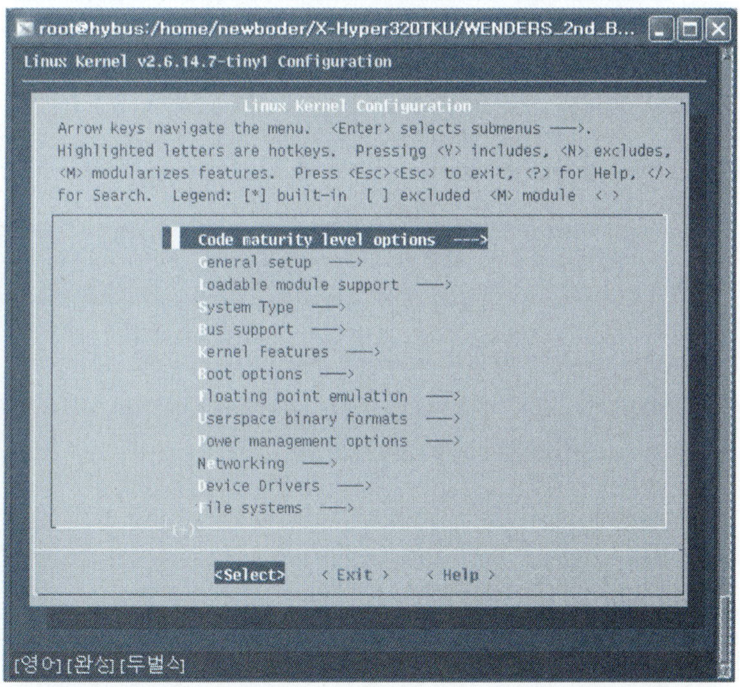

① [*] Promprt for development and/or incomplete Code/drivers

커널 코드의 성숙도를 선택하는 부분으로 개발 버전 수준의 소스를 사용하게 선택해 주는 것이다.

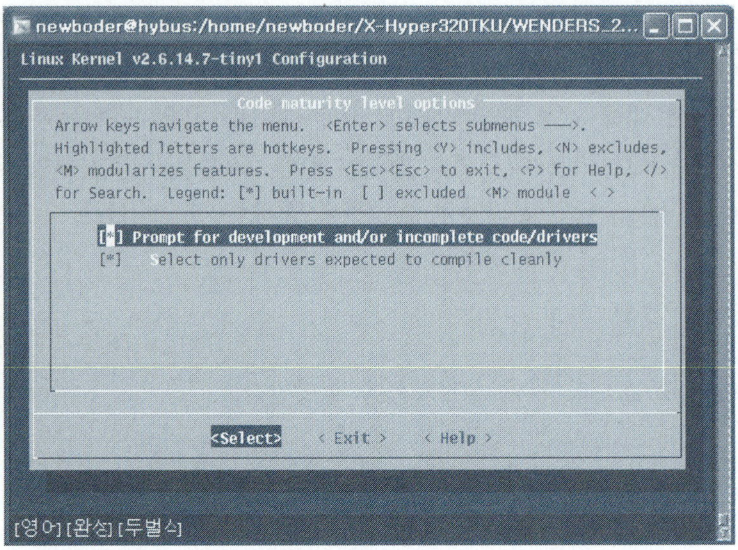

2) General setup ---> ↵

① 버스 프로토콜, 절전기능 등 시스템에 전반적으로 영향을 주는 설정이다.

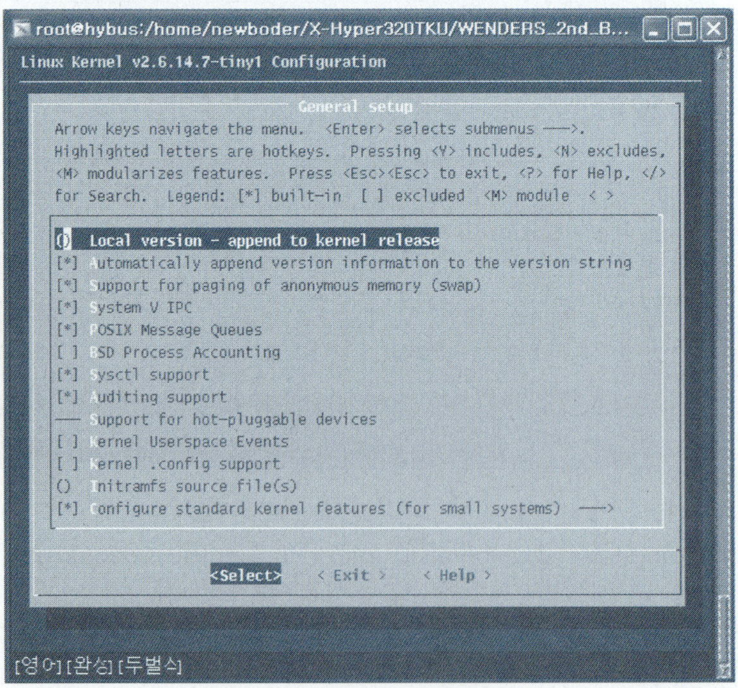

3) Loadable module support ---›↵

① [*] Enable Loadable module Support↵

버전 1.2 이후부터 리눅스 커널은 모듈 기능을 이용한다. 모듈을 이용하면 자주 쓰이지 않는 장치 드라이버나 기능들을 커널 바깥에 모듈로 만들어 두었다가 필요할 때에만 동적으로 메모리에 적재하여 사용한다. 작업이 끝나면 메모리에서 다시 제거하므로 메모리를 효율적으로 사용할 수 있고, 커널 크기가 감소한다.

또한, 모듈은 스스로가 컴파일되어 독자적인 기능을 가지므로 모듈로 설정한 기능에 변화가 있더라도 전체 커널에는 손대지 않을 수도 있다. 파일시스템, 장치 드라이버, 바이너리 포맷 등 많은 기능이 모듈을 지원한다. 반드시 [*]를 선택한다.

② [*] Module unloading

③ [*] Forced module unloading

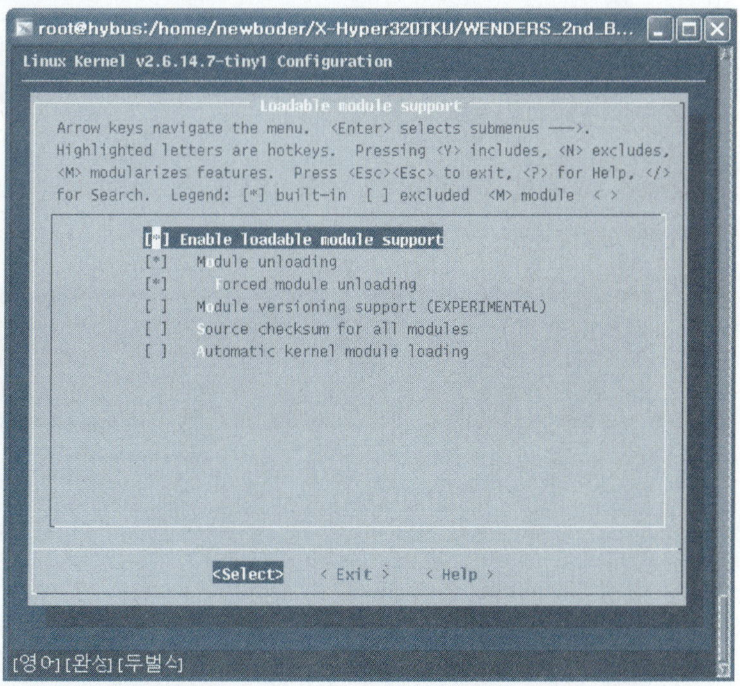

4) System Type

① System Type ---〉↵

ARM system type (PXA2xx-based) ---〉↵

시스템 Type 중 X-Hyper PXA의 CPU 타입을 설정하는 창이다.

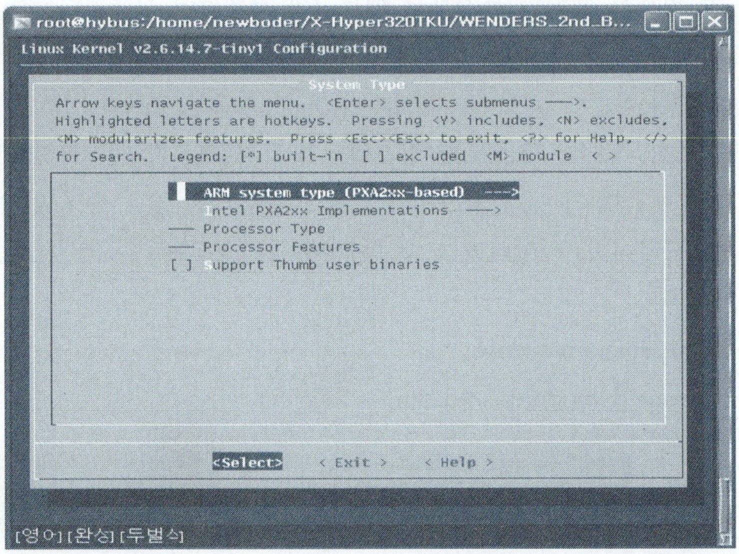

PXA2xx-based를 선택하여 그 안의 PXA2xx-based가 기본적으로 설정되어 있는 것을 확인한다.

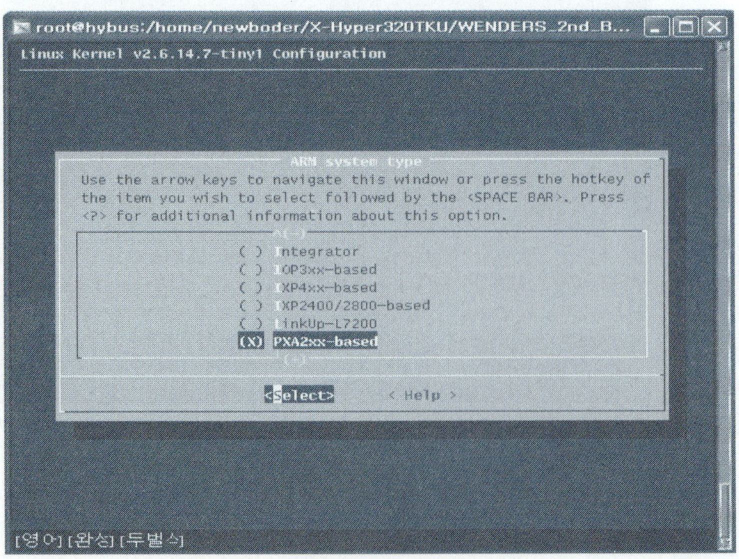

② System Type ---⟩↵

- Intel PXA2xx Implementations --- ⟩↵

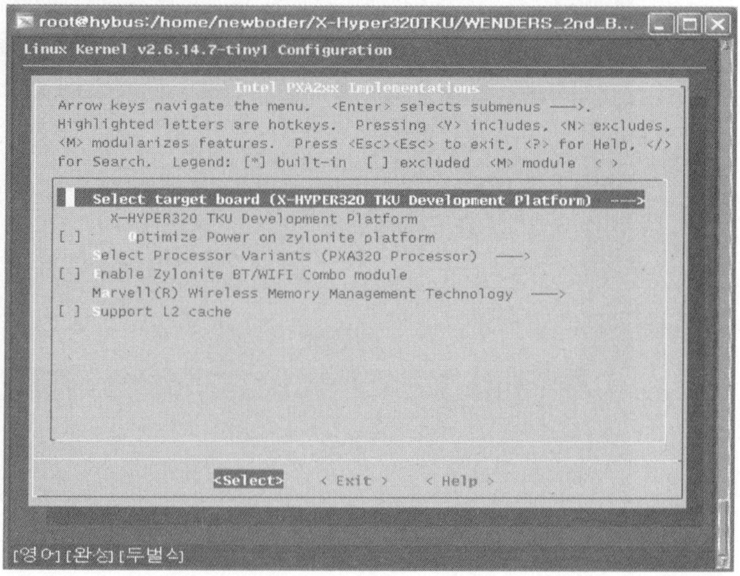

- 하위 창으로 이동하면 아래와 같이 X-Hyper320TKU Development Platform 가 선택되어 있는 것을 볼 수 있다.

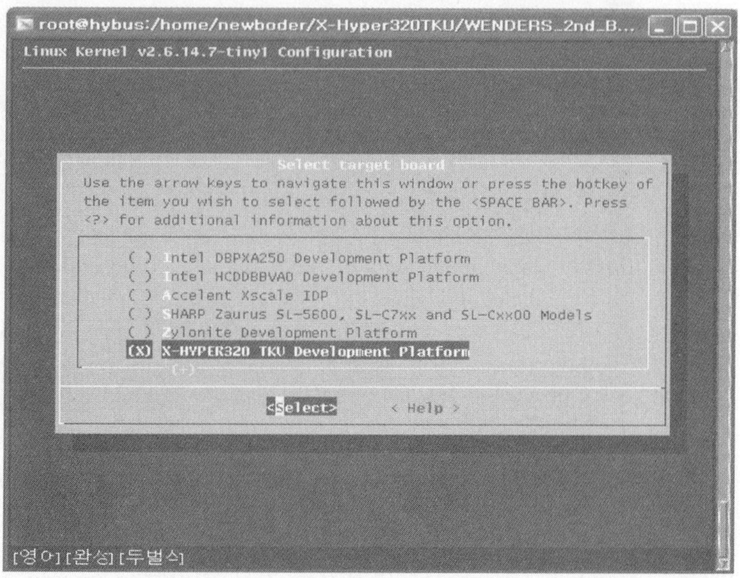

- PXA320 Processor 선택

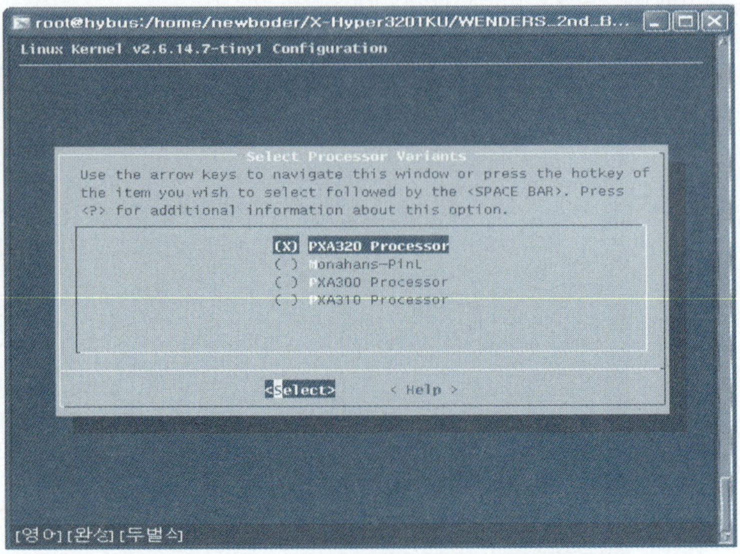

5) General setup ---->

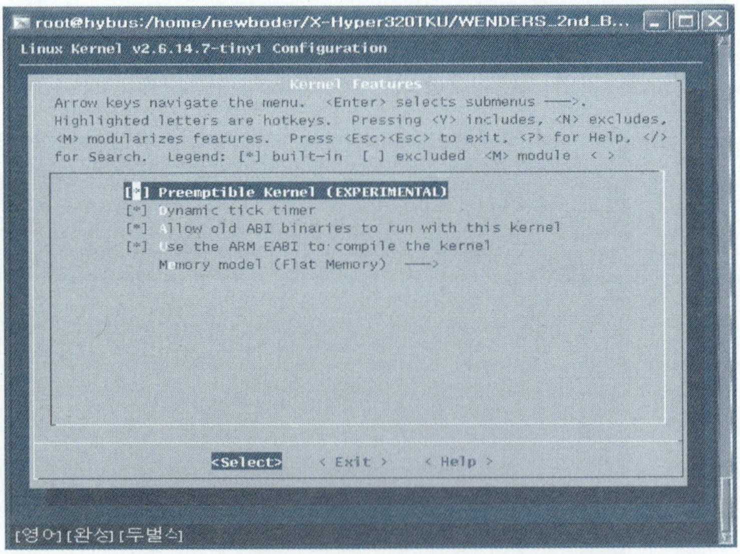

커널 커맨드를 (CONFIG_CMDLINE) 아래와 같이 한다. (root=/dev/mtdblock2 rw rootfstype=yaffs2 init=/sbin/init console=ttyS0,38400 rw mem=128M)

CONFIG_CMDLINE - Kernel로 넘겨지는 기본 인자들. Console 세팅, 메모리 사이즈, Root filesystem의 종류 등을 세팅한다.

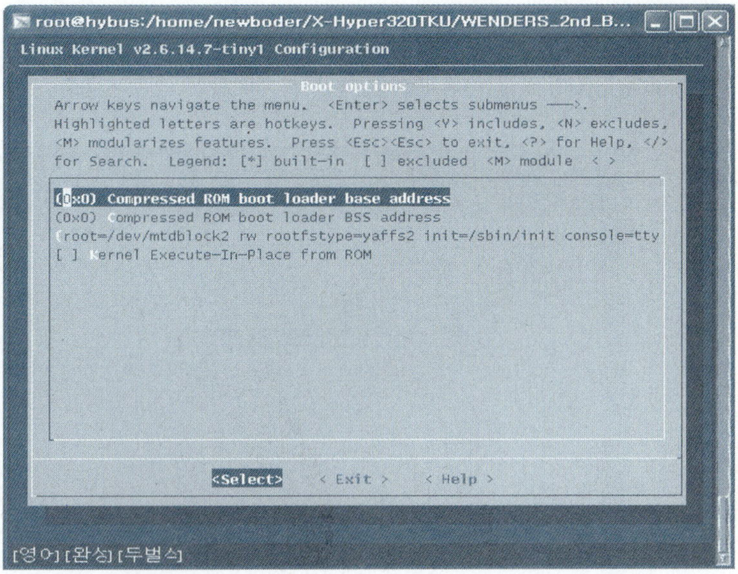

6) Floating point emulation ---〉↵

[*] NWFPE math emulation

[*] Support extended precision

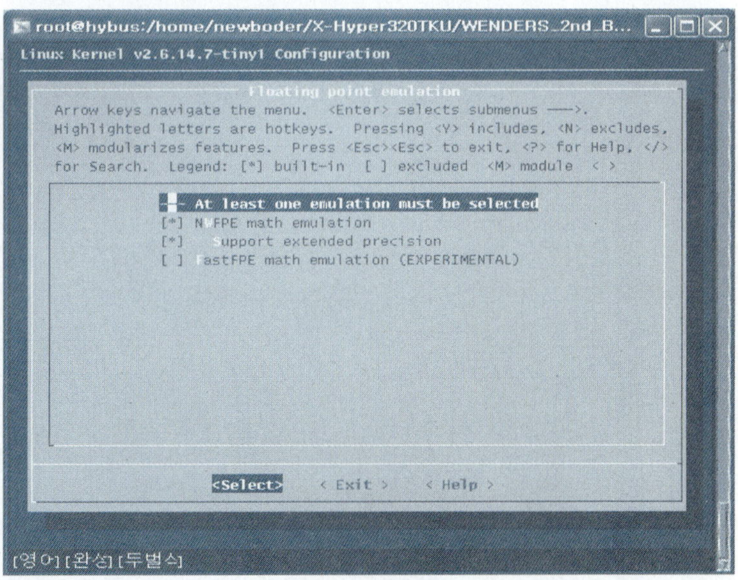

7) Userspace binary formats ---〉

[*] Kernel support for ELF binaries

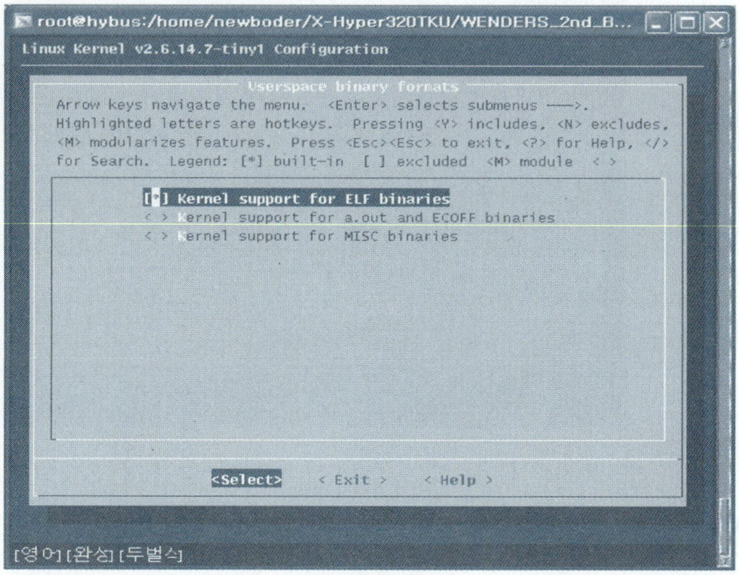

8) Power management options ---〉

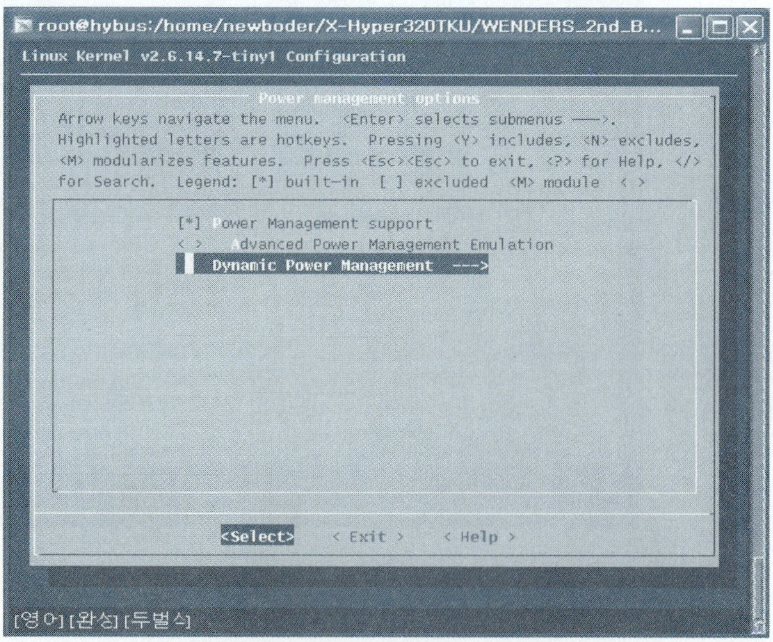

9) Networking ---〉

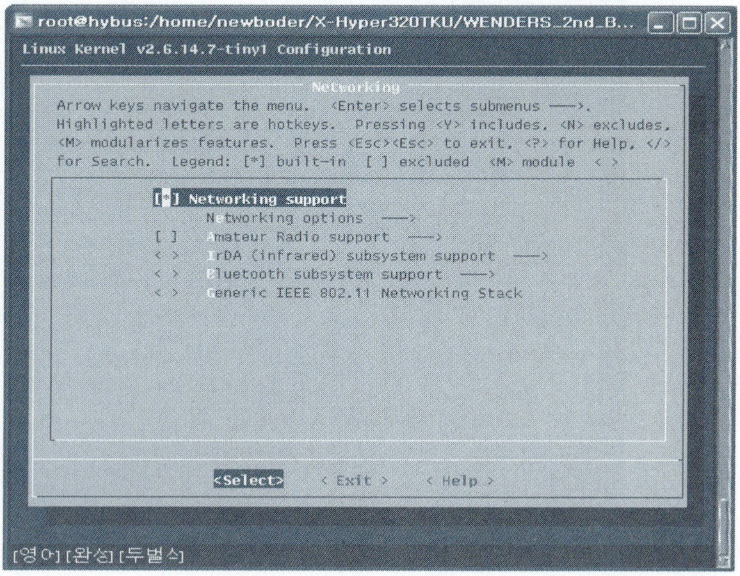

① 〈*〉 Unix domain sockets

② [*] TCP/IP networking

리눅스 시스템이 TCP/IP 네트워크가 되게 지원해주는 기능이다. TCP/IP는 지역 네트워크 및 인터넷 표준 프로토콜이며, 인터넷을 통하지 않는 Standalone 컴퓨터라 할지라도 TCP/IP는 필요하다. term과 XWindow 같은 프로그램은 TCP/IP 프로토콜을 사용하기 때문이다.

③ [*] IP: kerneL LeveL autoconfiguration:

④ [*] IP: DHCP Support

⑤ [*] IP: BOOTP Support

⑥ [*] IP: RARP Support

클라이언트 시스템이 부팅할 때 DHCP나 BOOTP 서버로부터 네트워크 설정 정보를 가져오는 기능이다. 디스크가 없이 부트하는 시스템에 쓰이며, "NFS를 통한 루트 파일시스템" 항목도 역시 [Y]를 선택해야 한다.

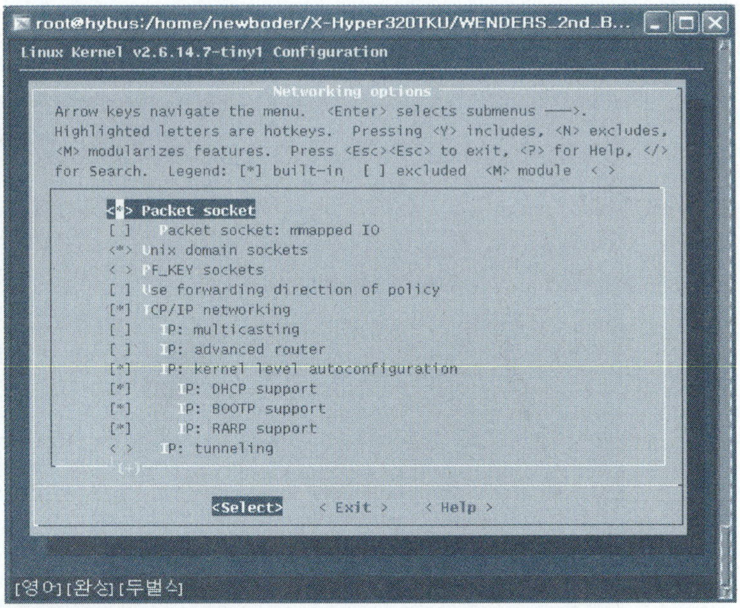

10) Device Drivers --->

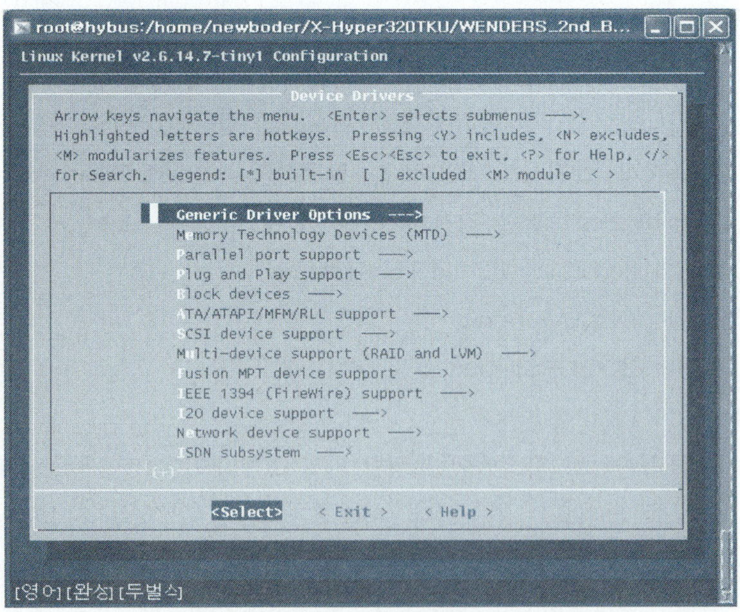

① Hotplug firmware loading support 설정한다.

〈*〉 Hotplug firmware loading support

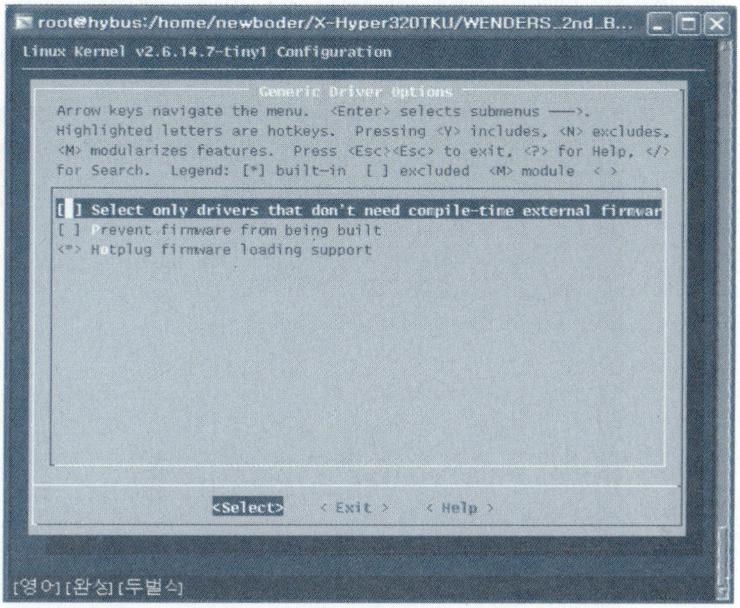

② Memory Technology Devices(MTD) --->

임베디드 디바이스에서 파일시스템을 구성하는데 사용하는 플래시 메모리, RAM, 그리고 그 비슷한 다른 칩셋 등 메모리 장치를 세팅한다.

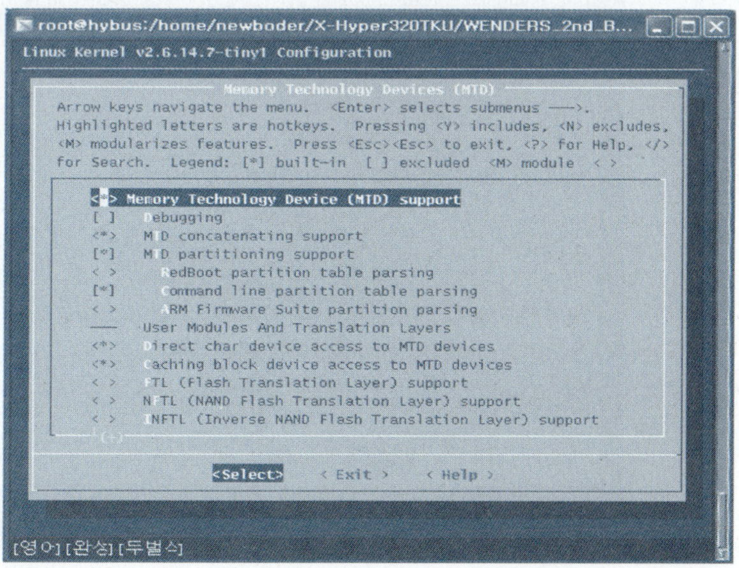

③ NAND Flash Device Drivers ---〉

〈*〉 NAND Device Support

〈*〉 NAND Flash device on X-HYPER320TKU board

[*] support for PXA3xx Processor NAND flash DMA operation

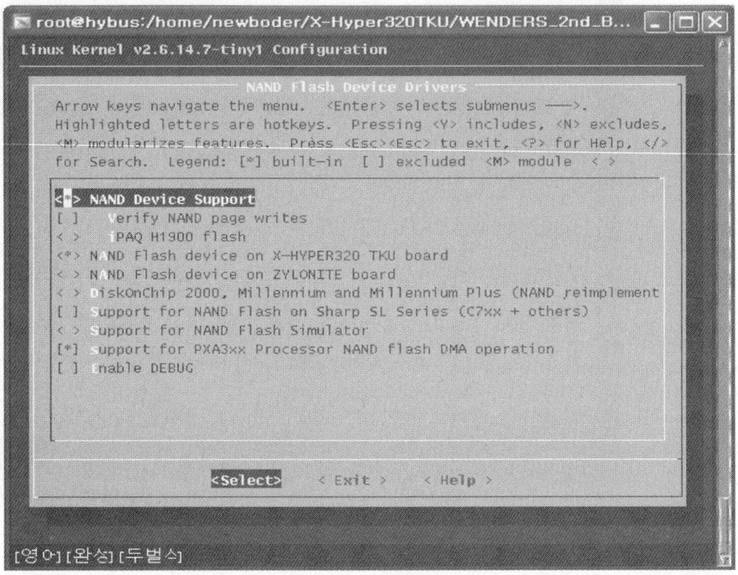

④ 디스크 장치 사용을 위해 SCSI device support 선택한다.

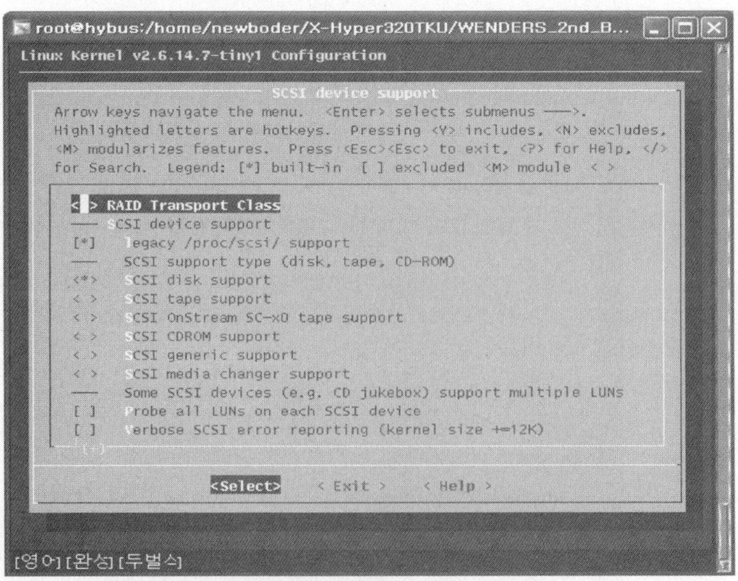

⑤ Network device support－네트워크 장치가 사용할 드라이버를 선택한다.

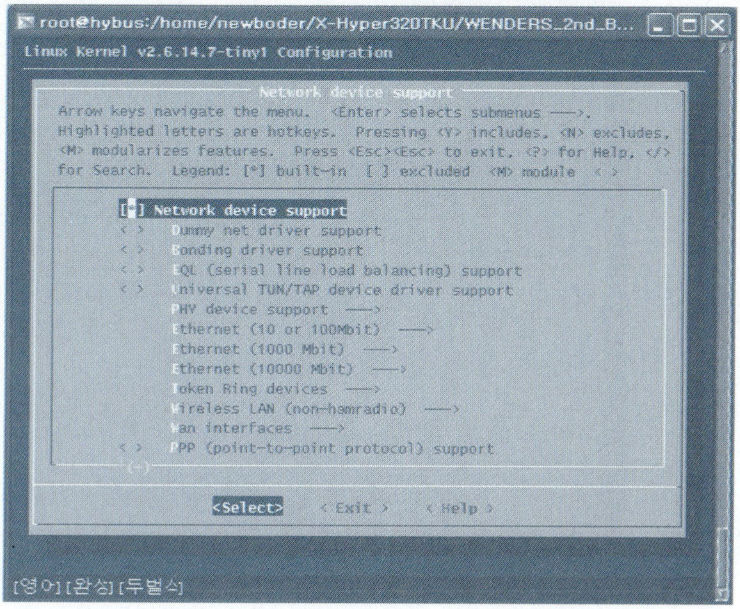

⑥ 〈*〉 DM9000 support

X-HYPER320TKU Ethernet 장치 DM9000 지원한다.

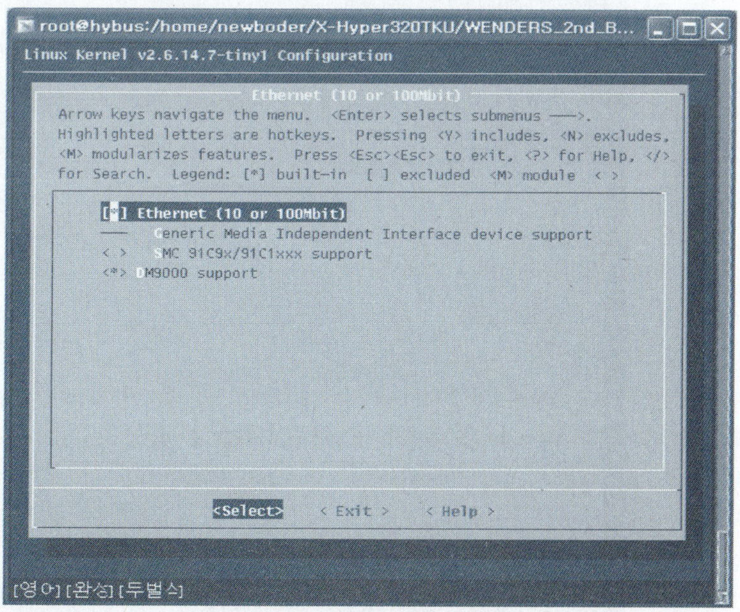

⑦ Input device support-X-Hyper320TKU 터치스크린 관련 드라이버를 설정한다.

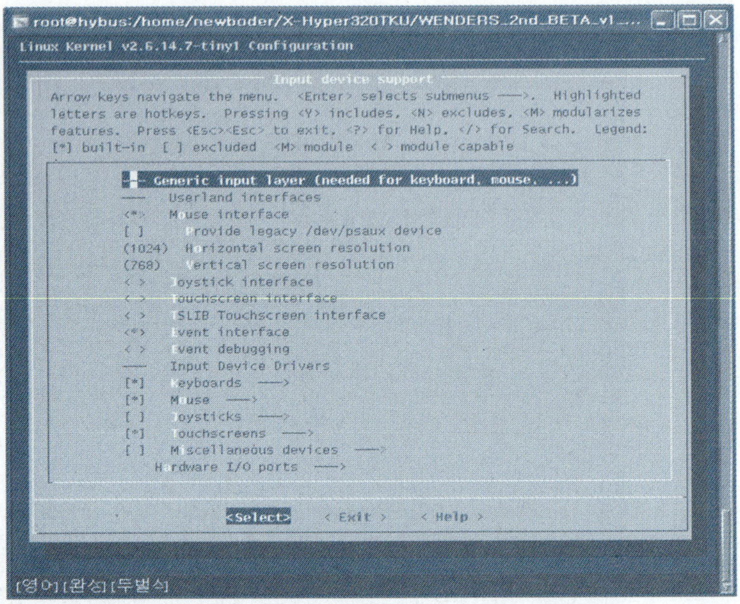

⑧ Character devices - 터미널, 비디오 어댑터, 마우스, 프린터 등 문자 단위로 데이터를 다루는 다양한 장치들을 지원 설정한다.

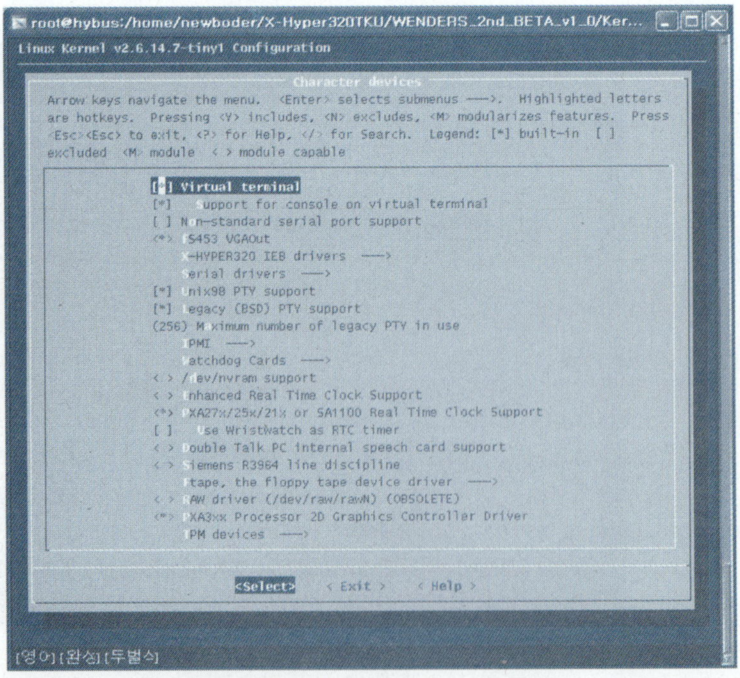

⑨ X-Hyper320 IEB drivers－IEB 보드 디바이스를 추가한다.

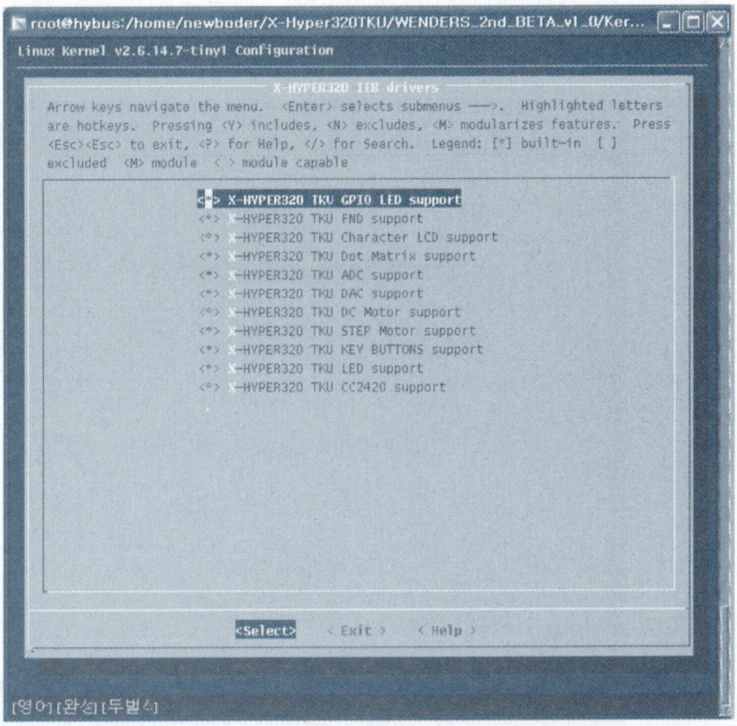

⑩ Serial drivers

[*] PXA2xx/PXA3xx Processor serial port support

[*] Console on PXA2xx/3xx Processor serial port

직렬 포트를 시스템 콘솔로 쓸 수 있는 옵션이다(시스템 콘솔은 커널 메시지와 경고들을 받아 뿌려주고 싱글 유저 모드로 로긴할 수 있게 해주는 디바이스이다). 가령 직렬 포트 프린터 등으로 여러 메시지들을 기록할 수도 있다. 여기서 [Y]를 설정해도 커널 파라미터를 조정하지 않으면 /dev/tty0가 시스템 콘솔로 그대로 잡혀 있다.

예를 들어 두 번째 시리얼 포트를 시스템 콘솔을 바꾸려면 커널 명령 라인에 "console=ttyS1" 명령을 쓴다. "man bootparam"이나 부트로더용 문서들을 보면 부트로더(lilo나 loadlin)가 부팅할 때 어떤 옵션을 넣어야 하는지 알 수 있다. 이 옵션을 이용하면 VGA 카드가 없는 리눅스 시스템도 운영할 수 있는데, 커널이 자동으로 시스템 콘솔을 /dev/ttyS0로 잡는다. 리눅스 박스에 직접 연결된 모니터와 비디오 카드, 키보드 등이 없어도 시리얼 라인으로 연결된 다른 터미널에서 시스템을 제어할 수 있다. 이는 리눅스를 이용한 라우터, 공유기 등 네트워크 장비에서 많이 사용한다.

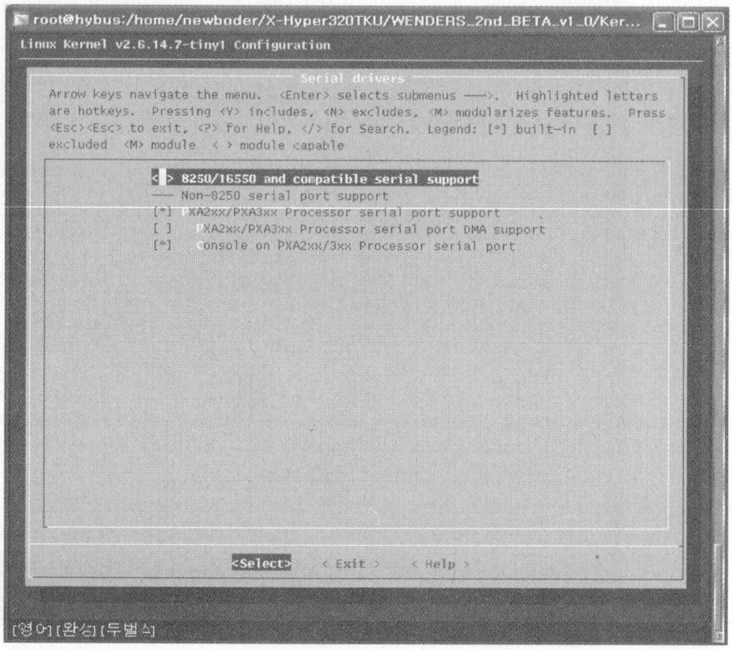

⑪ I2C support

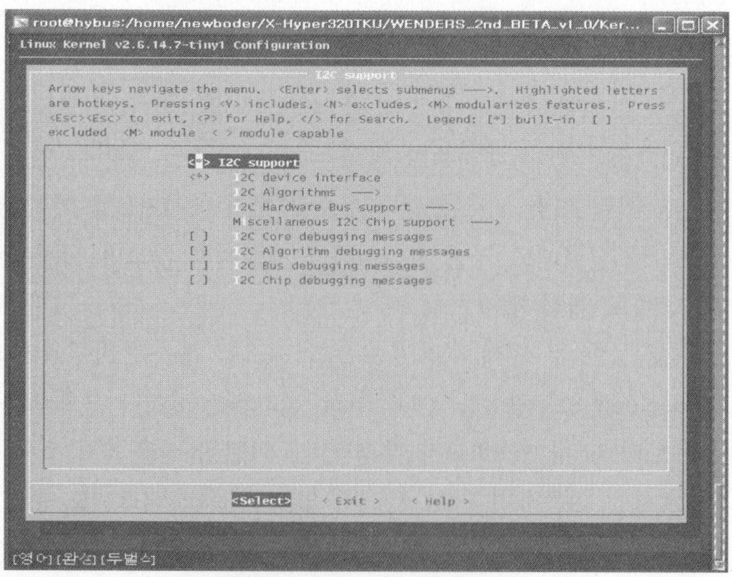

⑫ PXA320 Processor의 I2C 기능 사용

〈*〉 PXA2xx/PXA3xx Processor I2C adapter(EXPERIMENTAL)

[*] PXA2xx/PXA3xx I2C Polling support(EXPERIMENTAL)

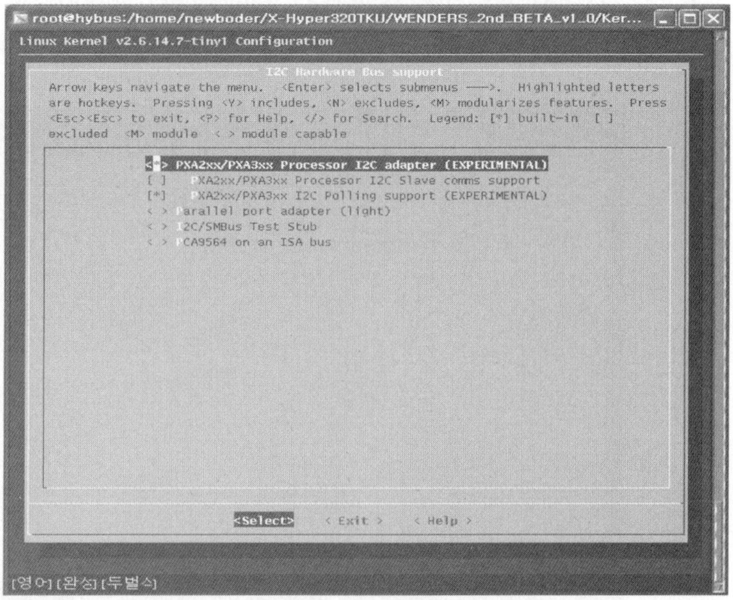

⑬ Multimedia devices－〈*〉 Video For Linux 추가

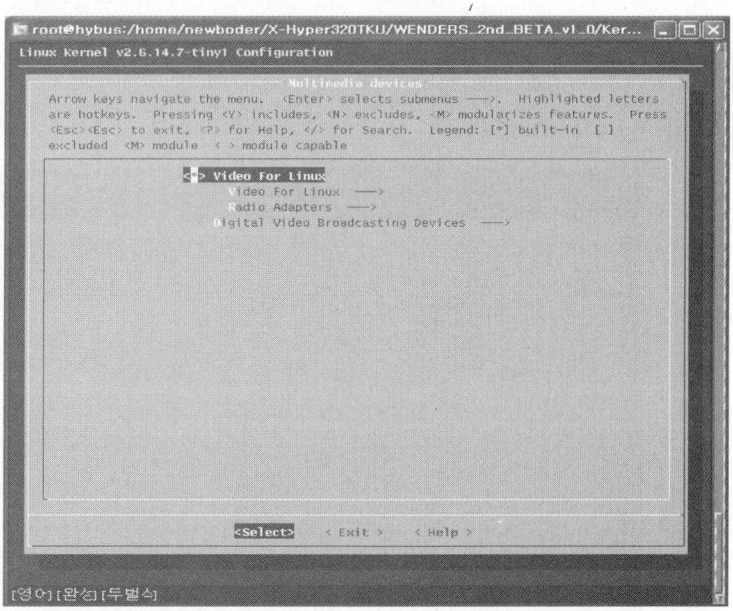

⑭ Graphics support

Linux에서 사용하는 그래픽 장치의 설정 및 로고 등을 선택한다.

[*] Enable Video Mode Handling Helpers

〈*〉 PXA2xx/PXA3xx Processor LCD framebuffer support

〈*〉 LCD overlay support

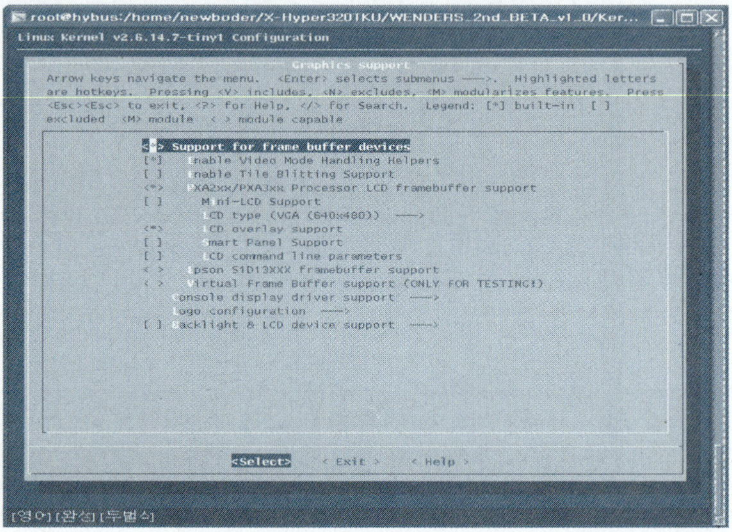

⑮ Console display driver support - LCD에 콘솔 메시지를 출력하기 위한 폰트 설정

〈*〉 Framebuffer Console support

[*] Select compiled-in fonts

[*] VGA 8x16 font

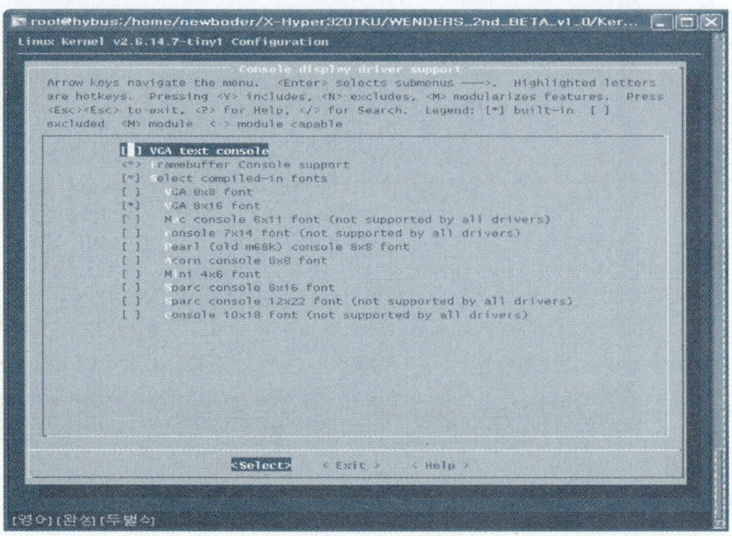

⑯ Logo configuration－부팅 로고 이미지 설정

[*] Bootup logo

[*] XHYPER320 TKU Linux logo XHYPER320TKU용 로고 이미지를 사용하게 된다.

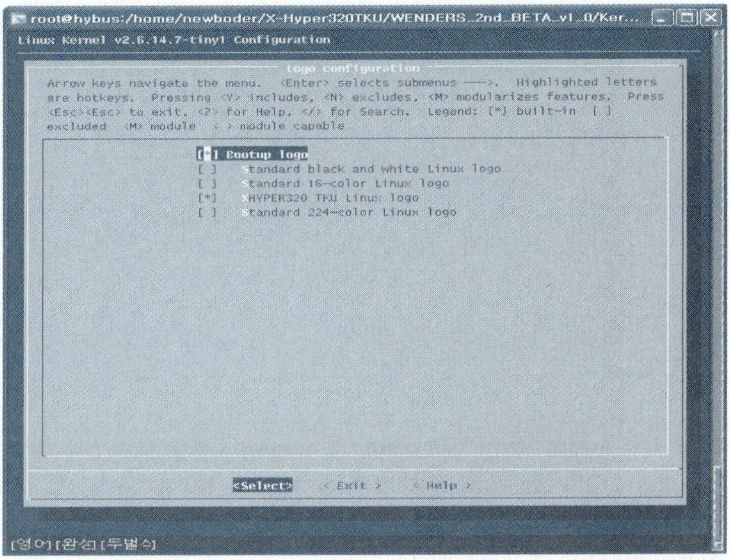

⑰ Sound ---〉 〈*〉 Sound card support

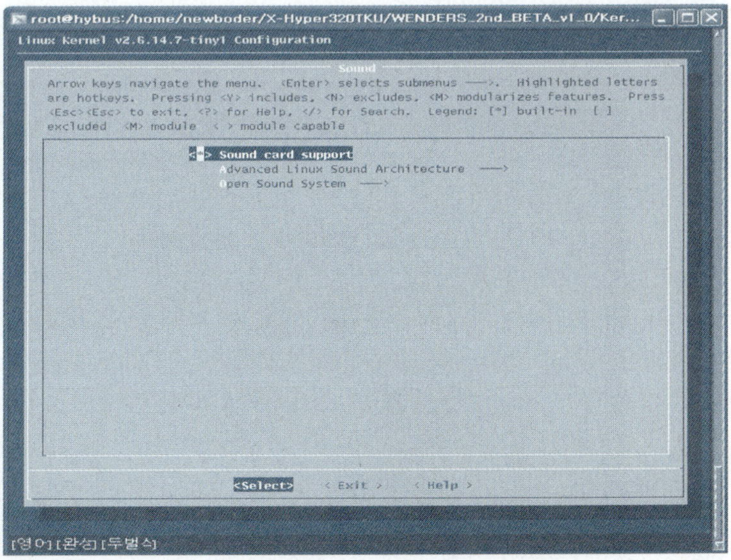

⑱ ALSA(Advanced Linux Sound Architecture) 드라이버 사용

〈*〉 Advanced Linux Sound Architecture

〈*〉 OSS Mixer API

〈*〉 OSS PCM (digital audio) API

ALSA ARM devices ---〉 〈*〉 AC97 driver for the Intel PXA2xx chip

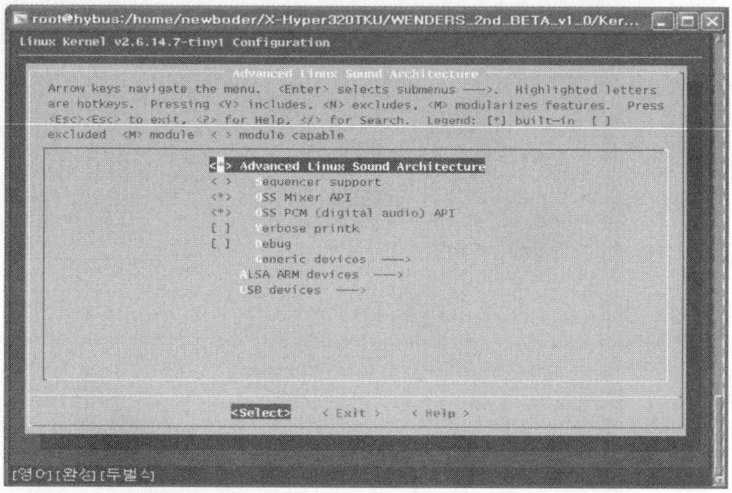

⑲ USB support ---〉

USB 장치들을 설정(Host, Class Driver, Slave Driver)

〈*〉 Support for Host-side USB

〈*〉 OHCI HCD support

〈*〉 USB Mass Storage support

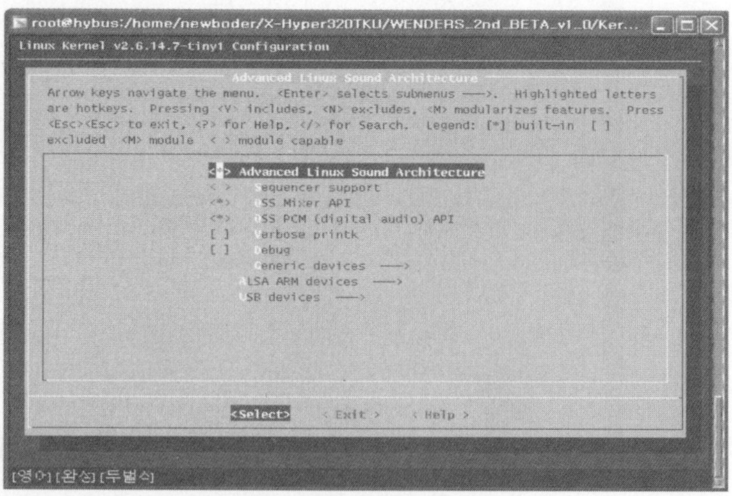

11) File systems ---〉

리눅스에서 접근할 수 있는 다양한 파일시스템에 대한 설정. 모든 운영체제는 고유한 파일시스템 형식을 가지고 있다. 일반적으로 다른 운영체제의 파일시스템으로부터 읽거나 쓰는 작업을 위해서는 특별한 응용 프로그램들을 설치해야 한다. 그러나 리눅스에서는 커널 모듈을 통해서 이런 일들이 가능하다.

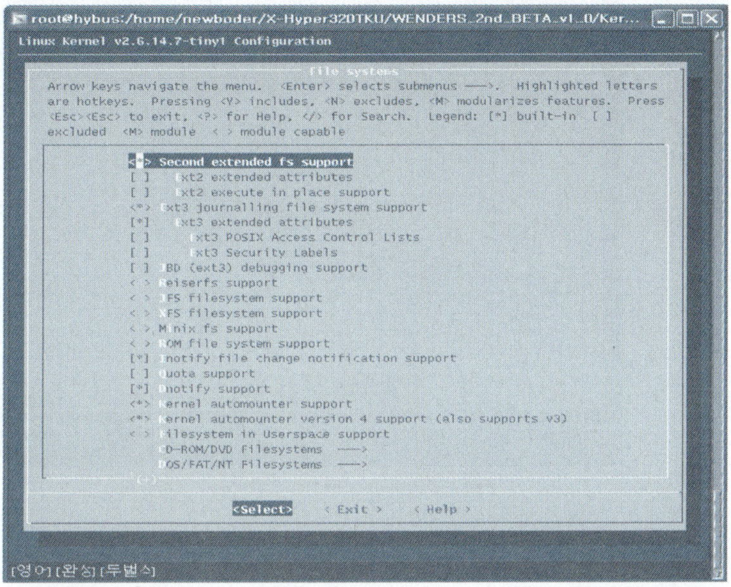

① Miscellaneous filesystems ---〉 〈*〉 YAFFS2 file system support 대용량 NAND Filesystem으로 가장 많이 사용하는 YAFFS를 선택한다.

② Network File Systems ---〉

〈*〉 NFS file system support

만약(SLIP, PLIP, PPP 또는 이더넷을 이용하여) 어떤 다른 (보통 로컬) 유닉스 컴퓨터에 연결되었거나 Network File Sharing protocol을 사용하여 NFS server에 들어 있는 파일들을 마운트(mount)할 때 사용한다.

[*] Provide NFSv4 client support

[*] Root fileSystem on NFS

"IP: kernel level autoconfiguration"과 함께 쓰여 네트워크 위의 다른 컴퓨터를

마운트하여 루트 파일시스템으로 사용한다. 하드디스크가 없는 터미널 등에서 사용한다.

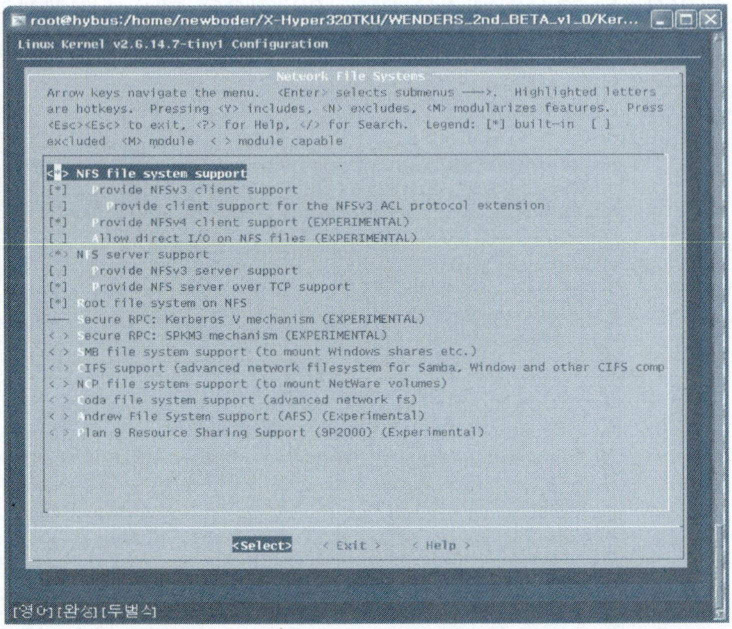

③ 설정을 확인한 후 Yes를 선택하여 저장한다.

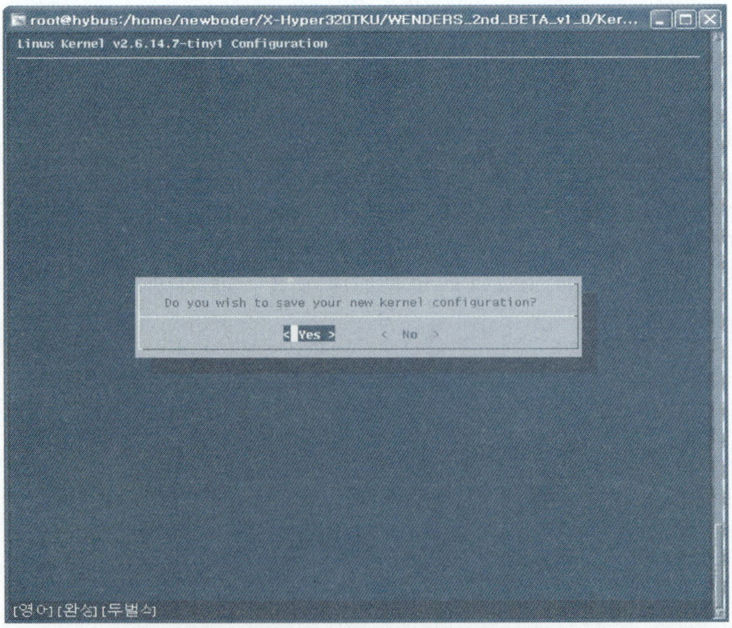

참고 : http://www.aleph1.co.uk/yaffs/

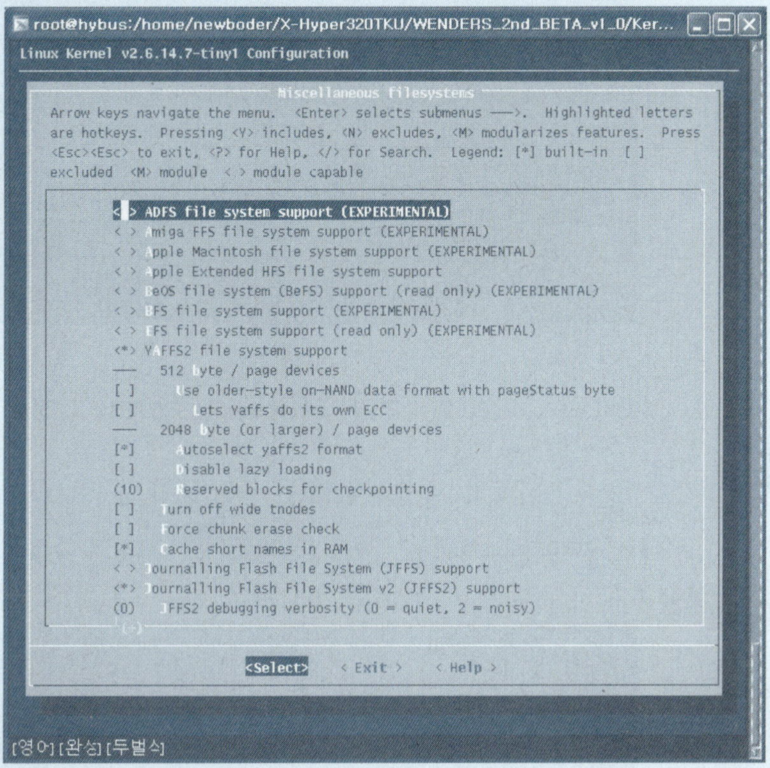

4. 커널 컴파일 실행 구축

① X-Hyper320TKU 보드용으로 포팅되어 있는 커널소스를 컴파일한다.
컴파일을 하기 위해서 최상위 Makefile에서 CROSS_COMPILE 항목에 컴파일러 경로를 수정한다.

```
☞ cd linux
☞ vi Makefile
```

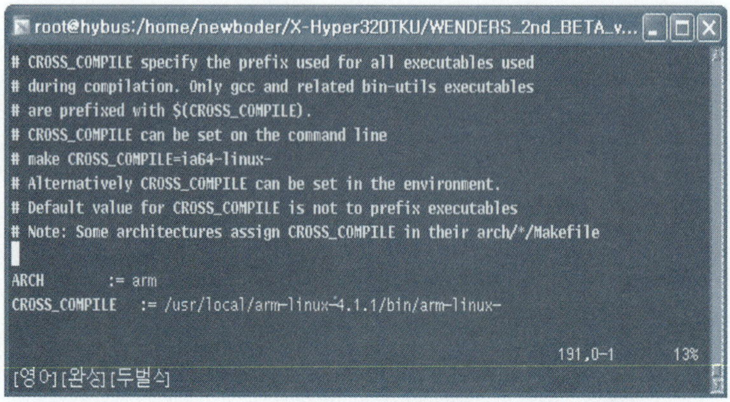

② make WENDERS_defconfig 명령으로 X-Hyper320TKU 설정을 적용한다.

☞ cd linux
☞ make WENDERS_defconfig

③ make zImage 명령으로 커널 이미지를 생성한다.

☞ make zImage

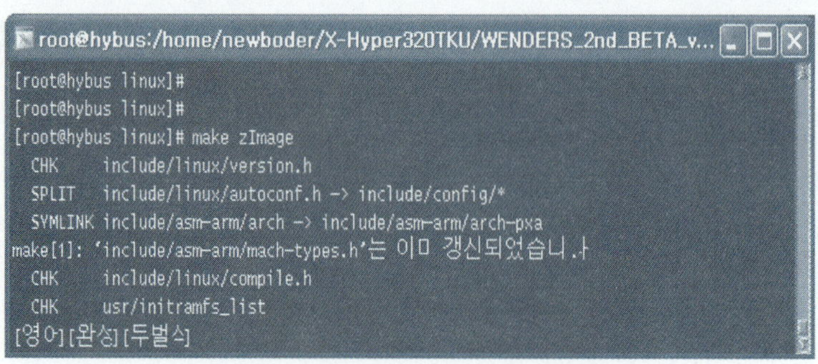

④ 위와 같은 명령을 실행하면 컴파일이 진행되며, 컴파일이 완료되면 아래와 같은 그림처럼 컴파일이 완료된다. 컴퓨터 성능에 따라 10~20분에서 그 이상이 소요된다.

```
☞ ls arch/arm/boot/zImage
```

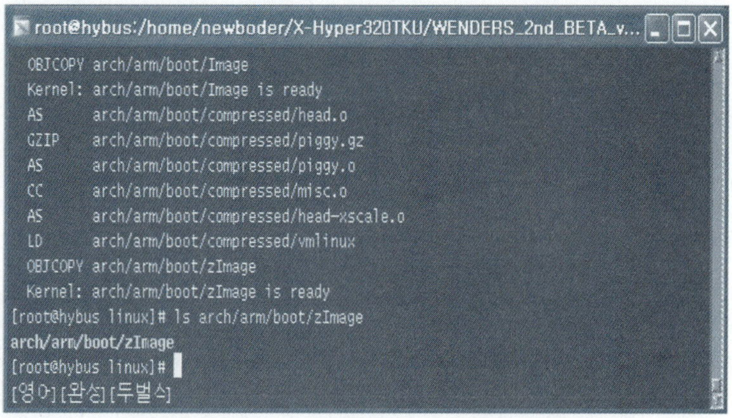

오류 없이 컴파일이 되면 arch/arm/boot에 zImage가 생성이 된다. 이 zImage가 커널 이미지이다. 생성된 zImage를 타깃 보드에 올려주면 된다.

타깃 보드에 올리는 방법을 리눅스 PC에 tftp를 설정하고 다운로드한다.

Tftp 설정은 "네트워크 환경 구축과 이미지 전송"에서 설정한다.

3.5 파일시스템 환경 구축

1. YAFFS2 파일시스템

타깃 보드의 파일시스템은 사양에 맞게 여러 가지를 선택적으로 사용할 수 있다. Ramdisk, Jffs, Jffs2, Cramfs, Ramfs, Yaffs 등을 파일시스템으로 사용한다. 각각의 장단점이 있으니 개발자의 사양에 맞게 사용을 하면 된다.

(Root filesystem)("/")에는 커널이 동작하기 위한 공간과 library, util 등이 포함된다.

루트 파일시스템으로 YAFFS2 파일시스템을 사용하면 x image 등의 크기가 큰 파일들을 Nand 플래시 메모리에 저장하여 SDRAM의 여분을 늘리고, 플래시 메모리를 마운트(mount)할 때는 yaffs2를 사용한다.

루트 파일시스템의 크기가 작고 시스템의 빠른 접근이 필요할 때는 램디스크(Ramdisk) 파일시스템을 사용한다. 파일시스템은 개발할 시스템에 알맞게 구현한다.

2. Kernel Configuration

X-Hyper320TKU 리눅스 커널 환경구성 중에 파일시스템에서

① File systems ---〉↵

Miscellaneous filesystems ---〉↵

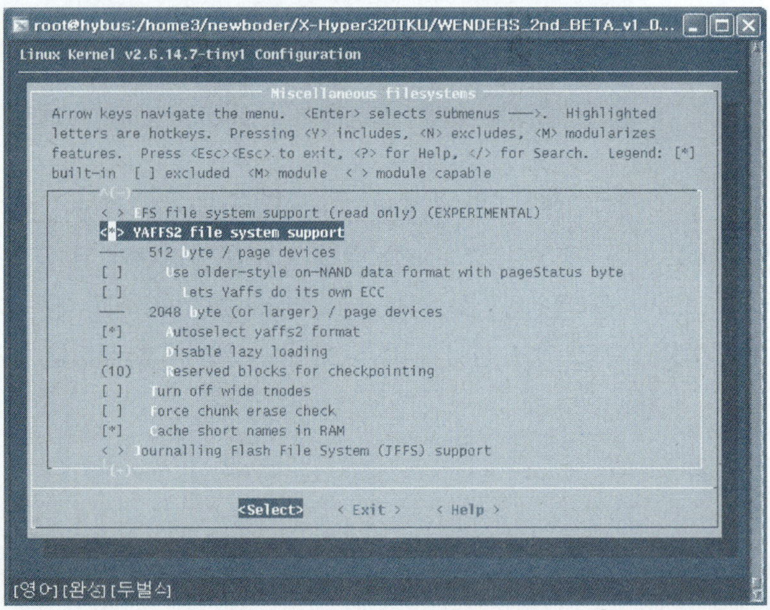

Boot options 항목의 Default kernel command string을 "root=/dev/mtdblock2 rw rootfstype=yaffs2 init=/sbin/init console=ttyS0,38400 rw mem=128M"으로 하였다.

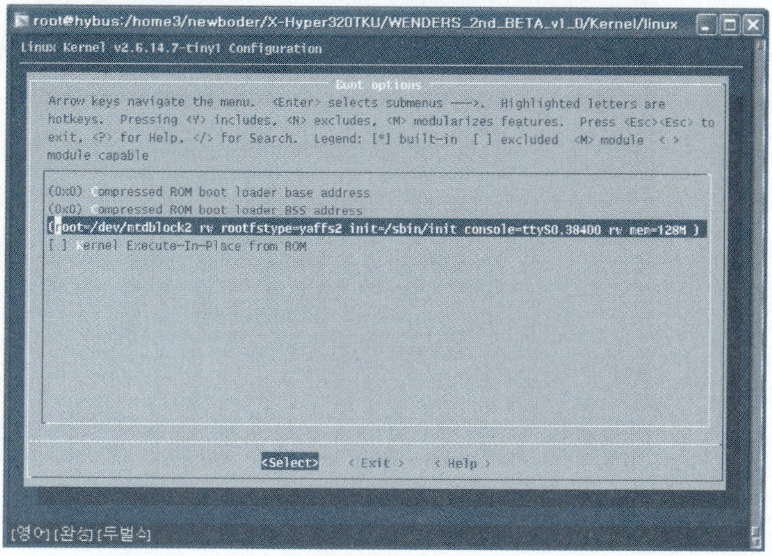

② 루트 파일시스템("/")은 /dev/mtdblock2의 장치 파일이고 "console= ttyS0,38400"는 사용할 시리얼 장치와 속도를 알려준다. YAFFS2를 사용하기 위해서는 먼저 MTD/Nand Flash Driver를 활성화해주어야 한다.

최상위 Device Drivers에서 Memory Technology Devices (MTD) -->↲

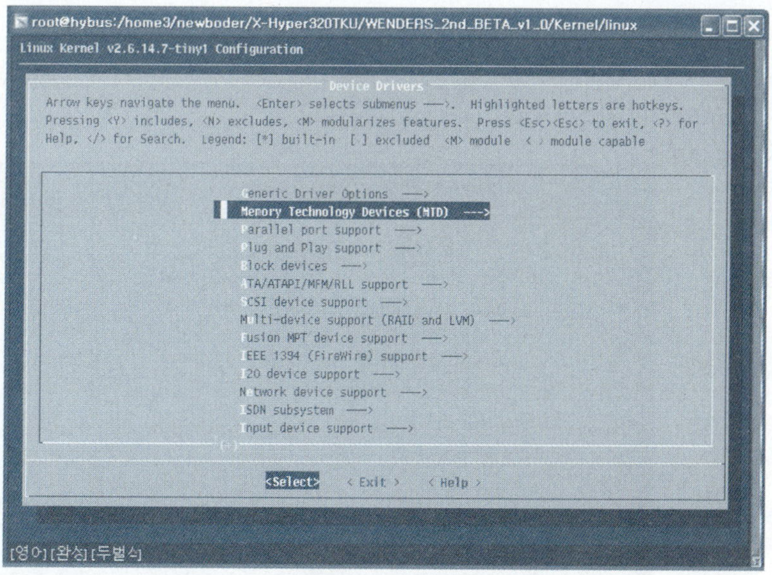

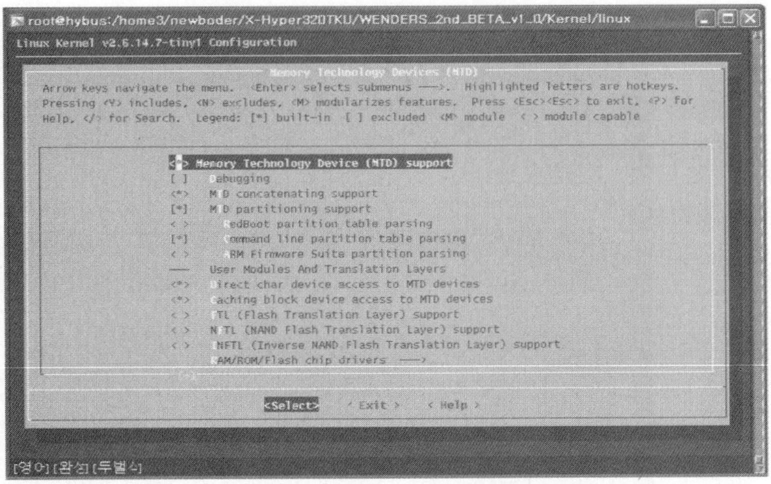

- Memory Technology Device (MTD) support : MTD 디바이스 드라이버를 사용하는 옵션이다.
- MTD partitioning support : 이것을 선택해야 파티션을 만들 수 있다.
- Direct char device access to MTD devices : mtd 장치를 캐릭터형 장치 파일로 접근할 수 있다.
- Caching block device access to MTD device : mtd 장치를 블록형 장치 파일로 접근할 수 있다.

③ Memory Technology Devices (MTD) --〉↵
NAND Flash Device Drivers ---〉↵

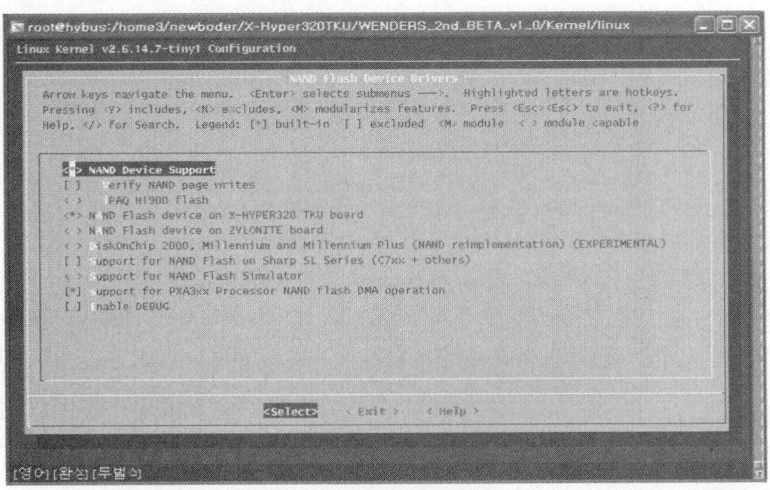

- NAND Flash device on X-HYPER320TKU board를 선택하였다.
- 플래시 메모리의 공간을 사용하는 타깃 보드의 설정으로 사용한다.
- 위의 선택으로 drivers/mtd/nand/xhyper320_nand.c 파일이 컴파일된다.
- drivers/mtd/nand/xhyper320_nand.c 파일이다.

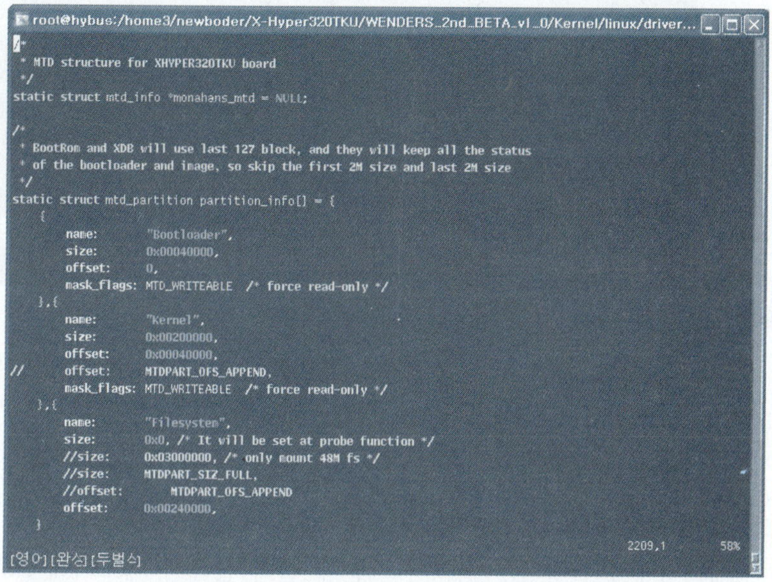

위와 같이 타깃 보드의 nand 플래시 메모리를 얼마만큼의 공간으로 분할할지를 정한다. menuconfig에서 mtd 디바이스가 선택되면 yaffs2 파일시스템을 선택할 수 있게 된다.

3. YAFFS2 이미지 만들기

① Filesystem 디렉토리에 있는 mkyaffs2 유틸을 이용한다.

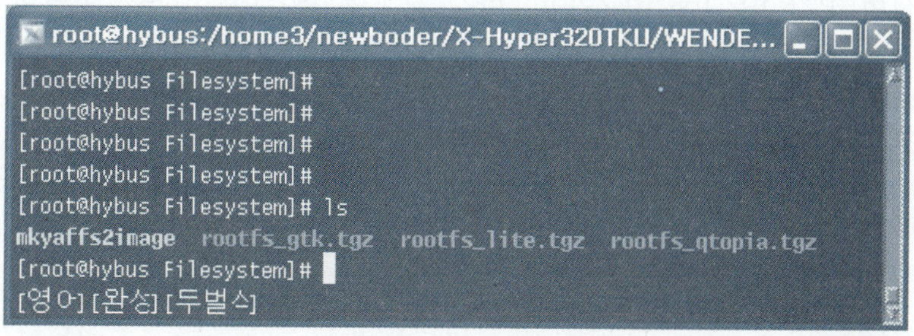

tar zxvf rootfs_gtk.tgz 명령으로 파일시스템 디렉토리 압축을 해제한다.

② # ./mkyaffs2image [디렉토리명] [이미지 파일 이름]
생성하려고 했던 디렉토리안의 내용들이 YAFFS2로 생성된다.

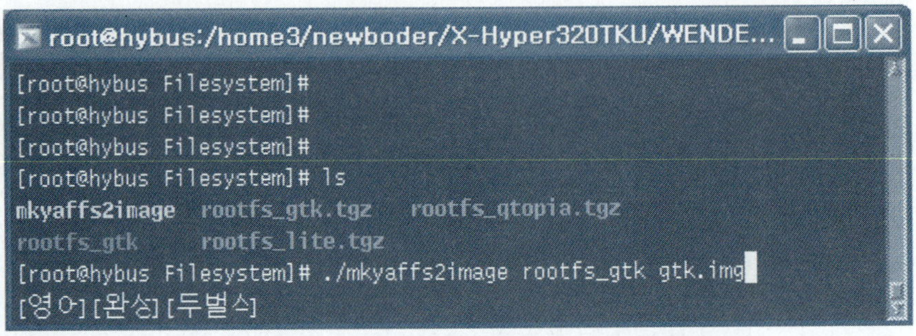

위 그림과 같이 mkyaffs2image을 이용하여 파일시스템 디렉토리를 gtk.img YAFFS2 이미지로 생성한다.

생성된 gtk.img 이미지를 부트로더를 이용해서 다운로드한 후 플래시 메모리에 쓰기를 하면 된다. gtk.img 이미지는 RAM에서 실행되는 것이 아니라, 플래시 메모리에서 실행되는 것이기 때문에 필히 플래시 메모리에 쓰기를 해야 한다.

3.6 네트워크 환경 구축

1. ip 설정

서버 IP가 192.168.10.2이고 타깃 보드에 192.168.10.3을 할당한 경우 아래와 같이 setip 명령으로 서버/타깃의 IP를 할당하여 사용하면 된다.

① setip serverip 192.168.10.2 IP

② setip clientip 192.168.10.3 IP

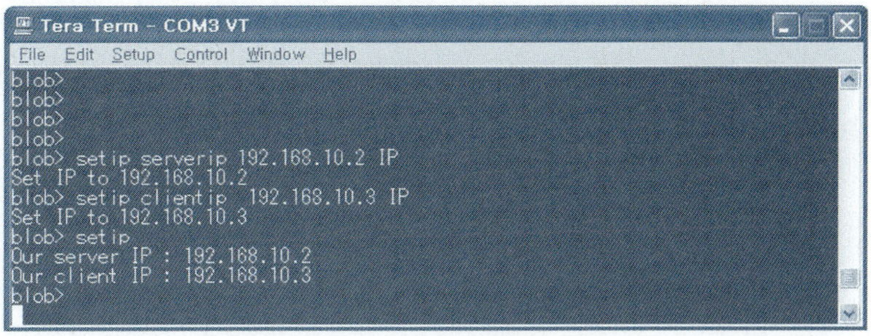

다음에서 tftp를 통해서 파일을 다운로드하면 된다.

2. tftp 설정

1) tftp란?

① TFTP (Trivial File Transfer Protocol)는 이더넷을 통해 파일을 전송하는 프로그램인 FTP(File Transfer Protocol)에 있는 대부분의 기능을 제외함으로써 작고 구현하기 쉽게 설계된 규약인 파일 전송 프로토콜이다.

② 하위 프로토콜로 ip, udp 프로토콜을 사용한다.

③ 개발 보드에서는 부트로더에서 커널과 파일시스템 이미지를 호스트에서 타깃으로 이더넷을 통하여 고속으로 다운로드하기 위해 사용한다.

2) tftp rpm 설치

tftp rpm을 구한다. tftp rpm은 클라이언트와 서버가 분리되어 있는데 tftp-server로 시작하는 rpm을 설치하여야 한다. 프로그램은 장비 구입시 제공하는 CD에서 포함되어 있다. 이미 Host PC에 위의 RPM이 설치가 되어 있으면 다시 설치하지 않아도 무방하다. 다음의 명령어로 tftp가 설치되었는지는 확인할 수 있다.

```
☞ rpm -qa | grep tftp↲
```

tftp rpm에 설치되지 않았다면 tftp서버 rpm을 설치한다.

rpm -i tftp-server-0.17-9.i386.rpm 명령으로 설치한 후 rpm qa | grep tftp 명령으로 설치된 것을 확인한다.

```
☞ cd RPM ↲
☞ ls
☞ rpm -ivh    tftp-server-0.17-9.i386.rpm
```

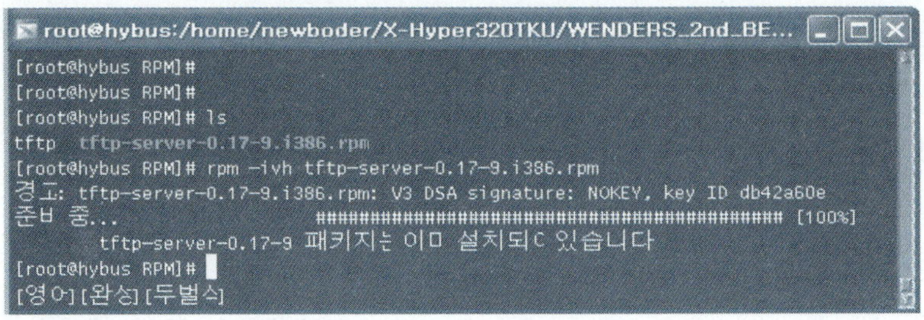

3) /etc/xinet.d/tftp 파일 생성

tftp rpm이 설치되면 /etc/xinetd.d/tftp 파일이 생성된다.

bootp와 같이 tftp 프로그램 파일은 xinetd 프로그램에 의해 실행된다.

Xinetd 프로그램에 의해 tftp가 실행될 수 있도록 /etc/xinetd.d/tftp 파일을 아래와 같이 수정하여야 한다(만약 /etc/xinetd.d/tftp 파일이 없다면 새로 생성하여 아래의 설정과 같이 작성해야 한다).

```
☞ vi /etc/xinetd.d/tftp↲
```

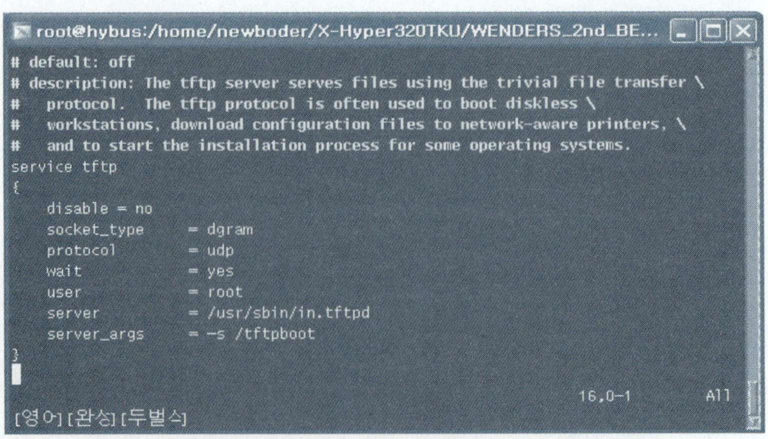

server_args를 /tftpboot로 설정하면 부트로더에서 파일을 받을 때는 호스트 PC의 /tftpboot 안에 있는 파일만 전송이 가능하다.

/tftpboot은 tftp server daemon의 root 디렉토리로 tftp 요청시 필요한 파일을 이곳을 기준으로 찾는다. 이 디렉토리와 서브디렉토리에서만 찾는다. tftp로 다운로드하고자 하는 커널과 파일시스템 이미지는 이곳에 있어야 한다. 사용자가 원한다면 디렉토리 이름을 다르게 사용하여도 된다.

위의 스크립트에서 정한 /tftpboot 디렉토리가 Host PC상에 존재해야 하며 디렉토리가 없다면 만들어야 한다.

> **◘ 주의 : tftp-server의 설치**
> 만일 tftp-server가 HOST PC에 설치되어 있지 않다면 BSP install시 rpm 설치를 한다.

앞의 /etc/xinetd.d/tftp 파일에서 정한 디렉토리에(/tftpboot) 아래와 같이 zImage와 파일시스템을 복사한다.

```
☞ cd IMAGE ↲
☞ ls↲
☞ cp zImage_yaff gtk.img    /tftpboot↲
☞ cd /tftpboot↲
☞ ls↲
```

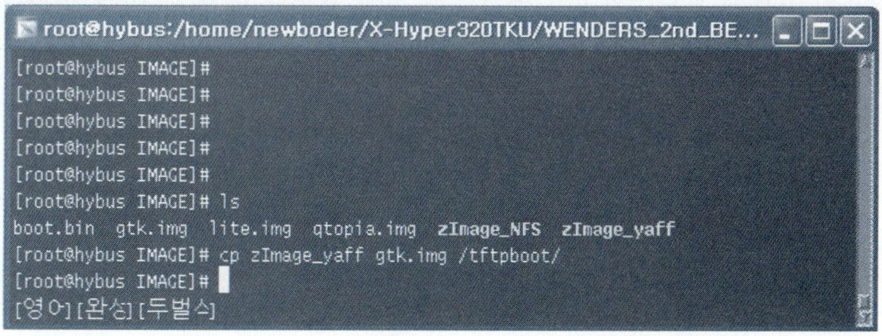

장비구입시 제공한 CD의 Image 디렉토리에 가면 zImage_yaff(커널 이미지)와 gtk.img(파일시스템) 파일이 있다. 이것을 /tftpboot 디렉토리에 복사하면 된다.

4) 부트로더에서 tftp 명령으로 이미지 전송하기

지금까지 호스트 PC에서 bootpd와 tftpd를 구축하였다. 아래 명령으로 bootpd, tftpd 항목이 나온다면 정상 동작중인 것을 확인할 수 있다.

```
☞ netstat -au↵
```

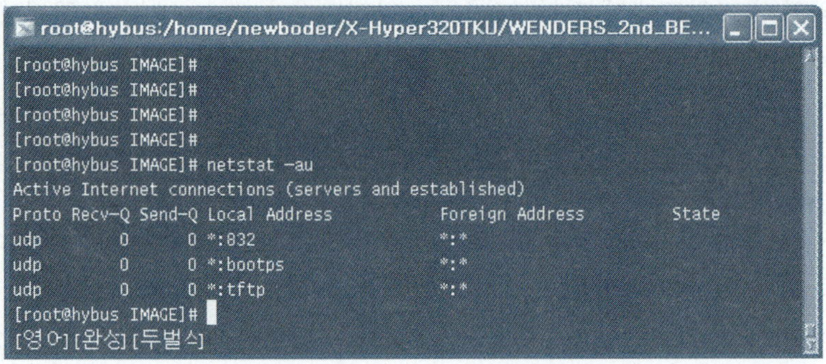

부트로더의 tftp 명령을 통해 zImage와 filesystem을 다운로드할 수 있다.

타깃 보드에 tftp명령으로 다운로드할 zImage와 root는 물론 Host PC의 /tftpboot 디렉토리에 존재하여야 한다. 부트로더에서 tftp명령어로 zImage를 커널 영역에 다운로드한다.

이젠 tftp명령을 이용하여 호스트 PC의 파일을 타깃 보드에 고속으로 전송할 수 있게 되었다. 부트로더의 tftp 명령사용 전에 호스트 PC에서 아래 설정을 해야 한다.

① HOST PC의 방화벽 설정을 확인하고 "방화벽을 사용하지 않음"으로 설정한다.
② 호스트 PC /etc/selinux/config 파일에서 아래와 같이 disabled로 설정한다.
SELINUX=disabled

3. 리눅스 이미지 다운로딩

1) 리눅스 커널 이미지 다운로딩

위에서 bootp, tftp 명령의 정상 동작이 확인되면 커널이미지를 다운로드하고 호스트로부터 커널이미지(zImage)를 SDRAM에 다운받는다.

```
☞ tftp zImage_yaff
```

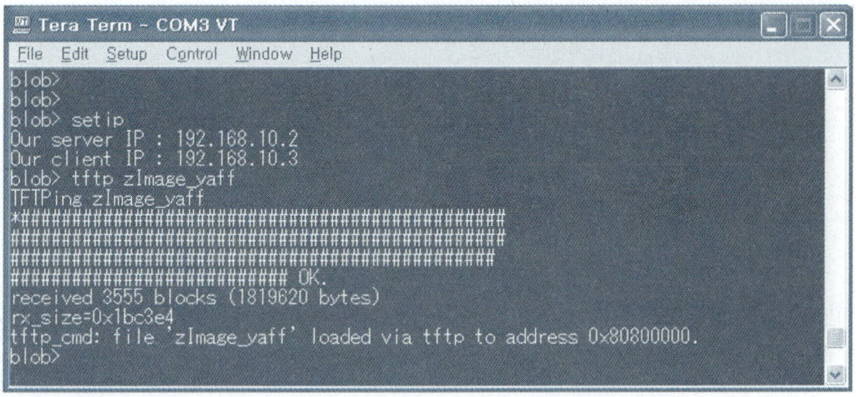


```
blob〉 tftp zImage_yaff   // SDRAM에 다운로드
blob〉 nandwrite -z 0x80800000 0x00040000 0x00200000 // kernel 영역에 쓰기
```

타깃 보드의 SDRAM에 다운받은 커널 이미지를 아래의 명령어로 플래시 메모리 영역에 라이트한다. (SDRAM은 휘발성 메모리로 전원이 오프되면 모든 데이터가 사라진다. 그러므로 SDRAM의 커널 이미지 영역을 플래시 메모리의 커널 이미지 영역에 저장하여 타깃 보드가 전원이 오프되어도 커널 이미지를 저장할 수 있게 한다.)

```
nandwrite -z    0x80800000 0x00040000 0x00200000
```

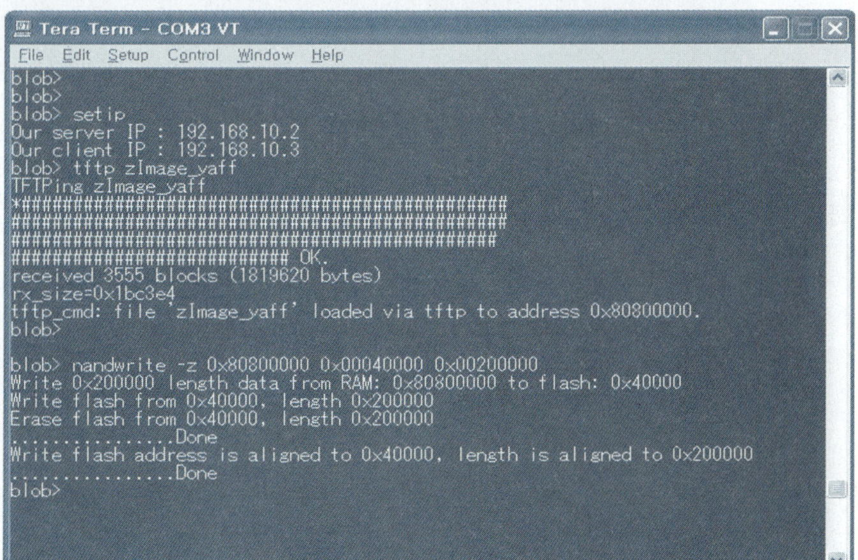

2) 파일시스템 다운로딩

gtk.img라는 이름의 파일시스템 이미지를 tftp 명령으로 타깃 보드에 다운로드한다.

```
☞ tftp gtk.img
☞ nandwrite -y    0x80800000 0x00240000 0
```

tftp gtk.img 명령으로 gtk.img를 받는다.

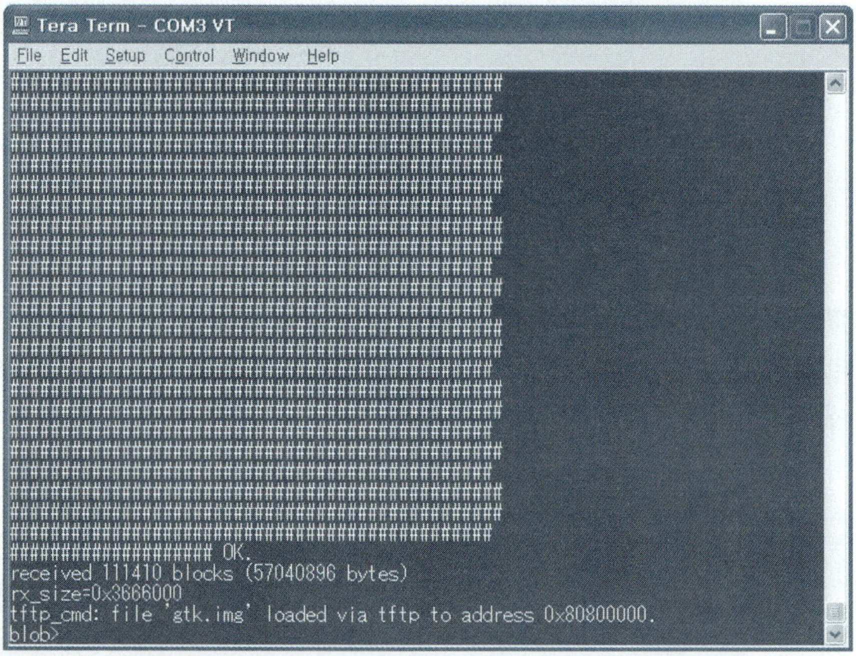

타깃 보드의 SDRAM에 다운받은 파일시스템 이미지를 아래의 명령어로 플래시 메모리 영역에 쓴다.

```
hybus> tftp gtk.img                              // SDRAM에 다운로드
hybus> nandwrite -y 0x80800000 0x00240000   // root 영역에 쓰기
```

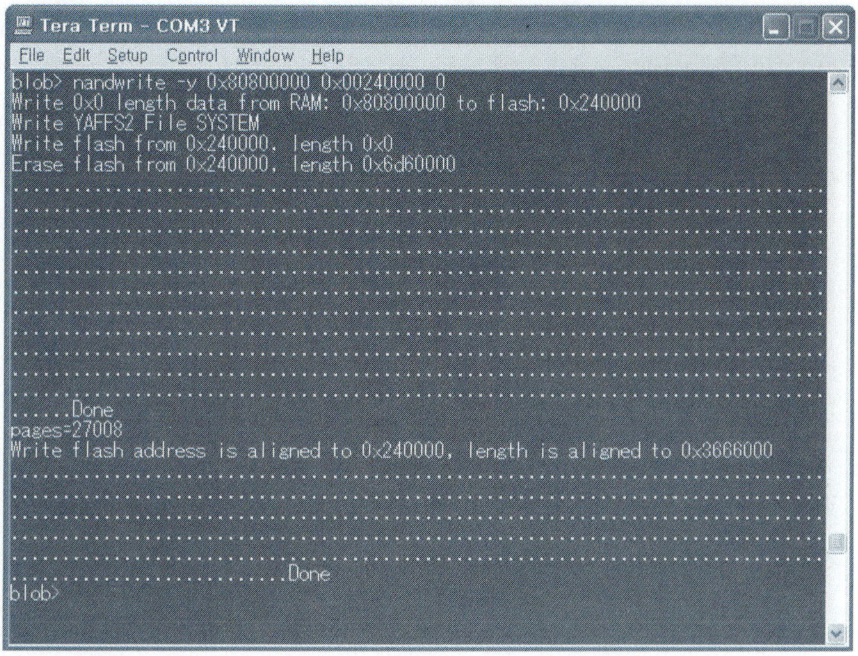

3) 타깃 보드 커널 부팅하기

커널 이미지와 파일시스템 이미지를 다운로드하고 플래시 메모리에 라이트한 후 부트로더의 reboot 명령을 내리거나 보드의 전원을 껐다가 켜면 리눅스 커널이 부팅되는 것을 확인할 수 있다.

```
Starting kernel at 0x80800000...
Linux version 2.6.14.7-tiny1 (root@mcjino.com) (gcc version 4.1.1) #205 PREEMPT
 Thu Nov 1 13:56:43KST2007
CPU: XScale3-monahans [69056826] revision 6 (ARMv5TE)
Machine: HYBUS X-HYPER320 TKU (CODE NAMED WENDERS)
Memory policy: ECC disabled, Data cache writeback
Run Mode Clock: 403MHz
Turbo Mode Clock: 806MHz
High Speed I/O Bus Clock: 208MHz
CPU0: D VIVT undefined 5 cache
```

```
CPU0: I cache: 32768 bytes, associativity 4, 32 byte lines, 256 sets
CPU0: D cache: 32768 bytes, associativity 4, 32 byte lines, 256 sets
Built 1 zonelists
Kernel command line: root=/dev/mtdblock2 rw rootfstype=yaffs2 init=/sbin/init c
```

```
onsole=ttyS0,38400   rw mem=128M
PID   hash table entries: 1024 (order: 10, 16384 bytes)
Console:   colour dummy device 80x30
Dentry   cache hash table entries: 32768 (order: 5, 131072 bytes)
Inode-cache   hash table entries: 16384 (order: 4, 65536 bytes)
Memory:   128MB = 128MB total
Memory:   125824KB available (2835K code, 613K data, 464K init)
Mount-cache   hash table entries: 512
CPU:   Testing write buffer coherency: failed, enabling work-around
NET:   Registered protocol family 16
WENDERS   MACH INIT
Frame   buffer For 7" LCD (800x480)
SCSI   subsystem initialized
usbcore:   registered new driver usbfs
usbcore:   registered new driver hub
nwfpe:   bad register size
audit:   initializing netlink socket (disabled)
audit(1198834369.600:1):   initialized
Installing   knfsd (copyright (C) 1996 okir@monad.swb.de).
JFFS2   version 2.2. (NAND) (C) 2001-2003 Red Hat, Inc.
yaffs   Oct  9 2007 15:12:31Installing.
Initializing   Cryptographic API
i2c   /dev entries driver
I2C:   i2c-0: PXA I2C adapter
pxafb:   LCD power on
pxafb:   backlight on
XHYPER320TKU   BACK LIGHT ON
Console:   switching to colour frame buffer device 100x30
Load   PXA Overlay driver successfully!
PXA   Real Time Clock driver v1.02
FS453   MAJOR 250 FS453 NOT FOUND!!
X-Hyper   320TKU CC2420 MAJOR 255
X-Hyper   320TKU gpio_led Driver MAJOR 242, IRQ 169 170 171 172
X-Hyper   320TKU fnd Driver MAJOR 231
X-Hyper   320TKU clcd Driver MAJOR 238
clcd.o:   X-HYPER320 TKU  Embedded Linux
X-Hyper   320TKU dot Driver MAJOR 232
X-Hyper   320TKU  ADC Driver MAJOR 247
X-Hyper   320TKU  DAC Driver MAJOR 248
X-Hyper   320TKU dc_motor MAJOR 237
X-Hyper   320TKU st_motor MAJOR 236 IRQ 28
X-Hyper   320TKU key MAJOR 233
X-Hyper   320TKU led MAJOR 239
```

```
CPU0:   I cache: 32768 bytes, associativity 4, 32 byte lines, 256 sets
CPU0:   D cache: 32768 bytes, associativity 4, 32 byte lines, 256 sets
Built   1 zonelists
Kernel   command line: root=/dev/mtdblock2 rw rootfstype=yaffs2 init=/sbin/init c
onsole=ttyS0,38400   rw mem=128M
PID   hash table entries: 1024 (order: 10, 16384 bytes)
Console:   colour dummy device 80x30
Dentry   cache hash table entries: 32768 (order: 5, 131072 bytes)
Inode-cache   hash table entries: 16384 (order: 4, 65536 bytes)
Memory:   128MB = 128MB total
Memory:   125824KB available (2835K code, 613K data, 464K init)
Mount-cache   hash table entries: 512
CPU:   Testing write buffer coherency: failed, enabling work-around
NET:   Registered protocol family 16
WENDERS   MACH INIT
Frame   buffer For 7" LCD (800x480)
SCSI   subsystem initialized
usbcore:   registered new driver usbfs
usbcore:   registered new driver hub
nwfpe:   bad register size
audit:   initializing netlink socket (disabled)
audit(1198834369.600:1):   initialized
Installing   knfsd (copyright (C) 1996 okir@monad.swb.de).
JFFS2   version 2.2. (NAND) (C) 2001-2003 Red Hat, Inc.
yaffs   Oct  9 2007 15:12:31Installing.
Initializing   Cryptographic API
i2c   /dev entries driver
I2C:   i2c-0: PXA I2C adapter
pxafb:   LCD power on
pxafb:   backlight on
XHYPER320TKU   BACK LIGHT ON
Console:   switching to colour frame buffer device 100x30
Load   PXA Overlay driver successfully!
PXA   Real Time Clock driver v1.02
FS453   MAJOR 250 FS453 NOT FOUND!!
X-Hyper   320TKU CC2420 MAJOR 255
X-Hyper   320TKU gpio_led Driver MAJOR 242, IRQ 169 170 171 172
X-Hyper   320TKU fnd Driver MAJOR 231
X-Hyper   320TKU clcd Driver MAJOR 238
clcd.o:   X-HYPER320 TKU   Embedded Linux
X-Hyper   320TKU dot Driver MAJOR 232
X-Hyper   320TKU   ADC Driver MAJOR 247
X-Hyper   320TKU   DAC Driver MAJOR 248
X-Hyper   320TKU dc_motor MAJOR 237
```

```
X-Hyper    320TKU st_motor MAJOR 236 IRQ 28
X-Hyper    320TKU key MAJOR 233
X-Hyper    320TKU led MAJOR 239
ttyS3   at MMIO map 0xc0a00000 mem 0xf0a00000 (irq = 63) is a EXT UART 0
ttyS4   at MMIO map 0xc0b00000 mem 0xf0b00000 (irq = 64) is a EXT UART 1
ttyS5   at MMIO map 0xc0c00000 mem 0xf0c00000 (irq = 67) is a EXT UART 2
ttyS6   at MMIO map 0xc0d00000 mem 0xf0d00000 (irq = 68) is a EXT UART 3
ttyS0   at MMIO map 0x40700000 mem 0xf6700000 (irq = 20) is a STUART
ttyS1   at MMIO map 0x40200000 mem 0xf6200000 (irq = 21) is a BTUART
ttyS2   at MMIO map 0x40100000 mem 0xf6100000 (irq = 22) is a FFUART
io   scheduler noop registered
io   scheduler anticipatory registered
io   scheduler deadline registered
io   scheduler cfq registered
loop:   loaded (max 8 devices)
dm9000   Ethernet Driver
eth0:   dm9000 at f0100300,f0100304 IRQ 159 MAC: ff:ff:ff:ff:ff:ff
dm9000   Ethernet Driver
eth1:   dm9000 at f0200300,f0200304 IRQ 138 MAC: ff:ff:ff:ff:ff:ff
Linux   video capture interface: v1.00
input:   XHYPER320 touch screen device!
platform   bus: XHYPER320 touch driver!
Try   to allocate dma buffer(len:2176)for data buffer + 2*descriptor + command buffer
NAND   device: Manufacturer ID: 0xec, Chip ID: 0xf1 (Samsung NAND 128MiB 3,3V 8-b
it)
Creating   4 MTD partitions on "NAND 128MiB 3,3V 8-bit":
0x00000000-0x00040000   : "Bootloader"
0x00040000-0x00240000   : "Kernel"
0x00240000-0x06fa0000   : "Filesystem"
0x06fa0000-0x07020000   : "BBT"
pxa-ohci   pxa-ohci: PXA27x OHCI
pxa-ohci   pxa-ohci: new USB bus registered, assigned bus number 1
pxa-ohci   pxa-ohci: irq 3, io mem 0x4c000000
hub   1-0:1.0:USBhubfound
hub   1-0:1.0:3portsdetected
Initializing   USB Mass Storage driver...
usbcore:   registered new driver usb-storage
USB   Mass Storage support registered.
usbcore:   registered new driver usbhid
drivers/usb/input/hid-core.c:   v2.6:USB HID core driver
Advanced   Linux Sound Architecture Driver Version 1.0.10rc1 (Mon Sep 12 08:13:09
 2005 UTC).
ALSA   device list:
#0: pxa2xx-ac97 (Wolfson WM9711,WM9712)
```

```
NET:    Registered protocol family 2
IP    route cache hash table entries: 2048 (order: 1, 8192 bytes)
TCP    established hash table entries: 8192 (order: 3, 32768 bytes)
TCP    bind hash table entries: 8192 (order: 3, 32768 bytes)
TCP:    Hash tables configured (established 8192 bind 8192)
TCP renoregistered
TCP    bic registered
NET:    Registered protocol family 1
NET:    Registered protocol family 17
yaffs:    dev is 32505858 name is "mtdblock2"
yaffs:    passed flags ""
yaffs:    Attempting MTD mount on 31.2, "mtdblock2"
VFS:    Mounted root (yaffs2 filesystem).
Freeing    init memory: 464K
INIT:    version 2.86 booting

                    Welcome to HYBUS
            XHYPER320TKU Linux Code named    WENDERS

Setting    hostname hybus:  [  OK  ]
INIT:    Entering runlevel: 3
Entering    non-interactive startup
Starting    network:  [  OK  ]
Starting    system logger: [  OK  ]
Starting    kernel logger: [  OK  ]
Mounting    other filesystems:  [  OK  ]
Starting    xinetd: [  OK  ]
Starting    telnetd:  [  OK  ]
Starting    alsamixer:  [  OK  ]

Welcome    to xhyper board.
Packaged    by Hybus (hybus@hybus.net)
Starting    X...
Could    not init font path element /usr/X11R6/lib/X11/fonts/100dpi/, removing from    list!
[root@WENDERS    root]#
```

여기까지 수행한 작업은 제공되는 커널 이미지와 파일시스템 이미지를 타깃 보드에 그대로 다운로드하여 플래시에 라이트하여 타깃 보드의 리눅스 부팅을 확인하는 것까지 하였다. 이 작업을 통하여 Host PC에 개발환경 구축 작업이 완료되었다.

앞으로 해야 할 것은 커널 이미지와 파일시스템 이미지를 원하는 대로 수정하는 것이다.

제 4 장

디바이스 드라이버 활용

4.1 디바이스 드라이버의 개요

디바이스란 하드디스크, 플로피디스크, 프린터, 단말기, 스캐너, 네트워크 어댑터, PCMCIA, 터치 스크린, LCD 디스플레이, 오디오 등과 같은 컴퓨터시스템의 주변 하드웨어를 말한다. 디바이스를 구동하기 위해서는 디바이스 구동 프로그램인 디바이스 드라이버가 필요하다. 일반적인 디바이스 시스템은 디바이스 자체와 제어기(controller)로 구성된다. 디바이스 자체는 제어기를 통하여 입력된 명령을 수행하고 결과를 알려주는 역할을 담당하며, 제어기는 디바이스 드라이버와 디바이스 사이의 인터페이스 역할을 담당하며 내부적으로 버퍼 및 제어/상태 레지스터 등으로 구성된다.

1. 디바이스 종류

리눅스 시스템에서는 디바이스를 문자 디바이스(character device), 블록 디바이스(block device), 네트워크 디바이스(network device) 세 가지 형태로 구분한다. 디바이스 이름을 쉽게 구별하기 위하여 IDE 방식의 하드디스크는 hd, 터미널은 tty, 이더넷은 eth 등으로 시작한다. 각 디바이스는 고유번호를 가지는데 주번호(major number)와 부번호(minor number) 체계를 갖는다. 동일한 디바이스는 동일한 주번호를 가지며 서로 구분하기 위해 부번호를 사용한다.

1) 문자 디바이스

문자 디바이스는 파일시스템에서 하나의 노드 형태로 존재한다. 데이터의 순차성을 지닌 하드웨어로서 버퍼 캐시를 사용하지 않는다. 즉, 버퍼를 통하지 않고 데이터를 직접 읽고 쓸 수 있는 장치를 말한다. 문자 디바이스는 데이터를 문자 단위 또는 연속적 바이트 흐름으로 전달하고 읽는다. 예를 들면, 직렬 또는 병렬 인터페이스에 의하여 데이터를 전달한다. 대표적인 문자 디바이스는 터미널, 콘솔, 키보드, 사운드카드, 스캐너, 프린터, 직렬/병렬 포트, 마우스, 조이스틱 등이 있다.

문자 디바이스 드라이버의 응용 프로그램은 open(), close()와 같이 파일 처리용 함수를 이용하여 디바이스 파일을 일반 파일처럼 다뤄서 하드웨어를 처리할 수 있다.

문자 디바이스 드라이버는 매우 간결한 구조이며, 응용 프로그램의 호출과 1:1로 대응되기에 대부분의 하드는 문자 디바이스 드라이버로 구현된다.

2) 블록 디바이스

블록 디바이스도 파일시스템에서 하나의 노드 형태로 존재하며 버퍼 캐시를 통해 임의 접근이 가능한 하드웨어이다. 문자 디바이스의 접근 방법을 하드디스크와 같은 장비에 적용하는 것이 비효율적이다. 블록 디바이스는 데이터를 블록 단위로 입출력하며, 효율성을 향상하기 위하여 버퍼를 이용한다. 블록 디바이스 드라이버에는 블록의 크기를 관리하고 블록 데이터의 전달을 담당하는 기능이 있다. 대표적인 블록 디바이스로 하드디스크, 플로피 디스크, 램디스크, CD_ROM 등이 있다.

블록 디바이스 드라이버는 특별한 경우가 아니면 응용 프로그램에서 직접적으로 사용하지 않는 디바이스 드라이버이다. 효율적인 처리를 위해 커널은 내부에 버퍼를 이용하여 처리한다. 블록이라 하는 이유는 하드웨어가 스트림 처리 위주가 아닌 블록 단위 처리이기 때문이다.

3) 네트워크 디바이스

네트워크 디바이스는 문자열 기반이 아닌 패킷 단위로 접근하며, 네트워크 통신을 통해 네트워크 패킷을 송·수신할 수 있는 디바이스를 말한다. 네트워크 디바이스는 문자 디바이스나 블록 디바이스와는 달리 파일시스템의 노드 형태가 아닌 특별한 인터페이스를 사용한다. 대표적인 네트워크 디바이스로 이더넷, PPP, SLIP, ATM, 네트워크 인터페이스 카드 등이 있다.

커널 내부에 있는 네트워크 프로토콜 스택과 연동하도록 설계되어 있다. 즉, 네트워크 디바이스 드라이버의 구조는 네트워크 디바이스 드라이버만을 위한 것이라 할 수 있다. 네트워크 디바이스 드라이버는 응용 프로그램에서 직접적으로 접근할 수 없으며, 예외적으로 ifconfig와 같은 특별한 프로그램만이 시스템을 호출, 이용 가능하다.

2. 디바이스 파일

리눅스 시스템은 디바이스를 /dev 디렉토리에 있는 일종의 파일로 취급한다. 즉, 디바이스를 파일로 추상화하는 것이다. 디바이스 파일은 사용자에게 보이는 디바이스 드라이버의 인터페이스 부분이다. 응용 프로그램은 디바이스에 접근하기 위하여 열기, 읽기, 쓰기 등과 같은 파일 연산을 이용할 수 있다. 디바이스 파일은 파일시스템에서 고유한 번호와 이름을 할당받는다. 디바이스 파일은 파일시스템의 데이터 영역을 차지하지 않고 단지 디바이스 드라이버를 접근할 수 있는 관문 역할을 수행한다.

◘ 일반 파일과 디바이스 파일

일반 파일이 데이터를 저장하는 데 목적이 있다면 디바이스 파일은 시스템 혹은 하드웨어 정보(디바이스 형식, 주번호, 부번호)를 제공하는 데 목적이 있다. 일반 파일에 데이터를 쓰면 보존되고 크기도 증가한다. 그러나 디바이스 파일은 데이터를 써도 보존되지 않고 디바이스로 데이터를 전달한다. 문자 디바이스 파일과 블록 디바이스 파일은 있지만 네트워크 디바이스 파일은 없음을 주목하라.

[실습 4-1] 호스트 시스템의 디바이스 파일 관찰하기

1. 호스트 시스템의 디바이스 파일이 있는 /dev 디렉토리에 있는 내용을 관찰한다.

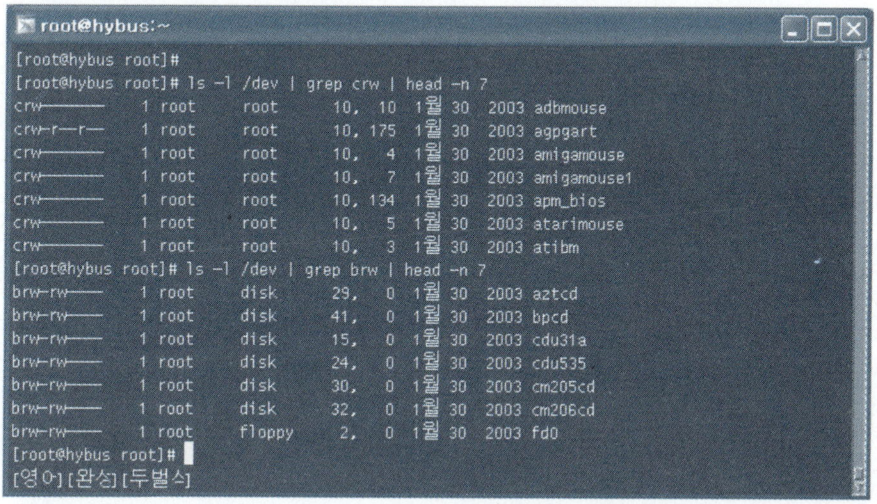

[그림 4-1] 디바이스 파일 종류 확인

① 문자 디바이스 파일을 7개만 출력한다. audio와 console 디바이스가 문자 디바이스이며 주번호 및 부번호가 각각 14와 4, 5와 1임을 알 수 있다. 문자 디바이스 파일은 허가권 내용이 c로 시작한다.

② 블록 디바이스 파일을 7개만 출력한다. fd0와 had 디바이스가 블록 디바이스이며 주번호 및 부번호가 각각 2와 0, 3과 0임을 알 수 있다. 블록 디바이스 파일은 허가권 내용이 b로 시작한다.

3. 디바이스 파일의 생성

문자 디바이스 파일과 블록 디바이스 파일을 생성하기 위하여 mknod라는 명령을 사용한다.

```
mknod 〈디바이스 파일명〉 〈디바이스 파일 형식〉 〈주번호〉 〈부번호〉
```

디바이스 파일은 /dev 디렉토리 아래에서 관리한다. 디바이스 파일 형식은 문자형 혹은 블록형에 따라 c 또는 b를 사용한다.

〈표 4-1〉은 리눅스에서 사용되는 디바이스 파일의 주번호다. 주번호는 문자 디바이스와 블록 디바이스가 독립적으로 사용한다. 자세한 내용은 /proc/devices 파일에 나타나 있다. 타깃 보드에서는 주로 230~255를 주번호로 사용하여 실습한다.

〈표 4-1〉 디바이스와 주번호

주 번호	문자 디바이스	블록 디바이스
0	NFS, 네트워크 사용을 위해 이름이 없음	
1	메모리 장치(mem)	RAM 디스크
2	pseudo TTY 마스터(pty*)	디스크 (fd*)
3	pseudo TTY 슬레이브(ttyp*)	IDE 하드디스크 (hd*)
4	터미널	
5	터미널과 Aux	
6	병렬 인터페이스	
7	가상 콘솔(vcs*)	루프백 디바이스
⋮		
60~63		지역/실험적 사용 목적
120~127		지역/실험적 사용 목적
230~255		지역/실험적 사용 목적

[실습 4-2] **mknod 명령으로 디바이스 파일 생성하기**

디바이스 파일을 생성하고 세부 내용을 관찰한다.

```
Tera Term - COM3 VT
File Edit Setup Control Window Help
[root@WENDERS dev]#
[root@WENDERS dev]#
[root@WENDERS dev]#
[root@WENDERS dev]#
[root@WENDERS dev]# mknod /dev/hello c 251 0
[root@WENDERS dev]# ls -all /dev/hello
crw-r--r--    1 root     root     251,   0 Feb 13 17:39 /dev/hello
[root@WENDERS dev]#
```

[그림 4-2] mknod 명령어의 사용

① 디바이스 이름이 hello, 주번호 251, 부번호가 0인 문자 디바이스 파일을 생성한다.

② 디바이스 리스트 중에서 hello로 시작하는 디바이스의 세부 내용을 확인한다. hello 디바이스의 주번호와 부번호가 251 및 0임을 보여준다.

4. 디바이스 드라이버

디바이스 드라이버란 디바이스 하드웨어에 데이터를 읽거나 쓰거나 제어하는 루틴의 집합체이다. 이러한 루틴들은 운영체제에 잘 연동되며, 운영체제가 하드웨어를 제어할 수 있도록 하는 인터페이스를 제공한다. 즉, 커널이 직접적으로 하드웨어를 제어하지 않고 잘 정의된 인터페이스인 디바이스 드라이버를 통하여 하드웨어를 제어한다. 디바이스 드라이버는 커널 공간에서 동작하며 커널과 동등한 권한을 갖는다. 따라서 드라이버를 구현할 때 세심한 주의가 필요하다. 디바이스 드라이버를 잘못 사용하면 시스템에 심각한 문제를 야기할 수 있다.

응용 프로그램에서 직접 디바이스에 접근할 수는 없다. 응용 프로그램이 디바이스 파일이 입출력을 요청하면 디바이스 드라이버로 전달되어 하드웨어를 제어한다. 응용 프로그램은 사용자 공간에서 프로세스 형식으로 동작한다. 응용 프로그램은 시스템에 의해 할당된 메모리와 파일만 제어할 수 있기 때문에 하드웨어에 직접 접근할 수 없다. 따라서 응용 프로그램은 [그림 4-3]과 같이 디바이스 파일을 경유한 후 디바이스 드라이버를 이용하여 하드웨어에 접근한다. 하드웨어에 접근할 수 있는 디바이스 드라이버는 커널 공간에 존재한다.

디바이스 드라이버는 컴퓨터에서 수행되는 저수준의 소프트웨어이다. 디바이스 드라이버는 리눅스 운영체제가 자체적으로 지원하는 것도 있지만, 대부분 디바이스에 적합한 드라이버 프로그램을 별도로 설치하여야 한다. 디바이스 드라이버의 특징을 요약하면 다음과 같다.

① 디바이스와 시스템 사이에 데이터를 주고 받기 위한 인터페이스
② 표준적으로 동일한 서비스 제공을 목적

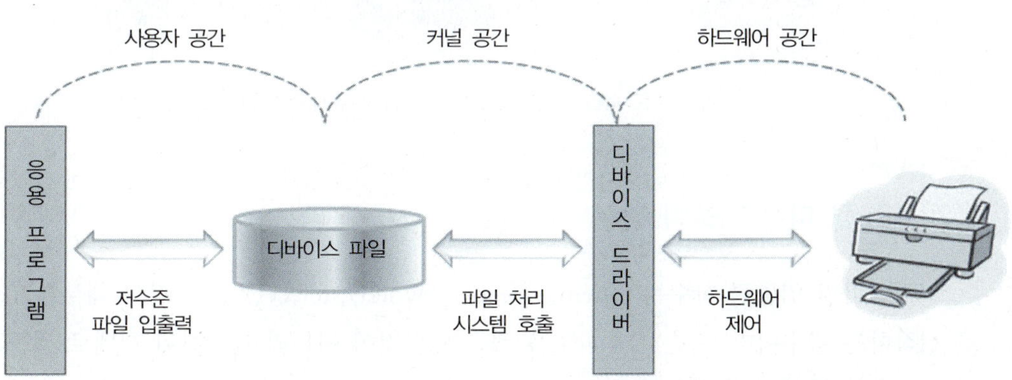

[그림 4-3] 디바이스 드라이버와 디바이스 파일

③ 커널의 일부분으로 내장
④ 서브루틴과 데이터의 집합체
⑤ 디바이스의 고유한 특성을 내포

4.2 디바이스 드라이버의 파일 연산

리눅스는 디바이스를 일종의 파일로 취급하기 때문에 디바이스를 제어하기 위하여 파일 연산을 이해해야 한다. 디바이스 파일을 위한 입출력 함수, 디바이스 드라이버를 위한 파일 구조체와 파일 연산 구조체 등에 대하여 살펴보자.

1. 파일 입출력 함수

파일 입출력을 위한 함수는 크게 [그림 4-4]와 같이 스트림 파일 입출력 함수와 저수준 파일 입출력 함수로 구분된다. 시스템에서 제공하는 파일 입출력 함수를 저수준 파일 입출력 함수라고 하며, 버퍼를 사용하여 스트림 처리가 가능하며 저수준 파일 입출력 함수를 프로그램에서 사용하기 쉽게 만든 함수를 스트림 파일 입출력 함수라고 한다.

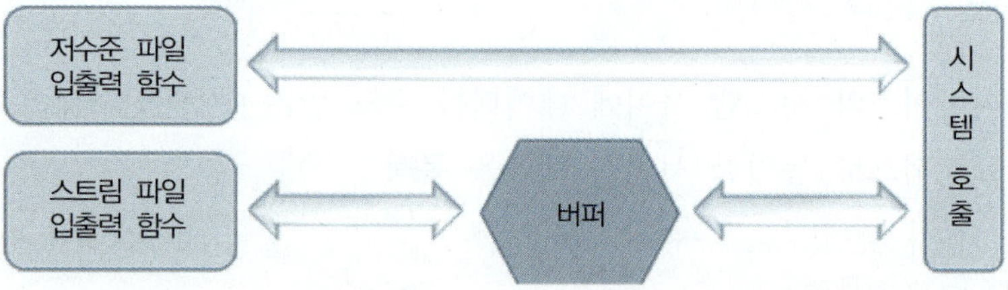

[그림 4-4] 저수준 파일 입출력 함수와 스트림 파일 입출력 함수

2. 스트림 파일 입출력 함수

스트림 파일 입출력 함수는 fopen(), fread(), rwrite(), fclose() 등과 같이 대부분 'f'로 시작하는 함수이며, 단순하게 파일을 접근하는 것이 아니라 형식화된 형태로 접근할 수 있다. 특히 입출력을 효율적으로 수행하기 위하여 내부적으로 버퍼를 사용한

다. 따라서 스트림 파일 입출력 함수를 사용하여 디바이스 파일에 직접 접근할 수 없다. 스트림 파일 입출력 함수를 사용하면 먼저 버퍼에 보관된 후에 조건이 만족되면 파일에 기록되기 때문이다. 즉, 스트림 파일 입출력 함수를 사용하면 디바이스 파일에 데이터를 쓰더라도 곧 바로 디바이스에 영향을 미치지 않을 수도 있다.

3. 저수준 파일 입출력 함수

저수준 파일 입출력 함수는 리눅스 커널에서 제공하는 파일 관련 시스템 호출을 라이브러리 함수로 만든 것이다. 저수준 파일 입출력 함수는 디바이스 파일을 실질적으로 다루기 위하여 사용한다. 따라서 디바이스 드라이버를 구현하려면 저수준 파일 입출력 함수를 사용해야 한다. 저수준 파일 입출력 함수는 스트림 파일 입출력 함수와는 달리 버퍼를 사용하지 않는다. 저수준 파일 입출력 함수는 다음과 같은 것이 있으며, 이외에도 fsync(), select(), poll(), mmap() 등도 있다.

(1) int open(const *pathname, int flags)

· 의미 ⇒ 파일이나 장치를 열어 사용할 준비를 갖추기 위한 함수
· 인자 ⇒ · pathname: 디바이스 파일 이름
· flags: O_RDONLY, O_WRONLY, O_RDWR, O_NONBLOCK, O_NDELAY, O_SYNC 등
· 반 환 값 ⇒ · 성공하면 3 이상 양수이고 실패하면 음수
· 양수는 파일 기술자로 사용
· 파일 기술자 값이 0이면 표준 입력(stdin), 1은 표준 출력(stdout), 2는 표준 오류(stderr)

(2) int close(int fd)

· 의미 ⇒ 열린 파일을 닫는 함수
· 인자 ⇒ · fd: 파일 기술자

(3) ssize_t read(int fd, void *buf, size_t count)

· 의미 ⇒ 열린 파일을 읽어오는 함수
· 인자 ⇒ · buf: 읽기/쓰기를 위한 공간의 주소며 count보다 커야 함
· count: 읽기/쓰기 데이터의 크기며 0이면 실행이 즉시 종료됨
· 반 환 값 ⇒ · 정상적으로 읽기/쓰기를 했다면 읽기/쓰기한 바이트 수를 반환하며 count보다 적을 수 있음
· 실패하면 반환값은 -1

(4) ssize_t write(int fd, const void *buf, size_t count)

· 의미 ⇒ 열린 파일을 쓰는 함수
· 인자 ⇒ · read()와 동일

(5) off_t lseek(int fd, off_t offset, int whence)

· 의미 ⇒ 일반 파일에서는 파일에 읽기/쓰기의 위치를 정하기 위해 사용하며 디바이스 파일에서는 디바이스 드라이버마다 다르기 때문에 메모리 혹은 하드디스크와 같은 기억장치와 관련된 경우에만 처리
· 인자 ⇒ · offset: 이동할 파일 포인터의 위치를 바이트 단위로 지정
· whence: offset을 해석하기 위한 조건으로 SEEK_SET(실제 이동할 위치), SEEK_SET(현재 위치에서 offset을 더한 값이 이동할 위치), SEEK_END(마지막 위치에서 offset을 뺀 값이 이동할 위치) 등을 사용
· 반 환 값 ⇒ · 정상적으로 이동되었다면 이동한 실제 위치다.

(6) int(*ioctl) (struct inode *inode, struct file *filp, unsigned int 층, unsigned long arg)

· 의미 ⇒ 시리얼 디바이스의 전송속도를 변경하고자 할 때 write() 연산은 시리얼 포트를 통해 모두 외부로 전송되기 때문에 디바이스를 제어할 수 없다. 이렇게 하드웨어를 제어하기 곤란한 경우 응용 프로그램에서 하드웨어 제어 등의 부가 연산을 위해 사용
· 인자 ⇒ · inode, filp: 응용 프로그램에서 넘겨준 파일 기술자에 해당하는 값
· cmd: 실행할 명령어
· arg: 명령어 실행에 필요한 부가적인 인자. arg 인자가 없는 경우도 있음
· 반 환 값 ⇒ · 오류가 발생할 때 더 이상 명령이 진행되지 않고 사용자 프로그램에게 EINVAL 값을 반환한다.

4. 파일 구조체

파일 구조체는 디바이스 드라이버를 구현할 때 사용한다. 파일 구조체는 C 라이브러리에 정의된 FILE과는 다르다. 응용 프로그램에서 사용할 수 없고, 단지 커널에서만 사용할 수 있다. 파일 구조체는 파일 연산을 위한 인자 전달 방법으로 사용되고 디바이스에 필요한 데이터 구조를 정의할 수 있다. 디바이스 파일의 정보를 읽거나 쓰기 위한 파일 입출력 함수는 〈kernel〉/include/ linux/fs.h에 정의되어 있고 파일 구조체의 내용은 다음과 같다.

[코드 4-1] file 구조체

```
01 struct file {
02 struct dentry f_dentry;
03 struct vfsmount *f_vfsmnt;
04 struct file_operations f_op;
05 atomic_t f_count;
06 unsigned int f_flags;
07 mode_t f_mode;
08 loff_t f_pos;
09 unsigned long f_reada, f_ramax, f_raend, f_ralen, f_rawin;
10 struct fown_struct f_owner;
11 unsigned int f_uid, f_gid;
12 int f_error;
13 unsigned long f_version;
14 void *private_data;
15 };
```

02행 : 파일에 대한 디렉토리 엔트리

04행 : 다양한 파일 연산 함수가 정의된 파일 연산 구조체를 지시

05행 : 프로세스의 파일 참조 횟수

06행 : 접근 모드, 비블록킹, 생성, 첨부 등에 관련된 플래그

07행 : 파일 모드로 FMODE_READ 혹은 FMODE_WRITE 비트에 의해 구분

08행 : 현재 읽기/쓰기 위치

11행 : 파일 사용자 및 그룹 식별자

14행 : 시스템 호출간에 필요한 정보를 보존하기 위해 사용

[struct file_operations]

- loff_t (*lseek)(struct file *, loff_t, int);
  - 파일에서 현재 읽고(read), 쓰는(write) 위치를 이동한다.
- ssize_t (*read)(struct file *, char *, size_t, loff_t *);
  - 디바이스 장치에서 데이터를 읽어들인다.
- ssize_t (*write)(struct file *, const char *, size_t, loff_t *);
  - 디바이스 장치에서 데이터를 쓴다.
- int (*readdir)(struct file *, void *, filldir_t);
  - 디바이스 장치에서는 사용하지 않고(즉, 디바이스 노드에서는 NULL을 리턴

함), 디렉토리에서만 사용하는 함수이다.

- unsigned int (*poll)(struct file *, struct poll_table_struct *);
  - 현 프로세스를 대기 큐에 넣는다.
- int (*ioctl)(struct inode *, struct file *, unsigned int, unsigned long);
  - 디바이스에 종속적인 명령을 만드는 데 사용한다. 즉, 디바이스 장치에 고유한 명령을 사용자가 임의로 만들 수 있다.
- int (*mmap)(struct file *, struct vm_area_struct *);
  - 디바이스 장치의 메모리를 프로세스의 메모리에 매핑시키는데 사용한다.
- int (*open)(struct inode *, struct file *);
  - 디바이스 장치를 오픈한다.
- int (*release)(struct inode *, struct file *);
  - 디바이스 장치를 종료한다.
- int (*fsync)(struct file *, struct dentry *);
  - 디바이스 장치를 flush한다. 즉, 데이터 중에서 디바이스에 있는 것은 모두 디바이스에 쓴다.
- int (*fasync)(int, struct file *, int);
  - 비동기 통지(Asynchronous notification)를 알려주는 FLAG인 FASYNC flag에 변화가 있는 디바이스를 확인하기 위해 사용한다.
- int (*check_media_change)(kdev_t dev);
  - 플로피 디스크처럼 사용도중에 Media가 변경될 수 있는 블록 디바이스 드라이버에서 사용한다.
- int (*revalidate)(kdev_t dev);
  - 제거 가능한 블록 디바이스에서 버퍼 캐시(cache)를 관리하여 사용한다.
- int (*lock)(struct file *, int, struct file_lock *);
  - 파일에 lock를 걸기 위해서 사용한다.

파일 포인터와 파일 기술자

파일 포인터는 C언어에서 제공하며 파일 기술자를 포함한 데이터 구조체다. 또한 C 표준 입출력 스트림에 사용하고 플랫폼에 독립적이며 고수준 입출력 fopen( )에 의해 생성된다. 파일 기술자는 운영체제에서 제공되며, I/O 시스템 호출에서 입출력 자원을 구별하는 데 사용하고 플랫폼은 종속적이며 저수준 입출력 open( )에 의해 생성된다.

5. 파일 연산 구조체

응용 프로그램은 저수준 파일 입출력 함수를 사용하여 디바이스 파일에 접근한다. 커널은 등록된 디바이스 드라이버의 파일 연산 구조체를 참고하여 응용 프로그램의 요청에 대응하는 함수를 호출한다. 따라서 파일 연산 구조체 변수를 커널에 등록하는 것은 디바이스 드라이버를 등록하는 것이다.

◘ 파일 연산 구조체 필드의 의미

파일 연산(file_operations) 구조체는 〈linux〉/include/linux/fs.h에 선언되어 있다. 커널 2.6은 비동기 처리를 위한 함수도 있지만 일반적인 디바이스 드라이버를 작성할 때 거의 사용하지 않는다.

[코드 4-2] file_operations 구조체

```
01 struct file_operations {
02 struct module *owner;
03 loff_t (*lseek) (struct file *, loff_t, int);
04 ssize_t (*read) (struct file *, char *, size_t, loff_t *);
05 ssize_t (*write) (struct file *, const char *, size_t, loff_t *);
06 int (*readdir) (struct file *, void *, filldir_t);
07 unsigned int (*poll) (struct file *, struct poll_table_struct *);
08 int (*ioctl) (struct inode *, struct file *, unsigned int, unsigned  long);
09 int (*mmap) (struct file *, struct vm_area_struct *);
10 int (*open) (struct inode *, struct file *);
11 int (*release) (struct inode *, struct file *);
12 int (*fsync) (struct file *, struct dentry *);
13 int (*fasync) (int, struct file *, int);
14 int (*check_media_change) (kdev_t dev);
15 int (*revalidate) (kdev_t dev);
16 int (*lock) (struct file *, int, struct file_lock *);
17 };
```

02행 : 파일 작업의 소유자. 보통 THIS_MODULE로 지정한다.

03행 : 파일에서 현재 읽고(read), 쓰는(write) 위치를 이동한다.

04행 : 디바이스에서 데이터를 읽어들인다.

05행 : 디바이스에 데이터를 쓴다.

06행 : 디바이스에서는 사용하지 않고(즉, 디바이스 노드에서는 NULL을 반환함), 디렉토리에서만 사용하는 함수다.

07행 : 현 프로세스를 대기 큐에 넣는다.

08행 : 디바이스에 종속적인 명령을 만드는 데 사용한다. 즉, 디바이스에 고유한 명령을 사용자가 임의로 만들 수 있다.

09행 : 디바이스의 메모리를 프로세스의 메모리에 사상시키는 데 사용한다.

10행 : 디바이스를 개방(open)한다.

11행 : 디바이스를 종료한다.

12행 : 디바이스를 플러시(flush)한다. 즉, 데이터 중에서 디바이스에 있는 것은 모두 디바이스에 쓴다.

13행 : 비동기 통지(asynchronous notification)를 알려주는 FLAG인 FASYNC 플래그에 변화가 있는 디바이스를 확인하기 위해 사용한다.

14행 : 플로피 디스크처럼 사용 도중에 미디어가 변경될 수 있는 블록 디바이스 드라이버에서 사용한다.

15행 : 제거 가능한 블록 디바이스에서 버퍼 캐시(buffer cache) 관리를 위해 사용한다.

16행 : 파일에 잠금(lock) 기능을 위해 사용한다.

문자 디바이스 드라이버의 파일 연산 구조체 사용

파일 연산 구조체에서 사용하지 않는 필드의 경우 선언하지 않으면 NULL 값으로 초기화된다. 따라서 문자 디바이스 드라이버를 구현할 때 파일 연산 구조체에서 필요한 필드만 선언하면 된다. 다음 내용은 문자 디바이스 드라이버에서 선언된 전형적인 파일 연산 구조체의 선언내용이다. 여기서 xxx는 일반적으로 디바이스의 이름을 사용한다.

```
struct    file_operations xxx_fops = {
owner = THIS_MODULE,
open = xxx_open,
release = xxx_release,
read = xxx_read,
write = xxx_write,
ioctl = xxx_ioctl,
 };
```

- File_operations 구조체를 사용하는 문자 디바이스 드라이버의 예(정의되지 않은 것은 NULL)

```
struct file_operations device_fops = {
NULL,                          /*seek*/
device_read,                   /*read*/
device_write,                  /*write*/
NULL,                          /*readdir*/
NULL,                          /*poll*/
NULL,                          /*ioctl*/
NULL,                          /*mmap*/
device_open,                   /*open*/
NULL,                          /*flush*/
device_release,                /*release*/
};
```

- File_operations 구조체를 사용하는 블록 디바이스 드라이버의 예(정의되지 않은 것은 NULL)

```
struct file_operations blkdevice_fops = {
NULL,                          /*seek/
block_read,                    /*read*/
block_write,                   /*write*/
NULL,                          /*readdir*/
NULL,                          /*poll*/
NULL,                          /*ioctl*/
NULL,                          /*mmap*/
block_open,                    /*open*/
NULL,                          /*flush*/
block_release,                 /*release*/
};
```

4.3 디바이스 드라이버의 등록과 해제

디바이스 드라이버를 동작시키려면 커널에 디바이스의 특성에 맞는 형식으로 등록해야 한다. 일반적으로 문자 디바이스 드라이버, 블록 디바이스 드라이버, 네트워크 디바이스 드라이버 중 하나의 형식으로 등록된다. 블록 디바이스 드라이버와 네트워크 디바이스 드라이버의 경우 커널에 등록하는 과정이 매우 복잡하다.

일반적으로 응용 프로그램과 디바이스 드라이버는 디바이스 파일이라는 인터페이스를 통해 접근할 수 있다. 문자 디바이스는 응용 프로그램에 의하여 제어되지만 블록 디바이스와 네트워크 디바이스는 커널에 의하여 제어되기 때문에 디바이스 드라이버의 등록과 해제 절차가 디바이스에 따라 다르다.

1. 문자 디바이스의 등록과 해제

문자 디바이스 드라이버를 커널에 등록 혹은 해제할 때 register_chrdev()와 unregister_chrdev() 함수를 사용한다. file_operations 구조체를 등록 함수의 인자로 사용하며 커널은 주번호로 디바이스를 식별한다. 문자 디바이스 드라이버는 커널 모드에서 동작하지만 응용 프로그램을 사용해 디바이스를 제어할 수 있다.

```
int register_chrdev (unsigned int major, const char *name, struct file_operations *fops)
int unregister_chrdev (unsigned int major, const char *name)
```

① major : 주번호로, 0이면 사용하지 않는 주번호 중에서 동적으로 할당된다.
② name : 디바이스의 이름으로 /proc/devices에 나타나 있다.
③ 반환값 : 오류 코드이며, 반환값이 0이거나 양수이면 성공적으로 수행되었음을 나타내고, 음수이면 오류가 발생했음을 나타낸다.
④ 이름이 서로 다르거나 또는 지정된 드라이버가 없거나 주번호 경계를 벗어난 값에 대해서는 에러 코드인 -EINVAL을 리턴한다.

2. 블록 디바이스의 등록과 해제

블록 디바이스는 커널 모드에서 동작할 뿐만 아니라 커널이 디바이스를 제어한다.

따라서 문자 디바이스 드라이버와 등록하는 절차가 조금 다르다. 블록 디바이스 드라이버의 경우 디바이스 드라이버를 등록 및 해제하기 위하여 register_blkdev()와 unregister_blkdev() 함수를 사용한다. 특히 블록 디바이스를 등록할 때 block_device_operations 구조체를 함께 등록하지 않고 추후에 등록한다.


```
int register_blkdev (unsigned int major, const char * name)
int unregister_blkdev (unsigned int major, const char *name)
```

① major : 주번호로, 0이면 사용하지 않는 주번호 중에서 동적으로 할당된다.
② name : 블록 디바이스 장치 이름
③ 반환값 : 오류 코드로 0이나 양수이면 성공적으로 수행되었음을 나타내고, 음수이면 오류가 발생했음을 나타낸다.

3. 네트워크 디바이스의 등록과 해제

네트워크 디바이스도 블록 디바이스와 마찬가지로 커널 모드에서 동작할 뿐만 아니라 커널이 디바이스를 제어한다. 네트워크 디바이스를 등록 및 해제하는 방법은 문자 디바이스나 블록 디바이스와 달리 주번호를 사용하지 않는다. 네트워크 디바이스 드라이버와 등록하는 절차는 매우 복잡한다. 등록 및 해제하기 위하여 register_netdev()와 unregister_netdev() 함수를 사용하며 함수 원형은 다음과 같다.

```
int register_netdev (struct net_device *dev)
void unregister_netdev (struct net_device *dev)
```

① dev : net_device 구조체 이름
② 반환값 : 등록에 성공하면 0이며, 실패하면 0이 아닌 값을 반환한다.

4. 문자 디바이스 드라이버의 등록 과정

문자 디바이스를 등록하기 위해서는 커널 내부의 chrdevs[ ] 배열 구조체에 적재될 디바이스 파일의 주번호가 할당되어야 한다. chrdevs라는 전역 변수는 〈linux〉/fs/char_dev.c에서 다음과 같이 정의하고 있다.

```
struct char_device_struct chrdevs[MAX_PROBE_HASH];
```

chrdevs[]는 256(MAX_PROBE_HASH)개의 배열로 구성되며 문자 디바이스 드라이버를 관리하는 구조체다. 각 배열의 구성 요소는 디바이스 파일 이름인 name과 파일 연산 구조체에 대한 포인터 fops를 포함한다. 파일 연산 구조체에 대한 포인터 fops는 디바이스 드라이버에 구현된 함수와 연관된다.

가상의 문자 디바이스 foo의 등록과 관련된 파일 연산 과정은 다음과 같다.

① 쉘 모드에서 insmod foo.ko를 실행한다.

② insmod 명령어는 디바이스 드라이버 파일의 module_init()를 호출한다.

③ 커널 내부의 chrdevs[ ] 배열 구조체에 등록하기 위해 resister_chrdev() 함수를 실행한다. 주번호를 chrdevs[ ] 배열의 인덱스로 사용해 배열에 접근한다.

④ foo_fops는 모듈 내에 있는 파일 연산을 가리키며, 디바이스 드라이버에 대응하는 함수와 연관된다.

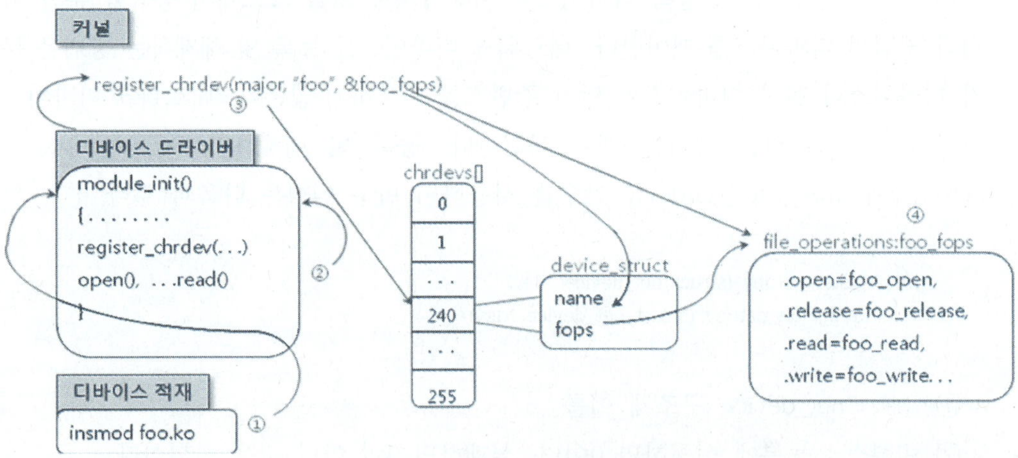

[그림 4-5] 디바이스의 등록과 파일 연산

드라이버를 등록할 때 사용하는 register_chrdev() 함수는 디바이스 드라이버의 주번호, 디바이스 파일 이름, 그리고 file_operations 구조체를 포함한다. 문자 디바이스 등록 함수인 register_chrdev()는 첫 번째 매개변수인 주번호를 0으로 사용하면 사용 가능한 주번호를 할당받는다. 주번호를 0 이외의 값으로 사용한 경우 성공적으로 문자 디바이스를 등록하면 0을 반환하며, 다른 디바이스 드라이버가 사용한다면 오류를 나타내는 EBUSY를 반환한다.

4.4 디바이스 드라이버 구성

리눅스의 응용 프로그램은 디바이스 파일을 통해 하드웨어를 제어하는 디바이스 드라이버 함수와 연결된다. 즉, 디바이스 파일이 제공하는 디바이스 형식과 주번호를 이용해 커널 내에 등록된 디바이스 드라이버 함수를 연결하는 것이다. 문자 디바이스 드라이버의 경우 응용 프로그램에서 해당 디바이스 드라이버와 연결된 디바이스 파일을 통해 호출하지만 블록/네트워크 디바이스 드라이버의 경우는 커널에서 직접 호출해서 사용한다.

1. 문자 디바이스 드라이버의 기본 구성

문자 디바이스 드라이버를 제작하려면 최소한 다음 항목을 구현해야 한다. 또한 디바이스 드라이버는 커널 모드에서 작동되는 모듈 프로그램의 일종이므로 모듈 프로그래밍의 기본 규칙을 준수해야 한다.

① 커널 소스 헤더 파일
② 저수준 파일 입출력에 대응하는 file_operations 구조체에 등록할 함수
③ file_operations 변수
④ 문자 디바이스 드라이버를 등록하는 모듈 초기화 함수
⑤ 문자 디바이스 드라이버를 제거하는 모듈 마무리 함수

2. 전형적인 문자 디바이스 드라이버

[코드 4-3] 전형적인 문자 디바이스 드라이버 구조

```
#include <linux/module.h>
#include <linux/kernel.h>
#include <linux/fs.h>
#include <linux/init.h>

#define TEST_DEV_NAME "test_dev" // 디바이스 파일 이름
#define TEST_DEV_MAJOR 240 // 디바이스 파일의 주번호

int test_open(struct inode *inode, struct file *filp)
```

```
10 {
11 •••••••••• (open 처리) •••••••
12 return 0;
13 }
14
15 int test_release(struct inode *inode, struct file *filp)
16 {
17 •••••••••• (close 처리) •••••••
18 return 0;
19 }
20
21 struct file_operations test_fops =
22 {
23 •owncer = THIS_MODULE,
24 •open = test_open,
25 •release = test_release,
26 };
27
28 int test_init(void) // 디바이스를 커널에 모듈로 적재시 수행되는 함수
29 {
30 register_chrdev(TEST_DEV_MAJOR, TEST_DEV_NAME, &test_fops);
31 ••••••••••(초기화 처리) •••••••
32 return 0;
33 }
34
35 void test_exit(void) // 커널에서 디바이스를 제거할 때 수행된—ㄴ 함수
36 {
37 ••••••••••(마무리 처리) •••••••
38 unregister_chrdev(TEST_DEV_MAJOR,    TEST_DEV_NAME);
39 }
40
41 MODULE_LICENSE("GPL");
42 module_init(test_init);
43 module_exit(test_exit);
```

01~04행 : 헤더 파일. 필요에 따라 〈linux/errno.h〉, 〈linux/types.h〉, 〈linux/ fcntl.h〉 등을 추가한다. 헤더 파일 중에서 〈linux/fs.h〉는 모듈 프로그램의 기본 구조에서 추가된 것으로 디바이스 파일에 관련된 헤더 파일이다.

06~07행 : 디바이스 파일 이름이나 디바이스 파일의 주번호를 매크로로 정의한다. 필요하면 주소, 인터럽트 번호 등도 정의한다.

09~19행 : 저수준 파일 입출력에 대응하는 file_operations 구조체에 등록할 함수다.

21~26행 : file_operations 변수. 24행은 09~13행, 25행은 15~19행에 대응한다.

28~33행 : 문자 디바이스 드라이버를 적재하는 모듈 초기화 함수. 42행의 매크로 인자와 동일해야 한다.

35~39행 : 문자 디바이스 드라이버를 제거하는 모듈 종료 함수. 43행과 매크로 인자와 동일해야 한다.

4.5 리눅스 시스템의 디바이스 드라이버 구조

리눅스 시스템의 구조는 크게 [그림 4-6]과 같이 애플리케이션 영역과 커널 영역 그리고 하드웨어로 구성된다. 우리가 작업하는 디바이스 드라이버는 커널 영역에서 동작을 볼 수 있다. 각 영역에서 하는 역할을 보면 〈표 4-2〉와 같다.

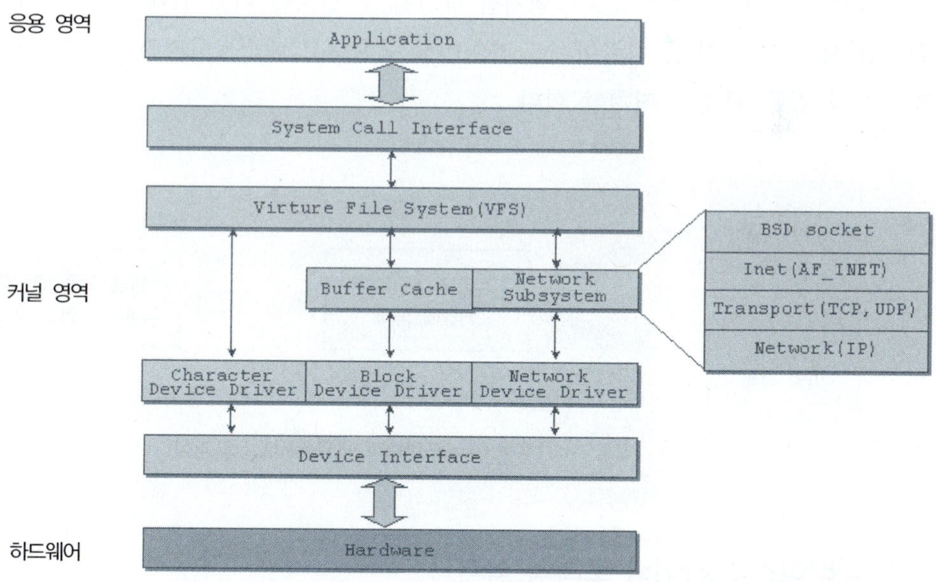

[그림 4-6] 리눅스 시스템 구조

〈표 4-2〉 리눅스 시스템의 구성

영 역	기 능
응용 영역 (Application area)	사용자 모드에서 동작하는 프로그램 영역
커널 영역(Kernel area)	• 시스템 콜 인터페이스 : 응용 프로그램에게 커널서비스를 제공하는 인터페이스 • VFS : VFS는 여러 종류의 다양한 파일시스템에 대해서 공통된 인터페이스를 제공한다. • 커널 : 프로세스 관리, 메모리 관리, IPC, 파일시스템, 네트워킹, 디바이스 드라이버 등
하드웨어(Hardware)	물리적인 하드웨어 영역

4.6 디바이스 드라이버 구현

모듈은 일반적인 C언어 프로그램처럼 작성될 수 있지만 커널이 제공하는 최소한의 함수만 사용할 수 있다. 디바이스 드라이버를 구현하고 테스트하려면 일반적으로 [그림 4-7]과 같은 과정을 거쳐야 한다.

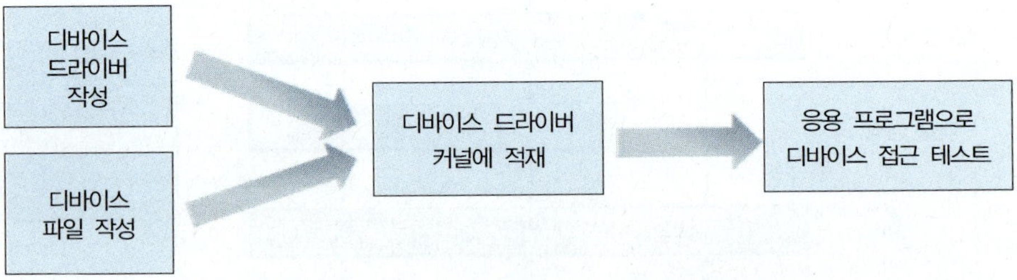

[그림 4-7] 디바이스 드라이버 구현 및 테스트 과정

1. 디바이스 드라이버 모듈의 적재

모듈은 목적 코드로 컴파일되어야 하며 실행중인 커널에 insmod 명령에 의해 적재된다. insmod 유틸리티는 실행중인 커널 심볼테이블을 사용해 모듈 내의 미해결 심볼(unresolved symbol)을 적절한 주소로 연결한다. insmod는 커널 공간 안의 적당한

주소에 모듈을 적재해 모듈을 실행중인 리눅스 커널에 통합한다.

2. 디바이스 파일의 생성

명령어 mknod를 사용하여 디바이스 파일을 /dev 디렉토리에 생성한다. 디바이스 파일을 생성하기 위하여 디바이스 이름, 디바이스 형식, 주번호 및 부번호가 필요하다.

3. 응용 프로그램 작성

적재된 디바이스 드라이버의 정상적인 동작 여부를 판단하기 위한 응용 프로그램을 작성해 디바이스가 제어되는지 확인한다. 응용 프로그램은 디바이스의 열기, 읽기, 쓰기 등의 연산을 위하여 저수준 파일 입출력 함수를 사용한다.

4. 가상 디바이스 드라이버 구현

임베디드 시스템 타깃 시스템에 장착된 디바이스에 대한 디바이스 드라이버를 구현하고 테스트하기 전에 메모리의 일부를 가상의 문자 디바이스로 사용하여 디바이스 드라이버를 구현하고 테스트해보자. 가상 문자 디바이스 드라이버 프로그램은 저수준 파일 입출력 함수를 사용해 디바이스 파일을 열고, 문자열을 읽고 쓰며, 등록된 디바이스에 ioctl() 함수를 통해 문자열 쓰기 작업을 한다. 가상 문자 디바이스를 이용하는 응용 프로그램은 저수준 파일 입출력 함수를 사용해 디바이스 파일을 접근한다.

[실습 4-3] 가상 디바이스 드라이버 구현하기

1. 에디터를 사용하여 가상 문자 디바이스 드라이버 프로그램을 작성하자.

[코드 4-4] 가상 문자 디바이스 드라이버(chr_dev.c)

```
#include <linux/module.h>
#include <linux/kernel.h>
#include <linux/fs.h>
#include <linux/init.h>

#define CHR_DEV_NAME "chr_dev" // 디바이스 파일 이름
#define CHR_DEV_MAJOR 240 // 디바이스 파일의 주번호

```

```
int chr_open(struct inode *inode, struct file *filp)
{
int number = MINOR(inode ->i_rdev); // 부번호를 number에 저장
printk("Virtual Character Device Open: Minor Number is %d\n", number);
return 0;
}

ssize_t chr_write(struct file *filp, const char *buf, size_t count, loff_t *f_pos)
{
printk("write data: %s\n", buf); // 응용 프로그램 write()
// 함수의 buf 값을 커널메시지에 출력
return count;
}

ssize_t chr_read(struct file *filp, const char *buf, size_t count, loff_t *f_pos)
{
printk("read data: %s\n", buf); // 응용 프로그램 read()
// 함수의 buf 값을 커널메시지에 출력
return count;
}

int chr_ioctl(struct inode *inode, struct file *filp, unsigned int cmd, unsigned long arg)
{
switch(cmd) { // ioctl 함수로 전달된 cmd 값을 출력
case 0: printk("cmd value is %d\n", cmd); break;
//•••••••••••••
case 4: printk("cmd value is %d\n", cmd); break;
}
return 0;
}

int chr_release(struct inode *inode, struct file *filp)
{
printk("Virtual Character Device Release\n");
return 0;
}

struct file_operations chr_fops =
{
.owner = THIS_MODULE,
.ioctl = chr_ioctl,
.write = chr_write,
.read = chr_read,
.open = chr_open,
```

```
55 .release = chr_release,
56 };
57
58 int sample_init(void) // 디바이스를 커널에 모듈로 적재시 수행되는 함수
59 {
60 int registration; // registration 에 주번호나 반환값을 저장
61 printk("Registration Character Device to Kernel\n");
62 registration = register_chrdev(CHR_DEV_MAJOR, CHR_DEV_NAME, &chr_fops);
63 if(registration < 0)
64 return registration;
65 printk("Major Number : %d\n", registration);
66 return 0;
67 }
68
69 void sample_cleanup(void) // 커널에서 디바이스를 제거할 때 수행되는 함수
70 {
71 printk("Unregistration Character Device to Kernel\n");
72 unregister_chrdev(CHR_DEV_MAJOR, CHR_DEV_NAME);
73 }
74
75 MODULE_LICENSE("GPL");
76 module_init(sample_init);
77 module_exit(sample_cleanup);
```

01행 : 모듈에서 필요한 헤더

02행 : 커널에서 수행될 때 필요한 헤더

03행 : file_operations 구조체의 등록/해제를 위해 register_chrdev() 및 unregister_chrdev() 함수를 각각 사용한다. file_operations 구조체와 inode 구조체 등 가상 파일시스템의 데이터 구조를 사용하기 위한 헤더 파일

04행 : module_init(), module_exit() 매크로를 위한 헤더

06행 : 디바이스 파일 이름

07행 : 디바이스 파일의 주번호

09행 : 응용 프로그램에서 open()으로 디바이스 파일을 열 때 실행할 함수. 정상적으로 수행한 경우 13행에서 0을 반환한다.

11행 : 주번호와 부번호는 결합되어 하나의 디바이스를 식별하기 위하여 사용한다. 결합된 디바이스 번호는 inode 구조체의 i_rdev 필드에 있다. 각 드라이버 함수는 inode 구조체 포인터를 인자로 받아들인다. 각 드라이버 함수는 inode → i_rdev를 조사해 디바이스 번호를 추출할 수 있다. MAJOR()와 MINOR()는 kdev_t 구조체에서 각각 주번호와 부번호를 추출하는 매크로이다.

12행 : 11행에서 추출한 부번호를 출력한다.

13행 : 정상 종료되어서 0을 반환한다.

16행 : 저수준 파일 출력함수 write()에서 buf에 데이터를 쓰면 디바이스 드라이버의 buf로 주소값이 전달

된다. count는 디바이스에 기록하고자 하는 데이터 개수. f_pos는 파일 포인터 위치. 반환값은 처리된 데이터 혹은 오류값으로 저수준 파일 출력함수 write()에 그대로 전달된다. 처리된 데이터 수나 오류값을 반환한다.

18행 : buf 메시지를 출력한다.

20행 : count 값을 반환한다.

23행 : 저수준 파일 입력함수 read()가 buf에서 데이터를 읽고자 하는 주소값이 디바이스 드라이버의 buf로 전달된다. count는 디바이스에서 읽고자 하는 데이터 개수. f_pos는 파일 포인터 위치. 반환값은 처리된 데이터 수 혹은 오류값으로 저수준 파일 입력함수 read()에 그대로 전달된다.

25~27행 : 18~20행과 동일하다.

30행 : 디바이스를 제어하는데 사용하는 함수. 여기서는 전달된 cmd를 화면에 출력한다.

32~38행 : 전달된 cmd 값을 출력한다.

39행 : 정상 종료되어서 0을 반환한다.

42행 : 응용 프로그램에서 close()를 호출하면 수행되는 부분이다. 여기서는 메시지를 화면에 출력하고 0을 반환한다.

48~56행 : 가상 디바이스 드라이버에서 처리할 기능들을 file_operations 구조체에 등록한다.

58~67행 : 디바이스 드라이버 모듈 초기화 함수. insmod 명령에 의해 호출된다.

61행 : 초기화 메시지를 출력한다.

62~67행 : register_chrdev() 함수를 사용해 문자 디바이스 드라이버를 커널에 등록한다. 주번호를 CHR_DEV_MAJOR에 정의된 240으로, CHR_DEV_NAME에 정의된 디바이스 파일 이름을 사용한다. 응용 프로그램에서 저수준 파일 입출력 함수를 디바이스 파일에 사용하면 디바이스 드라이버에 대응되는 함수가 호출되도록 마지막 인자에 파일 연산 구조체 변수인 chr_fops의 주소를 사용한다. 정상적으로 디바이스 드라이버가 커널에 등록되지 않으면 0보다 작은 값을 반환한다. 정상적으로 등록된 경우는 CHR_DEV_MAJOR이 0이면 동적으로 할당된 주번호 값이 반환되고 0이 아닌 고정된 주번호 값이면 0을 반환한다. CHR_DEV_MAJOR가 0이 아니면 65행은 무의미하다.

69~73행 : 디바이스 드라이버 모듈 마무리 함수. CHR_DEV_MAJOR이 0이면 동적으로 할당된 주번호, 0이 아니면 주어진 주번호 값을 반환한다. 여기서는 CHR_DEV_MAJOR로 정의된 240을 반환한다.

71행 : 디바이스 드라이버 모듈 종료 메시지를 출력한다.

72행 : unregister_chrdev() 함수를 수행해 디바이스 드라이버 모듈을 커널에서 제거한다.

2. Make 유틸리티를 실행해 모듈을 생성한다. Makefile은 코드에서 03행의 helloProc.o를 chr_dev.o로 수정하면 된다. Makefile도 chr_dev.c 파일과 동일한 디렉토리에 있어야 한다.

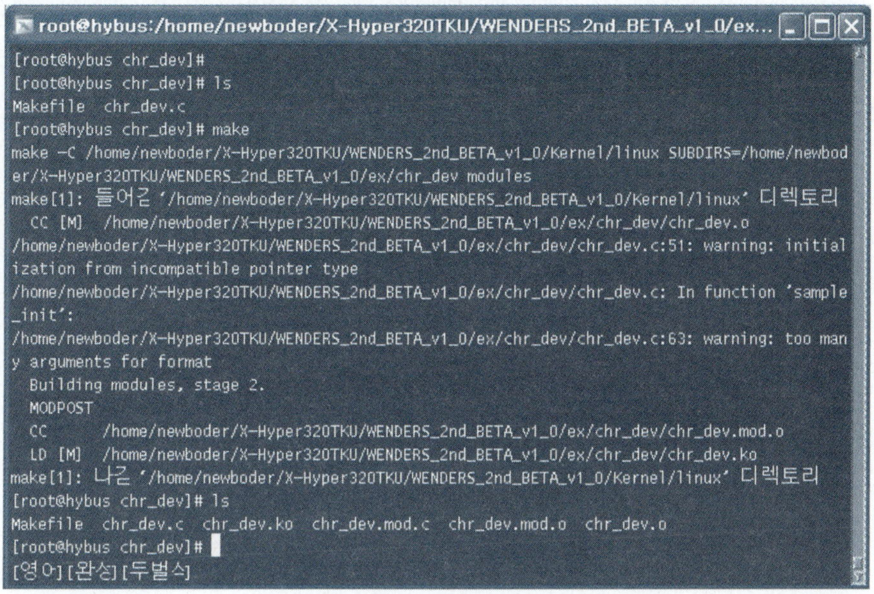

[그림 4-8] chr-dev.o 모듈의 생성

3. 가상 문자 디바이스를 사용하는 응용 프로그램 chr_appl.c를 작성한다.

[코드 4-5] 가상 문자 디바이스 애플리케이션 프로그램(chr_appl.c)

```
#include <stdio.h>
#include <sys/types.h>
#include <sys/stat.h>
#include <fcntl.h>
#include <sys/ioctl.h>
#include <unistd.h>

#define DEVICE_FILE_NAME "/dev/chr_dev" // 디바이스 파일

int main(int argc, char *argv[ ]) // argv 값을 받아 디바이스
{// 파일의 IOCTL cmd 값으로 사용
int device;
char wbuf[128] = "Write buffer data";
char rbuf[128] = "Read buffer data";
int n = atoi(argv[1]);

device = open(DEVICE_FILE_NAME, O_RDWR|O_NDELAY);
if( device >= 0) {
```

```
19 printf("Device file Open\n");
20 ioctl(device, n, NULL); // argv 값을 디바이스 파일에 cmd 값으로 전달
21 write(device, wbuf, 10); // wbuf 값을 디바이스 파일에 전달
22 printf("read value is %s\n", wbuf);
23 read(device, rbuf, 10);
24 printf("read value is %s\n", rbuf);
25 }
26 else
27 perror("Device file open fail");
28
29 return 0;
30 }
```

01행 : 입출력을 위한 헤더. printf()와 perror()를 사용하기 위해서다.

02~04행 : open()을 사용하기 위한 헤더

05행 : ioctl()을 사용하기 위한 헤더

06행 : read(), write(), close()를 사용하기 위한 헤더

08행 : 프로그램에서 사용할 가상 문자 디바이스 파일 이름

10~30행 : 주 프로그램

12행 : open()을 수행 후 반환된 파일 기술자를 저장하기 위한 변수

13~14행 : write()와 read()에 사용할 값

15행 : 명령행 인자로 주어진 숫자 문자를 숫자 값으로 변환한다.

17행 : 문자 디바이스 파일을 읽기/쓰기가 가능하고 비블록킹 모드로 연다.

18행 : 디바이스 파일이 정상적으로 열렸는지 확인한다.

19행 : 디바이스 파일을 열었다고 메시지를 출력한다.

20행 : 명령행 인자값을 디바이스 드라이버에게 전달하며 chr_ioctl()에서 처리하게 한다.

21행 : 출력 메시지를 디바이스 파일을 통해 디바이스 드라이버에게 전달한다.

22행 : 출력 메시지를 확인한다.

23행 : 입력 메시지를 디바이스 파일을 통해 디바이스 드라이버에게 전달한다.

24행 : 입력 메시지를 확인한다.

27행 : 디바이스 파일을 열지 못했을 때 출력한다.

29행 : 정상 종료시 0을 반환한다.

4. 응용 프로그램을 타깃 시스템용으로 교차 컴파일한다.

```
root@hybus:/home/newboder/X-Hyper320TKU/WENDERS_2nd_BETA_v1_0/ex...
[root@hybus chr_dev]#
[root@hybus chr_dev]#
[root@hybus chr_dev]# ls
Makefile  chr_appl.c  chr_dev.c  chr_dev.ko  chr_dev.mod.c  chr_dev.mod.o  chr_dev.o
[root@hybus chr_dev]# /usr/local/arm-linux-4.1.1/bin/arm-linux-gcc -o chr_appl chr_appl.c
[root@hybus chr_dev]# ls
Makefile  chr_appl.c  chr_dev.ko     chr_dev.mod.o
chr_appl  chr_dev.c   chr_dev.mod.c  chr_dev.o
[root@hybus chr_dev]#
[영어][완성][두벌식]
```

[그림 4-9] 가상 디바이스를 사용하는 응용 프로그램의 교차 컴파일

5. 디바이스 드라이버 모듈 chr_dev.ko 파일과 컴파일한 응용 프로그램 chr_appl을 타깃 시스템으로 전송한다.
6. 생성된 디바이스 드라이버 모듈을 적재하고 적재 여부를 확인한다.

```
Tera Term - COM3 VT
File  Edit  Setup  Control  Window  Help
[root@WENDERS chr]#
[root@WENDERS chr]#
[root@WENDERS chr]# ls
chr_appl     chr_dev.ko
[root@WENDERS chr]# insmod chr_dev.ko
Using chr_dev.ko
[root@WENDERS chr]# cat /proc/devices | grep chr_dev
240 chr_dev
[root@WENDERS chr]#
```

[그림 4-10] 적재된 디바이스 드라이버 확인

① 디바이스 드라이버 모듈을 커널에 적재하고 출력되는 메시지를 관찰한다.

② 적재된 디바이스 드라이버를 lsmod 명령으로 확인한다.

7. 응용 프로그램과 디바이스 드라이버를 연결시킬 디바이스 파일을 만들고 확인한다.

```
Tera Term - COM3 VT
File  Edit  Setup  Control  Window  Help
[root@WENDERS chr]#
[root@WENDERS chr]#
[root@WENDERS chr]#
[root@WENDERS chr]#
[root@WENDERS chr]#
[root@WENDERS chr]#
[root@WENDERS chr]# mknod /dev/chr_dev c 240 0
[root@WENDERS chr]# ls -all /dev/chr_dev
crw-r--r--    1 root     root     240,   0 Feb 13 18:02 /dev/chr_dev
[root@WENDERS chr]#
```

[그림 4-11] 디바이스 파일의 생성과 확인

8. 명령행 인자를 사용해 응용 프로그램을 실행하고 모듈을 제거한다.

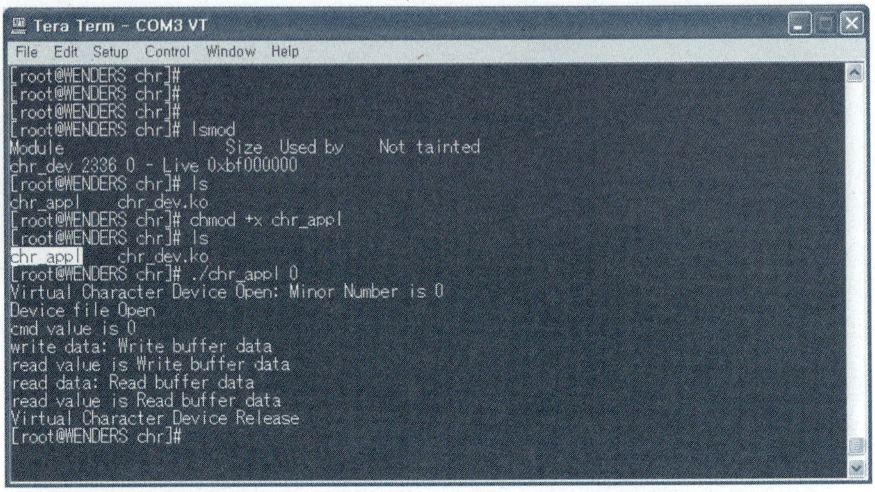

[그림 4-12] 응용 프로그램 실행 및 모듈 제거

① 응용 프로그램을 실행한다. 출력되는 부번호와 디바이스 파일의 부번호가 모두 0으로 일치함을 확인한다. 출력 메시지를 확인하고 디바이스 드라이버 모듈의 동작 과정을 살펴본다.

② 모듈을 커널에서 제거한다.

4.7 블록 디바이스와 네트워크 디바이스

1. 블록 디바이스

블록 디바이스는 버퍼 캐시를 통해 임의 접근이 가능한 장치로써 블록 단위로 입출력하며, 파일시스템을 구축할 수 있다. 블록 디바이스 드라이버는 주번호로 구별되며, 문자 디바이스 드라이버와는 별개로 관리되므로 문자 디바이스 드라이버와는 주번호가 중첩되어도 관계 없다. 파일시스템은 버퍼 캐시를 통해서 블록 디바이스 접근한다. 버퍼 캐시를 통한 작업은 일반적인 읽기/쓰기 동작과는 다르다. 버퍼 캐시를 통해 읽기/쓰기 동작을 효율적으로 수행하기 위해 요구 큐를 사용하기 때문에 추가적인 구조체 request_queue, gendisk, spin_lock_t 등이 필요하다. 인터럽트 처리가 필요 없는 블록 디바이스의 경우 spin_lock_t 없이 make_request() 함수를 구현한다.

인터럽트 처리를 기반으로 하는 블록 디바이스는 request() 함수 방식으로 구현해야 한다. 블록 디바이스를 관리하기 위하여 블록의 크기, 섹터의 크기, 전체 크기 등과 같은 별도의 전역 변수가 필요하다.

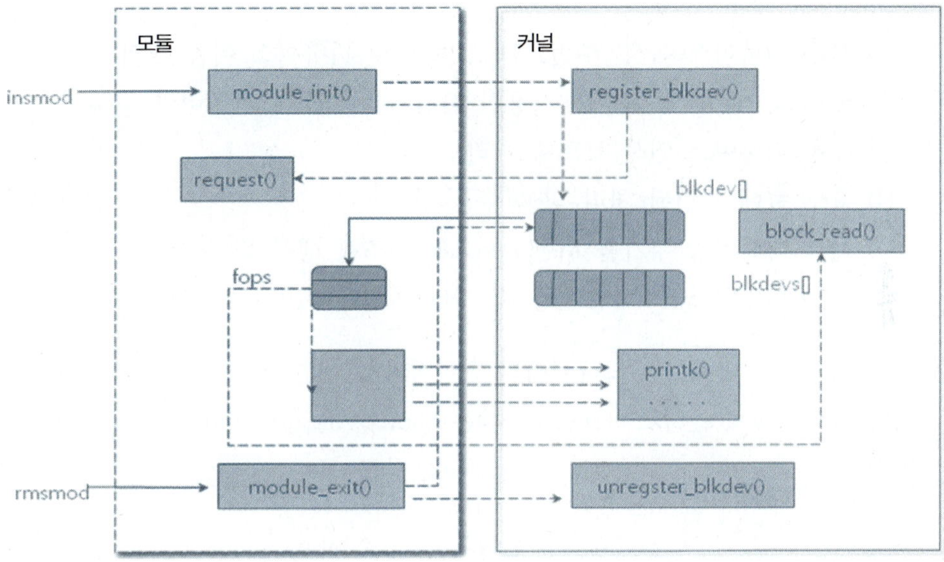

[그림 4-13] 블록 디바이스 드라이버 모듈과 커널

1) 블록 디바이스 연산

응용 프로그램과 블록 디바이스 드라이버는 문자 디바이스 드라이버와 마찬가지로 디바이스 파일 인터페이스를 통해 접근된다. 따라서 응용 프로그램이 문자 디바이스처럼 블록 디바이스에 접근할 수 있고, 또한 한 번에 전송할 수 있는 바이트 수도 제한이 없다. 응용 프로그램 입장에서는 문자 디바이스와 블록 디바이스가 차이가 없지만 커널이 내부적으로 데이터를 관리하는 인터페이스는 완전히 다르다. 특히 파일 연산 중 ioctl() 함수는 크게 다르다. 블록 디바이스 드라이버가 지원할 것으로 예상되는 많은 공통 IOCTL 명령이 있으며 대부분은 반드시 지원해야 한다.

블록 디바이스를 관리하기 위하여 다양한 전역 변수가 필요하다. 디바이스의 크기를 섹터의 개수로 반환하는 BLKGETSIZE, 버퍼 캐시를 플러시(flush)하는 BLKFLSBUF, 미리 하는 BLKRASET, 블록 디바이스 장치의 읽기 전용 플래그를 얻어오는 BLKROGET, 변경하는 BLKROSET, 파티션이 있는 장치에서 파티션 테이블을 다시 읽어오는 BLKRRPART, 하드디스크의 구조를 읽어오는 HDIO_ GETGEO가 있다.

2) 블록 디바이스 드라이버 작성

블록 디바이스 드라이버를 작성하기 위해 다음 내용을 처리해야 한다.

① 블록 디바이스 특성, 주번호와 부번호 및 디바이스 이름 정의
② register_blkdev() 함수를 사용한 블록 디바이스 드라이버의 등록
③ 블록 디바이스 연산 구조체 처리
④ 요구 큐에 관련된 처리 및 함수를 선언
⑤ 블록 디바이스 추가를 위한 gendisk 구조체 생성 및 등록
⑥ 블록 디바이스의 크기 설정 및 기타 속성을 처리

다음은 블록 디바이스 드라이버의 전형적인 block_device_operations 구조체 선언이다. block_device_operations 구조체는 〈linux〉/include/linux/fs.h 파일에 정의되어 있다.

```
struct    block_device_operations                    blkdevice_fops = {
                    .owner     = THIS_MODULE,
                    .open      = block_open,         /* open */
                    .release   = block_release,      /* release */
                    .ioctl     = block_ioctl         /* input output control */
}
```

블록 디바이스는 미디어가 변경될 수 있다. 미디어의 변경 여부를 조사하기 위하여 media_changed라는 변수가 block_device_operations 구조체에 정의되어 있다. 미디어의 변경 여부에 따라 1 혹은 0을 반환한다. 또한 revalidate_disk라는 변수는 미디어가 변경된 경우 호출되는 함수다.

2. 네트워크 디바이스

네크워크 디바이스는 네트워크 통신을 통해 네트워크 패킷을 송신 및 수신할 수 있는 장치를 말하며, Ethernet, PPP, Slip, ATM, NIC(Network Interface Card) 등이 있다. 네크워크 디바이스의 종류만큼 네트워크 디바이스 드라이버는 다양하다.

1) 네트워크 스택과 네트워크 디바이스 드라이버

리눅스는 네트워크를 지원하기 위하여 [그림 4-14]와 같은 네트워크 스택이라는 프로토콜 계층과 네트워크 디바이스 드라이버 계층이 있다. 네트워크 스택은 네트워크 응용 프로그램과 네트워크 디바이스 드라이버 사이에 위치하여 TCP/IP 등을 포함한 다양한 통신 프로토콜을 지원한다. 네트워크 디바이스 드라이버는 네트워크 스택과 네트워크 하드웨어 사이에 위치하며 데이터의 송신 및 수신을 담당하는 커널 프로그램으로 하드웨어와 밀접한 관계를 가진다.

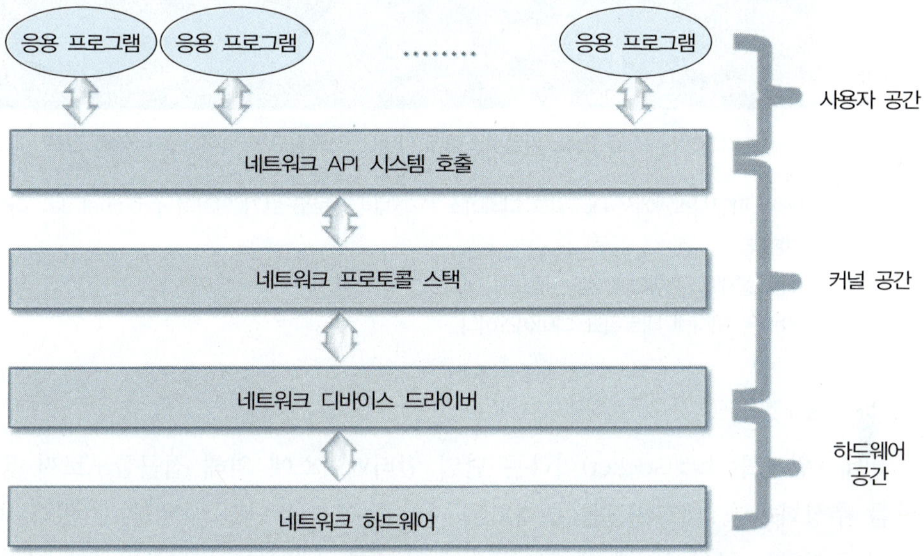

[그림 4-14] 네트워크 프로토콜 스택과 네트워크 디바이스 드라이버

2) 등록된 네트워크 디바이스 드라이버

커널 부팅이 끝나면 네트워크 디바이스 드라이버가 커널에 포함되거나 모듈 형태로 존재한다. 단지 네트워크 디바이스를 처리하는 구조체가 커널에 등록된 상태일 뿐 아직 동작할 수 있도록 초기화된 상태는 아니다. 그러나 Proc 파일시스템을 살펴보면 현재 등록된 네트워크 디바이스 드라이버에 대한 정보를 파악할 수 있다.

[실습 4-4] **등록된 네트워크 디바이스 드라이버의 정보보기**

1. Proc 파일시스템에서 커널에 등록된 디바이스 드라이버 정보를 살펴보자.

```
root@hybus:~
[root@hybus root]#
[root@hybus root]# cat /proc/net/dev
Inter-|   Receive                                                |  Transmit
 face |bytes    packets errs drop fifo frame compressed multicast|bytes    packets
errs drop fifo colls carrier compressed
    lo:50594836  190327    0    0    0     0          0         0 50594836  190327
   0    0    0     0       0          0
  eth0:27784970  251697    0    0    0     0          0         0 210894437  216599
    0    0    0     0       0          0
  eth1:        0        0    0    0    0     0          0         0        0        0
   0    0    0     0       0          0
[root@hybus root]# 
[영어][완성][두벌식]
```

[그림 4-15] Proc 파일시스템에 나타난 네트워크 디바이스 드라이버 정보

① Proc 파일시스템에서 네트워크 디바이스 드라이버 정보를 보기 위하여 /proc/net/dev 디렉토리를 살펴본다.

② lo는 실제로 존재하지 않는 루프백 네트워크 디바이스이다.

③ eth0은 이더넷 네트워크 디바이스이다.

(1) 소 켓

네트워크를 소켓(socket)이라는 단일 인터페이스에 의해 접근함으로써 통신 요소를 추상화한다. 네트워크를 초기화해 다양한 통신 수단을 사용할 수 있다. 네트워크의 초기화는 파일시스템 체제로 통신을 수행할 수 있도록 하는 것이다. 송수신을 위해 하나의 연결이 생성되는 것은 하나의 파일을 등록하고 초기화하여 파일 연산을 수행하는 것과 같다. 파일 연산의 module_init()와 open()과 같은 과정은 소켓의 socket()과 bind() 함수를 수행하는 것에 해당한다.

(2) 어소시에이션

소켓 프로그램에 있어서 로컬 호스트에서 실행되는 프로세스와 원격 호스트에서 실행되는 프로세스간에 데이터를 교환하기 위해 요구되는 정보다. 프로토콜 식별자, 로컬 인터넷 주소, 로컬 포트 번호, 원격 인터넷 주소, 원격 포트 번호로 구성된다.

(3) 파일시스템과 소켓의 관계

파일시스템에서는 파일을 식별하기 위해서 파일 기술자를 사용한다. 소켓은 하나의 커넥션 혹은 어소시에이션(association)을 식별하기 위한 수단으로 전체 16바이트로 구성된 데이터 구조체로 존재한다. 파일시스템에는 파일 기술자와 연결되고, TCP/IP에서는 포트 번호와 IP주소에 할당된다. 사용자에게 간편함을 제공하기 위한 커넥션을 하나의 파일 기술자와 연결한다. 그러므로 사용자는 통신 과정을 일반 파일처럼 사용할 수 있다.

3) 네트워크 디바이스 드라이버 작성

네트워크 디바이스 드라이버를 작성하기 위해서는 다음과 같은 내용을 구현해야 한다.

① 모듈 적재 혹은 커널 부팅에 의한 초기화 처리
② 모듈 제거를 위한 마무리 처리
③ 네트워크 디바이스 검출
④ 네트워크 디바이스 초기화 및 등록
⑤ 네트워크 디바이스 열기 및 닫기
⑥ 네트워크 데이터 전송 및 수신
⑦ 인터럽트 처리
⑧ 네트워크 디바이스 제어를 위한 ioctl() 함수 구현
⑨ 멀티 캐스트 처리
⑩ 설정 정보의 재설정 처리

제 5 장

임베디드 시스템의 디바이스 드라이버

5.1 Frame Buffer(TFT LCD)

1) PXA320 프로세서 LCD Controller

① Passive(DSTN), active(TFT) support

② Pixel Format 2, 4, 8, 16, 18 and 24bits per pixel in RGB support

③ X-Hyper320TKU support for display sizes up to 800×480 pixels

2) LCD 신호 기능

〈표 5-1〉 LCD 신호 기능

신호 이름	입·출력 형태	기능 설명
LDD〈17:0〉	양방향	데이터라인은 LCD 디스플레이 모듈에 4, 8, 16 혹은 18 데이터 값을 전송한다. LDD〈7:0〉들은 내부 프레임 버퍼의 패널로부터 읽는 동안에 입력 데이터베이스로서 사용한다.
L_PCLK_WR	출력	픽셀 클록은 라인시프트 레지스터에서 LCD 디스플레이 모듈의 픽셀 데이터 클록을 위해서 사용된다. 수동(passive) 모드에서 픽셀 클록은 데이터핀에서 데이터가 가능할 때 토글한다. 능동(active) 모드에서 픽셀 클록은 연속적으로 토글한다. 그리고 AC바이어스 핀은 데이터가 LCD 핀상에 유효할 때 신호의 출력으로서 사용된다. 내부 프레임 버퍼를 갖은 LCD 패널에 쓰기 위하여 이 신호를 쓴다.
L_LCLK_A0	출력	시프트 레지스터로부터 스크린까지 라인데이터를 전송하고 라인포인터의 증가는 픽셀 라인 끝의 신호를 LCD 디스플레이 모듈로서 라인클록을 사용한다. 또한 이 신호는 수평 동기신호로서 TFT 디스플레이의 동작하는데 사용한다. 디스플레이 동작을 위하여 이 신호는 수평 동기신호나 "HSYNC"로서 제공된다.
L_FCLK_RD	출력	스크린 상위에 라인포인터를 재설정함으로써 픽셀의 새로운 프레임이 시작하는 신호로서 프레임 클록은 LCD 디스플레이 모듈에 사용된다. 또한 이 신호는 수직 동기신호(TFT)로 디스플레이 모듈을 동작시키는데 사용된다. 디스플레이 동작을 위하여 이 신호는 또한 수직 동기신호나 "VSYNC"로써 제공된다.
L_BIAS	출력	전원의 극성을 변경하기 위하여 LCD 디스플레이 모듈 신호인 AC 바이어스는 DC 옵셋을 반대로 동작시키기 위하여 스크린이 가로와 세로축에 제공된다. (TFT)의 동작 모드에서 픽셀 클록에 사용하는 데이터 핀으로부터 데이터가 대치될 때 가능한 이 신호는 출력으로써 사용된다.
L_CS	출력	내부 프레임 버퍼를 가진 LCD 패널을 위하여 이 핀은 칩 선택 신호로써 사용된다.
L_VSYNC	입력	내부 프레임 버퍼를 가진 LCD 패널로부터 동기신호를 재생한다.

Frame Buffer는 화면이 표시할 한 화면 분량의 화상정보를 일시적으로 저장하기 위해 사용되는 기억장치이다.

임베디드 시스템에서는 SDRAM의 한 부분을 FrameBuffer 영역으로 사용한다.

LCD Controller는 DMA를 이용하여 Frame Buffer의 내용을 주기적으로 LCD에 전달한다. 임베디드 시스템에서 사용하는 Display 장치는 TFT-LCD 16bit(800 × 480)이다.

PXA320에 관련된 부분은 drivers/video/pxafb.c이다.

(1) 디바이스 드라이버 소스(Device Driver source)

실제 사용하는 LCD에 관한 설정은 arch/arm/mach-pxa/wenders.c에 있다.

```
drivers/video/fbcon.c Low level operations for display
drivers/video/fbmem.c Initialize frame buffer
drivers/video/pxa.c PXA320 LCD controller Frame buffer driver
drivers/video/logo/logo_xhyper320_clut224.c linux booting logo for X-Hyper320-TKU
arch/arm/mach-pxa/wenders.c Initialize TFT LCD Timing
```

(2) 디바이스 노드(Device Node)

```
/dev/fb0 frame buffer Node
```

(3) 커널 구성(Kernel configuration)

```
Graphics support --->
<*> Support for frame buffer devices
[*] Enable Video Mode Handling Helpers
<*> PXA2xx/PXA3xx Processor LCD framebuffer support
<*> LCD overlay support
Console display driver support --->
<*> Framebuffer Console support
[*] Select compiled-in fonts
[*] VGA 8x16 font
Logo configuration --->
[*] Bootup logo
[*] XHYPER320 TKU Linux logo
```

(4) LCD 제어기 제어 레지스터 값(Controller Control Register Value)

```
static struct pxafb_mach_info chunghwa_claa070 __initdata = {
.pixclock = 270000,
.xres = 800,
.yres = 480,
.bpp = 16,
.hsync_len = 0x3,
.left_margin = 0x32,
.right_margin = 0x32,
//.vsync_len = 0x3,
.vsync_len = 0x11,
.upper_margin = 0x5,
.lower_margin = 0,
.sync = FB_SYNC_HOR_HIGH_ACT|FB_SYNC_VERT_HIGH_ACT,
.lccr0 = LCCR0_Act,
.lccr3 = 0x04400006,
.pxafb_backlight_power = xhyper320tku_backlight_power,
.pxafb_lcd_power = NULL,
};
```

(5) 플랫폼 디바이스 셋업(Platform Device Setup)

```
static struct resource pxafb_resources[] = {
[0] = {
.start = 0x44000000,
.end = 0x4400ffff,
.flags = IORESOURCE_MEM,
},
[1] = {
.start = IRQ_LCD,
 .end = IRQ_LCD,
.flags = IORESOURCE_IRQ,
},
};

static u64 fb_dma_mask = ~(u64)0;
static struct platform_device pxafb_device = {
.name = "pxa2xx-fb",
.id = -1,
.dev = {
.platform_data = &pxa_fb_info,
.dma_mask = &fb_dma_mask,
```

```
.coherent_dma_mask = 0xffffffff,
},
.num_resources = ARRAY_SIZE(pxafb_resources),
.resource = pxafb_resources,
};
```

5.2 Ethernet

1. DM 9000

임베디드 시스템(X-Hyper320TKU)에서는 100Base-T Ethernet chip인 dm9000를 사용한다. 이를 위한 Memory map은 arch/arm/mach-pxa/wenders.c에서 설정한다.

(1) 가상 메모리 설정(Vitual Memory Setting)

```
{ 0xF0100000, 0x10100000, 0x00100000, MT_DEVICE }, /* DM9000-1 */
{ 0xF0200000, 0x10200000, 0x00100000, MT_DEVICE }, /* DM9000-2 */
```

(2) 디바이스 드라이버 소스(Device Driver Source)

이더넷(Ethernet) 드라이버는 dm9000.c이고 등록은 arch/arm/mach-pxa/wenders.c에서 행해진다.

```
drivers/net/dm9000.c dm9000 ethernet driver source
drivers/net/dm9000.h dm9000 ethernet driver header
```

(3) 커널 구성(Kernel configuration)

```
Network device support --->
[*] Network device support
[*] Ethernet (10 or 100Mbit)
<*> DM9000 support
```

2. 블록도

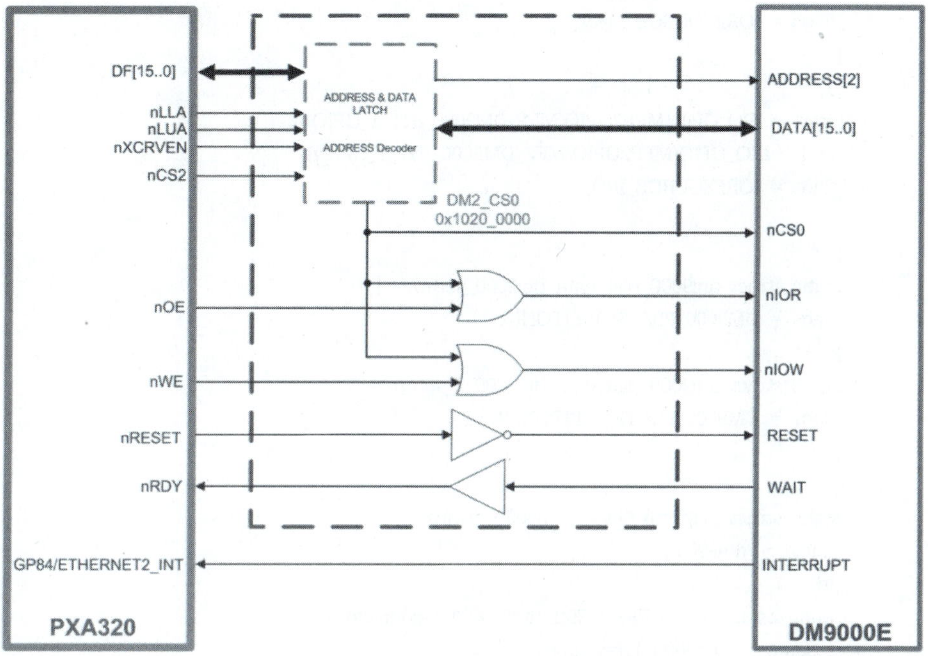

현재 DM1 포트는 eth0, DM2 포트는 eth1로 사용할 수 있다.

(1) 플랫폼 디바이스 설정(Platform Device Setup)

```
static struct resource dm9000_0_resources[] = {
[0] = {
.start = (XHYPER320TKU_ETH0_BASE + 0x300),
.end = (XHYPER320TKU_ETH0_BASE + 0xfffff),
.flags = IORESOURCE_MEM,
},
[1] = {
.start  = IRQ_GPIO(MFP2GPIO(MFP_DM9000_INT_0_GPIO)),
.end = IRQ_GPIO(MFP2GPIO(MFP_DM9000_INT_0_GPIO)),
.flags  = IORESOURCE_IRQ,
}
};

static struct resource dm9000_1_resources[] = {
[0] = {
```

```
.start = (XHYPER320TKU_ETH1_BASE + 0x300),
.end = (XHYPER320TKU_ETH1_BASE + 0xfffff),
.flags = IORESOURCE_MEM,
},
[1] = {
.start = IRQ_GPIO(MFP2GPIO(MFP_DM9000_INT_1_GPIO)),
.end = IRQ_GPIO(MFP2GPIO(MFP_DM9000_INT_1_GPIO)),
.flags = IORESOURCE_IRQ,
}
};
static struct dm9000_plat_data dm9000_setup = {
.flags = DM9000_PLATF_16BITONLY
};
static struct dm9000_plat_data dm9000_2_setup = {
.flags = DM9000_PLATF_16BITONLY
};

static struct platform_device dm9000_device_1 = {
.name = "dm9000",
.id = 1,
.num_resources = ARRAY_SIZE(dm9000_1_resources),
.resource = dm9000_1_resources,
.dev = {
.platform_data = &dm9000_2_setup,
}

};

static struct platform_device dm9000_device_0 = {
.name = "dm9000",
.id = 0,
.num_resources = ARRAY_SIZE(dm9000_0_resources),
.resource = dm9000_0_resources,
.dev = {
.platform_data = &dm9000_setup,
}

};
```

5.3 Sound

PXA320은 AC97 Controller Unit(ACUNIT)를 내장하고 있다. ACUNIT는 audio controller link(AC-link)를 지원한다. 이는 digital audio, modem, Mic-in, register control, status information을 전송할 때 serial interface를 사용한다.

Audio Codec으로는 WM9712를 사용한다.

(1) 코텍을 위한 외부 인터페이스

이 름	형태	기능 설명
AC86_RESET_n	Output	Active-low Codec reset. The Codec's registers are reset when AC97_RESET_n is asserted.
AC97_BITCLK	Input	12.288MHz bit-rate clock
AC97_SYNC	Output	48kHz frame indicator and synchhronizer
AC97_SDATA_OUT	Output	Serial audio output data to Codec for digital-to-analog conversion
AC97_SDATA_IN_0	Input	Serial audion input data from primary Codec
AC97_SDATA_IN_1	Input	Serial audion input data from secondary Codec
AC97_SYSCLK	Output	Optional 24.576MHz clock output

(2) 디바이스 드라이버 소스(Device Driver Source)

```
sound/arm/pxa-ac97.c AC97 interface for Xhyper320
sound/arm/snd-pxa2xx-pcm.c audio interface for Xhyper320
```

(3) 디바이스 노드(Device Node)

```
/dev/dsp audio input, audio output
/dev/mixer control of volume, sampling rates, bass, treble, etc
```

(4) 커널 구성(Kernel Configuration)

```
Sound --->
<*> Sound card support
Advanced Linux Sound Architecture  --->
```

```
<*> Advanced Linux Sound Architecture
<*> OSSMixerAPI
<*> OSSPCM(digitalaudio)API
ALSA ARM devices --->
<*> AC97 driver for the Intel PXA2xx chip
```

(5) 테스트(Test)

```
Record :
[root@Xhyper ~]# cd /tmp
[root@Xhyper /tmp]# cat /dev/dsp > test.wav

Play :
[root@Xhyper /tmp]# cat test.wav > /dev/dsp

Loop back:
[root@Xhyper ~]# cat /dev/dsp > /dev/dsp
Loop back은 오디오 버퍼에 데이터를 저장하는 시간이 있기 때문에 1초정도의 지연이 있을 수 있다.
```

5.4 UARTs

PXA320은 3개의 UARTs를 지원한다.

Full Function UART(FFUART), Bluetooth UART(BTUART), Standard UART(STUART).

추가로 16C554A를 확장하여 4Port를 추가하였다.

UART 정의는 다음과 같다.

Port	Signals	Level	UART Name	Part Name
COM1(ttyS0)	Rx/Tx	RS232	FFUART	DEBUG1
COM2(ttyS1)	Rx/Tx	RS232	BTUART	Not used
COM3(ttyS2)	Full Function	TTL	EXT A	CON2
COM4(ttyS3)	Full Function	TTL	EXT B	CON3
COM5(ttyS4)	Full Function	RS232	EXT C	J8
COM6(ttyS5)	Full Function	RS232	EXT D	J9
COM7(ttyS6)	Rx/Tx	TTL	STUART	

(1) 디바이스 노드(Device Node)

```
/dev/ttyS0 FFUART(main serial console)
/dev/ttyS1 BTUART(extra serial)
/dev/ttyS2 16C554 A
/dev/ttyS3 16C554 B
/dev/ttyS4 16C554 C
/dev/ttyS5 16C554 D
/dev/ttyS6
```

(2) 디바이스 드라이버 소스(Device Driver Source)

```
drivers/serial/pxa.c PXA320 Serial Function Device Driver
drivers/serial/serial_core.c   Serial Core Device Driver
```

(3) 커널 구성(Kernel Configuration)

```
Character devices --->
Serial drivers --->
[*] PXA2xx/PXA3xx Processor serial port support
[*] Console on PXA2xx/3xx Processor serial port
```

(4) 플랫폼 디바이스 설정(Platform Device Setup)

```
static struct platform_device ffuart_device = {
.name = "pxa2xx-uart",
```

```
.id = 0,
};
static struct platform_device btuart_device = {
.name = "pxa2xx-uart",
.id = 1,
};
static struct platform_device stuart_device = {
.name = "pxa2xx-uart",
.id = 2,
};
```

5.5 USB Slave

PXA320에서 지원하는 USB Slave를 이용하여 USB-Ethernet을 사용하는 방법을 기술한다.

Test 환경은 배포판 Asianux이다. 그 이하 버전은 따로 Host PC의 커널 패치가 필요하다. 이는 다른 매뉴얼을 참고하기 바란다.

1. 커널 구성(Kernel Configuration)

```
USB support --->
USB Gadget Support --->
<*> Support for USB Gadgets
USB Peripheral Controller (PXA3xx Processor USB 1.1 controller)  --->
<*> USB Gadget Drivers (Ethernet Gadget (with CDC Ethernet support)) --->
[*] RNDIS support (EXPERIMENTAL) (NEW)
```

2. USB 네트워크 설정(USB Network Setting)

Host PC IP(usb0) : 10.0.0.1, X-HYPER320TKU IP(usb0) : 10.0.0.2

1) 타깃 보드

```
[root@xhyper ~]# ifconfig usb0 10.0.0.2
```

위와 같이 설정한 후 USB Cable을 연결하면 Host PC에서 다음과 같이 메시지가 나오며 호스트 PC(Host PC)의 메시지는 다음과 같다.

```
#tail -f /var/log/message
Apr 8 15:43:01kernel:usb.c:registerednewdriverusbnet
Apr 8 16:24:58kernel:usb0:registerusbnet001/005,LinuxDevice
Apr 8 16:24:59kernel:NET4:LinuxIPX0.46forNET4.0
Apr 8 16:24:59kernel:IPXPortionsCopyright(c)1995Caldera,
Apr 8 16:24:59kernel:NET4:AppleTalk0.18aforLinuxNET4.0
```

이는 배포판마다 차이가 있으니 참고하기 바란다.
연결 후 ifconfig -a를 실행하면 usb0 장치가 생성된 것을 알 수 있다.

2) 호스트 PC

```
[root@xhyper ~]# ifconfig usb0 10.0.0.1
```


IP를 부여한 후 타깃 보드(Target Board)와 통신이 가능하다.

5.6 USB Host

PXA320은 USB 1.1 Host Controller를 지원한다.

1. USB 특징

① USB Rev. 1.1 호환성
② 저속과 고속 제공
③ OHCI(Open Host Controller Interface) Rev 1.0a 호환성

2. 신호 설명(Sgnal Descriptions)

신호 이름	형태	기능 설명
USBHPWR〈3:1〉	Input	Over-current indicator from ports 3, 2 and 1
USBH_P〈3:1〉	Inout	Data positive to ports 3, 2 and 1
USBH_N〈3:1〉	Inout	Data minus to ports 3, 2 and 1
USBHOPEN〈3:1〉	Output	Controls power to the USB ports

3. 디바이스 드라이버 소스(Device Driver Source)

```
drivers/usb/host/ohci-hcd.c OHCI Hosr Contoller Driver
drivers/usb/host/ohci-pxa3xx.c PXA320 OHCI Function Driver
```

4. 커널 구성(USB 호스트 제어기)

```
USB support --->
<*> Support for Host-side USB
[*] USB device filesystem
<*> OHCI HCD support
```

5. USB 디바이스 테스트

1) USB 대용량 저장장치

USB Mass Storage는 SCSI device로 emulation된다. 그러므로 SCSI support를 enable해주어야 한다.

```
SCSI device support --->
[*] legacy /proc/scsi/ support
<*> SCSI disk support
USB support --->
<*> USB Mass Storage support
```

위와 같이 Kernel 설정을 한 후 컴파일하여 새로운 Kernel을 올린다.

(1) 파티션 설정

```
[root@Xhyper /root]# fdisk /dev/sda
```

(2) 마운트

```
[root@Xhyper /root]# mkdir /mnt/usb
[root@Xhyper /root]# mount /dev/sda1 /mnt/usb
```

2) USB 키보드

USB Keyboard의 설정은 다음과 같다.

```
Input device support --->
[*] Keyboards
USB support --->
<*> USB Human Interface Device (full HID) support
[*] HID input layer support
```

위와 같이 Kernel을 설정한 후 컴파일하여 새로운 Kernel을 올린다.

3) USB Mouse

USB Mouse의 설정은 다음과 같다.

```
Input device support --->
(1024) Horizontal screen resolution
(768) Vertical screen resolution
USB support --->
<*> USB Human Interface Device (full HID) support
[*] HID input layer support
```

위와 같이 Kernel을 설정한 후 컴파일하여 새로운 Kernel을 올린다.

5.7 MMC/SD/SDIO

MMC/SD/SDIO Controller는 표준 memory card와의 serial interface를 제공한다. Controller는 MMC나 SPI mode로 최대 2개의 카드를 지원한다. MMC controller는 memory로부터 DMA access를 지원하는 FIFO를 포함한다.

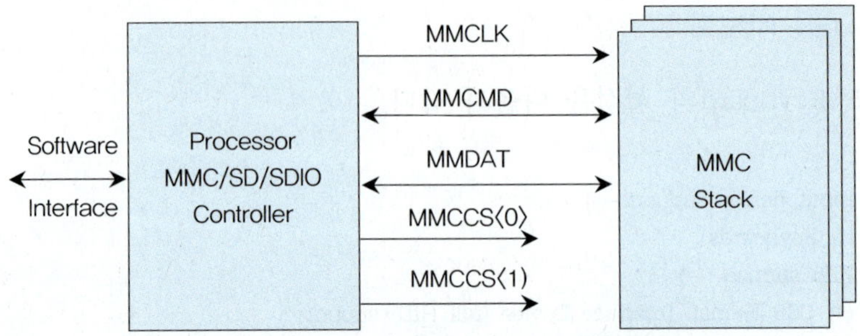

[그림 5-1] MMC(MMC Protocol) System Interaction

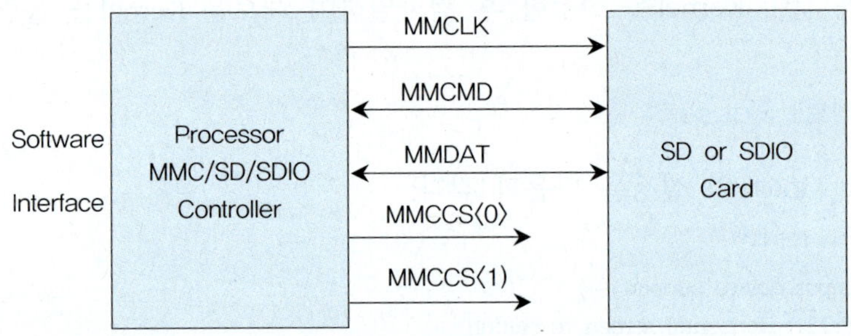

[그림 5-2] SD/SDIO(SD or SDIO Protocol) System Interaction

(1) 디바이스 드라이버 소스(Device Driver Source)

```
drivers/mmc/mhn_controller.c MMC subsystem core implementation
drivers/mmc/mmc_prot.c Driver for PXA32X MMC controller
drivers/mmc/mss_block.c Driver for the block device on the MMC
```

(2) 디바이스 노드(Device Node)

```
/dev/mmc MMC node
/dev/mmc1 MMC partition 1
/dev/mmc2 MMC partition 2
/dev/mmc3 MMC partition 3
```

(3) 커널 구성(Kernel Configuration)

```
MMC/SD Card support ---〉
〈*〉 MMC support
〈*〉 MMC block device driver
〈*〉 MMC protocol
〈*〉 Zylonite Multimedia Card Interface support
```

(4) MMC 파티션 설정(MMC Partition Setting)

```
[root@xhyper /root]# fdisk /dev/mmc
The number of cylinders for this disk is set to 31360.
There is nothing wrong with that, but this is larger than 1024,
and could in certain setups cause problems with:
1) software that runs at boot time (e.g., old versions of LILO)
2) booting and partitioning software from other OSs (e.g., DOS FDISK, OS/2 FDISK)

Command (m for help):p
Disk /dev/mmcda: 1 heads, 1 sectors, 31360 cylinders
Units = cylinders of 1 * 512 bytes

Device Boot Start End Blocks Id System
/dev/mmc123136015679+83 Linux

/* 이미 파티션이 잡혀 있다면 이를 지워준다. */
Command (m for help): d
Partition number (1-4): 1
Command (m for help): p

Disk /dev/mmcda: 1 heads, 1 sectors, 31360 cylinders
Units = cylinders of 1 * 512 bytes

Device Boot Start End Blocks Id System

Command (m for help):
/* 파티션을 잡아준다. */
Command (m for help): n
Command action
e extended
p primary partition (1-4)
p
Partition number (1-4): 1
First cylinder (2-31360, default 2):
Using default value 2
Last cylinder or +size or +sizeM or +sizeK (2-31360, default 31360):
Using default value 31360

Command (m for help): p

Disk /dev/mmcda: 1 heads, 1 sectors, 31360 cylinders
Units = cylinders of 1 * 512 bytes
```

```
Device Boot Start End Blocks Id System
/dev/mmcda123136015679+ 83 Linux

Command (m for help):

/* 파티션을 저장하고 빠져 나온다.
Command (m for help): w
The partition table has been altered!

Calling ioctl() to re-read partition table.

WARNING: If you have created or modified any DOS 6.x
partitions, please see the fdisk manual page for additional
information.
```

(5) MMC 포맷(MMC Format)

```
[root@xhyper /root]# mkfs.ext2 /dev/mmc1
mke2fs 1.19, 13-Jul-2000forEXT2FS0.5b,95/08/09
Filesystem label=
OS type: Linux
Block size=1024 (log=0)
Fragment size=1024 (log=0)
3920 inodes, 15679 blocks
783 blocks (4.99%) reserved for the super user
First data block=1
2 block groups
8192 blocks per group, 8192 fragments per group
1960 inodes per group
Superblock backups stored on blocks: 8193
Writing inode tables: done
Writing superblocks and filesystem accounting information:
[root@xhyper /root]#
```

(6) MMC 마운트(MMC Mount)

```
[root@xhyper /root]# mount /dev/mmc1 /media/mmc/
[root@xhyper /root]# df
Filesystem 1k-blocks Used Available Use% Mounted on
/dev/root 30976 20788 10188 68% /
/dev/mmc1151801314384 1% /media/mmc
```

```
[root@xhyper /root]# mount
/dev/root on / type jffs2 (rw)
ramfs on /etc/tmp type ramfs (rw)
ramfs on /etc/var type ramfs (rw)
ramfs on /root type ramfs (rw)
/proc on /proc type proc (rw)
none on /dev/pts type devpts (rw)
/dev/mmc1 on /media/mmc type ext2 (rw)
```


5.8 RTC

임베디드 시스템(X-Hyper320TKU)에서 외부 RTC 칩으로 RTC4513을 사용한다.

RTC4513은 Deivce Driver로 접근하는 것이 아니고, Kernel Time과 동기화를 시키기 위해 커널소스에 직접 포함되어 있다.

1. 소스(Source)

```
arch/arm/mach-pxa/rtc4513.c
arch/arm/mach-pxa/wenders.c
```

2. 테스트(Test)

```
[root@xhyper ~]# date 2007.11.8-18:14:00
Tue Nov  8 18:14:00UTC2007
[root@xhyper ~]#
```

위와 같이 설정한 후 보드를 껐다 켜도 현재의 시간이 저장되어 있다.

5.9 Touch

1. 소스(Source)

drivers/input/touchscreen/pxa.c

Touch는 외부 칩셋이 아닌 내부 컨트롤러를 사용하며 tslib를 이용하기 위해 event 디바이스로 등록하여 사용한다.

2. 블록도

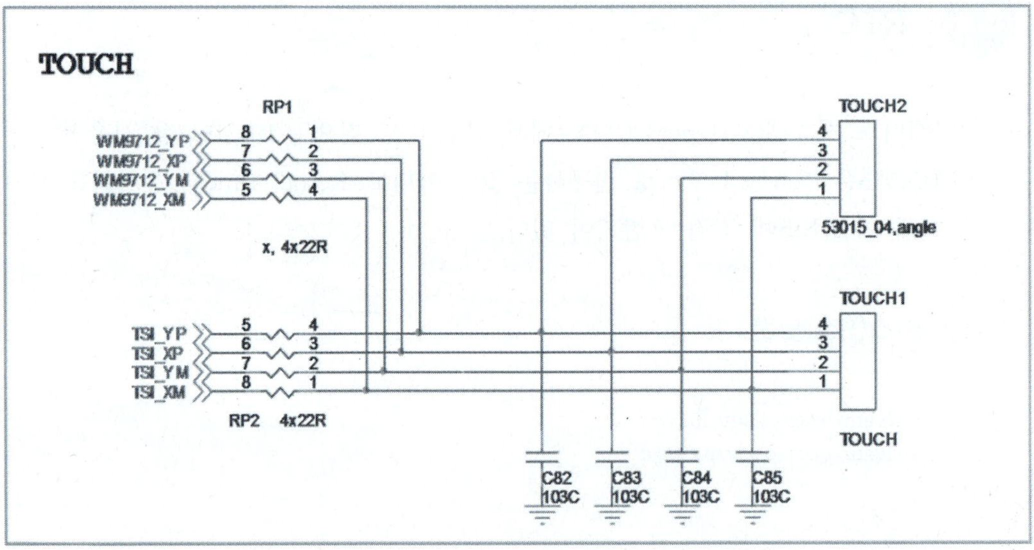

3. 테스트(Test)

① Tslib의 제공 유틸로 테스트를 할 수 있다.

② ts_calibrate : 좌표 보정 프로그램

③ ts_harvest : sampling 테스트

④ ts_print : 보정된 터치 데이터 출력

⑤ ts_print_raw : 보정되지 않은 터치 데이터 출력

⑥ ts_test : 드래드, 드로우 테스트

5.10 Dot Matrix

임베디드 시스템(X-Hyper320TKU) 보드에서는 FPGA의 어드레스 디코딩에 의해 DOT MATRIX를 제어한다.

DOT Matrix의 LED 디스플레이 패널은 LED 칩을 매트릭스 형태로 배선시켜서 기판상에 부착된 것이다. 종래의 것은 램프 형태의 LED를 기판에 직접 붙인 것이다. LED 램프를 사용한 것은 LED의 빛을 중심축상에 모으고 있다. 그 때문에 정면에서의 휘도 레벨이 높게 된다. LED 칩을 사용한 디스플레이 패널은 표면 밝기를 위해서 렌즈 내부에 확산제를 넣었다. 확산제를 넣으면 휘도 레벨이 30% 떨어지지만 그 시각은 넓게 된다.

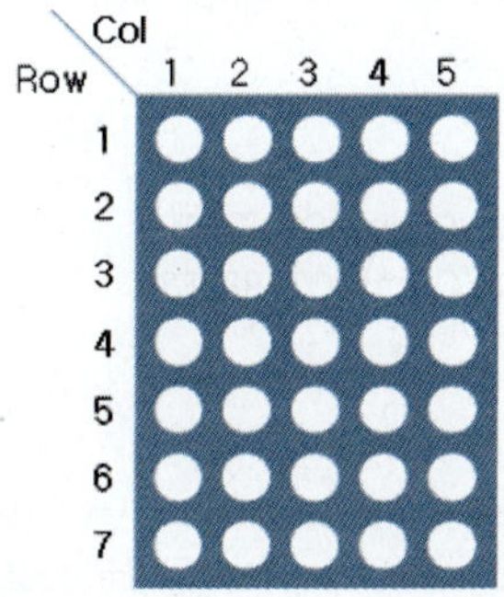

1. 디바이스 드라이버 소스

1) Driver/X-HYPER-IEB/dot.c

dot는 5개의 열이 각각의 cs주소를 가지며 그 주소로 각각 제어한다.

① FPGA_DOT_COL_1(0x11800000)

② FPGA_DOT_COL_2(0x11900000)

③ FPGA_DOT_COL_3(0x11A00000)

④ FPGA_DOT_COL_4(0x11B00000)

⑤ FPGA_DOT_COL_5(0x11C00000)

이 주소는 물리주소이기 때문에 커널에서는 ioremap_nocache() 함수를 이용해 가상주소로 remap하여 사용한다.

2) Kernel/drivers/X-HYPER_IEB/dot.c

```
#define DOT_DEVMAJOR 232
#define DOT_DEVNAME "dot"
#define DOT_RESET 4
#define FPGA_DOT_COL_1 (0x11800000)
#define FPGA_DOT_COL_2 (0x11900000)
#define FPGA_DOT_COL_3 (0x11A00000)
#define FPGA_DOT_COL_4 (0x11B00000)
#define FPGA_DOT_COL_5 (0x11C00000)

static void *mem_dot_col1, *mem_dot_col2, *mem_dot_col3, *mem_dot_col4, *mem_dot_col5;

#define DOT_COL_1 (*((volatile  unsigned char *)(mem_dot_col1)))
#define DOT_COL_2 (*((volatile  unsigned char *)(mem_dot_col2)))
#define DOT_COL_3 (*((volatile  unsigned char *)(mem_dot_col3)))
#define DOT_COL_4 (*((volatile  unsigned char *)(mem_dot_col4)))
#define DOT_COL_5 (*((volatile  unsigned char *)(mem_dot_col5)))

static int dot_reset(void){

GPCR(DOT_RESET) |= GPIO_bit(DOT_RESET);
GPSR(DOT_RESET) |= GPIO_bit(DOT_RESET);
return 0;
}

/****************************************************************************
** ssize_t dot_write (struct file *file, const char *buf, size_t count, loff_t *f_pos) *
** Application 에서 dot matrix의 Column 데이터를 받아 dot matrix 주소 영역 **
** data를 넘겨주어 dot matrix led에 불이 들어 오도록 설계하였음 **
****************************************************************************/
static ssize_t dot_write (struct file *file, const char *buf, size_t count, loff_t *f_pos){

unsigned char dot_data[5]={0};
int col_number;
copy_from_user(dot_data, buf, count);
for ( col_number =0 ; col_number < 6 ; col_number++){
switch( col_number){
case 1 : DOT_COL_1 = dot_data[0]; break;
case 2 : DOT_COL_2 = dot_data[1]; break;
case 3 : DOT_COL_3 = dot_data[2]; break;
case 4 : DOT_COL_4 = dot_data[3]; break;
case 5 : DOT_COL_5 = dot_data[4]; break;
}
}
return  0;
}
```

2. 블록도

다음은 Dot Matrix의 회로도이다.

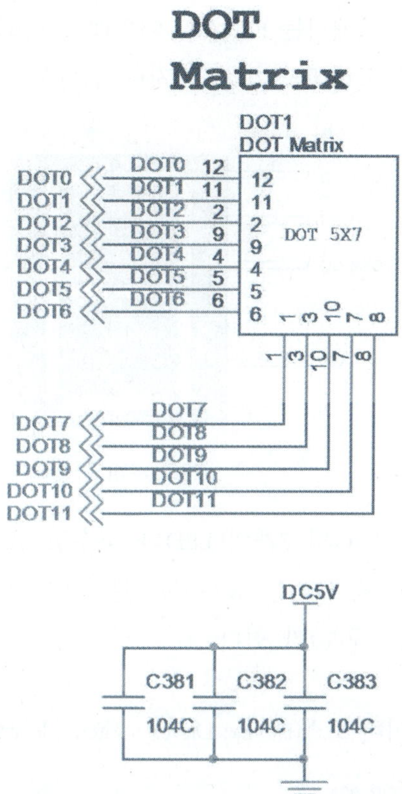

3. 테스트(Test)

Test application source는 Driver/X-HYPER-IEB/APP/dot_test.c에 있다. 그 디렉토리에서 make를 하면 dot_test란 테스트 프로그램이 컴파일된다. (빌드된 실행 파일이 파일시스템에 포함되어 있다. /usr/bin)

보드에서 실행을 하면 dot matrix가 변하는 것을 확인할 수 있다.

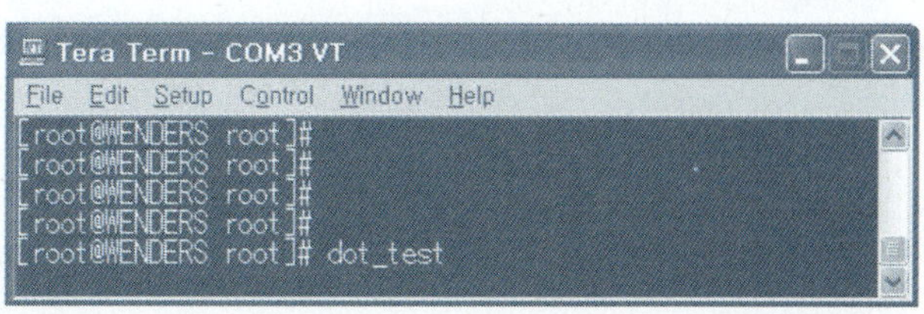

5.11 FND

X-Hyper320TKU 보드에서는 FPGA의 어드레스 디코딩에 의해 8개의 FND를 제어한다. FND는 7세그먼트라고도 하고 숫자나 간단한 기호 표현에 많이 사용된다.

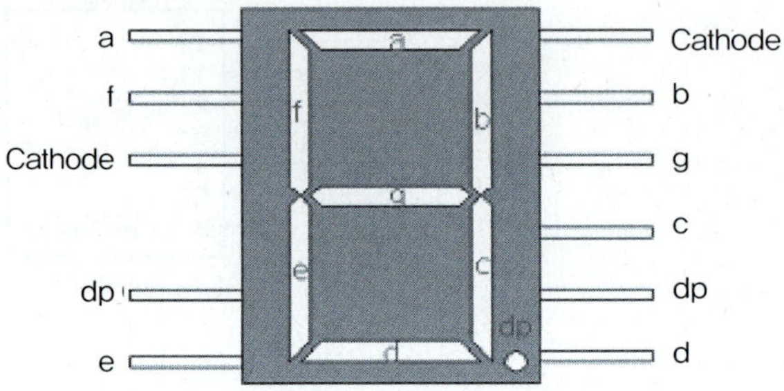

7Segment의 구조

7-Segment LED는 A~G의 7개의 LED와 소수점 표시를 한 DP(Decimal Point)의 LED 1개로 구성된다. 각 LED는 표시되는 문자의 일부분을 구성하므로 각각을 세그먼트(segment : 부분, 구분)라 한다.

① 디바이스 드라이버 소스(Device Driver source ; kernel/drivers/X-Hyper_IEB/fnd.c)

```
#define FND_MAJOR 231
#define FND_NAME "fnd"
#define MAX_FND 8

#define FPGA_FND_CS0 (0x11000000)
#define FPGA_FND_CS1 (0x11100000)
#define FPGA_FND_CS2 (0x11200000)
#define FPGA_FND_CS3 (0x11300000)
#define FPGA_FND_CS4 (0x11400000)
#define FPGA_FND_CS5 (0x11500000)
#define FPGA_FND_CS6 (0x11600000)
#define FPGA_FND_CS7 (0x11700000)
```

② Device Node를 확인하는 것으로 X-Hyper320TKU 보드에서 확인한다. 없다면 mknod 명령으로 만들어 주면 된다.

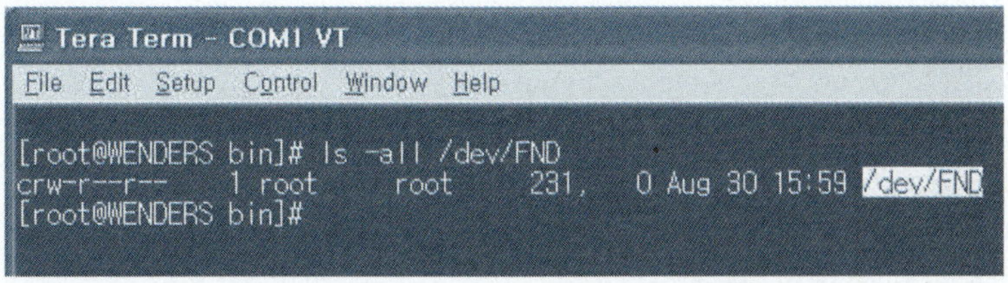

③ fnd_test app source(kernel/drivers/X-Hyper_IEB/APP/fnd_test.c)

```
#include <stdio.h>
#include <stdlib.h>
#include <fcntl.h>
#include <string.h>

#define fnd_dev  "/dev/FND"

#define MAXFND 8

/*
* bit# pos
*
* --0--
* 5|  |1
* --6--
* 4|  |2
* --3--  o7
*/
unsigned char asc_to_fnd(int n){
unsigned char c;

switch (n) {
/* 여러가지 문자를 추가할 수 있다 */
case 0: c = 0x3f; break;
case 1: c = 0x06; break;
case 2: c = 0x5b; break;
case 3: c = 0x4f; break;
case 4: c = 0x66; break;
case 5: c = 0x6d; break;
case 6: c = 0x7d; break;
case 7: c = 0x07; break;
case 8: c = 0x7f; break;
```

```
case 9: c = 0x67; break;
default: c = 0x00; break;

}
return c;
}

int main(int argc, char *av[])
{
int n=0, count=0, dev=0;
int len=0;
int i=0;
unsigned char buf[MAXFND+1];
unsigned char new_buf[MAXFND+1];

dev = open( fnd_dev, O_RDWR);
if (dev < 0) {
fprintf(stderr, "cannot open FND (%d)", dev);
exit(2);
}
while(1)
{
memset(buf,    0, sizeof(buf));
memset(new_buf,    0, sizeof(new_buf));
i=0;
printf("################################\n");
printf(" FND TEST\n");
printf(" press any numbers\n");
printf(" 'q' to exit \n");
printf("################################\n");
fgets(buf,sizeof(buf)+1,stdin);
len=strlen(buf);
buf[len-1]='\0';

if(!strcmp(buf,"q"))
{
printf("FND    TEST END \n");
close(dev);
return    0;
}

for(n=MAXFND-len+1;n<MAXFND;n++)
{
new_buf[n]=asc_to_fnd( (buf[i]-48    ));
i++;
```

```
    }

    write(dev,    new_buf,MAXFND);

    }
}
```


④ 테스트(Test) : 아래를 실행하면 간단한 8자리 FND의 count되는 것을 확인할 수 있다.

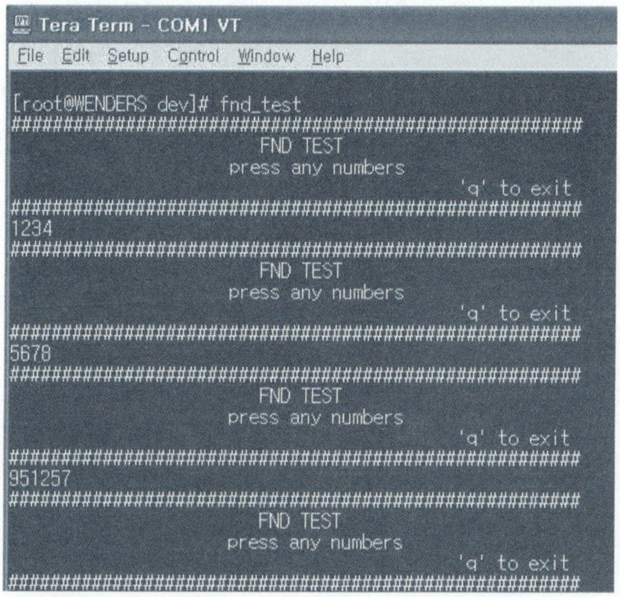

5.12 Char LCD

임베디드 시스템(X-Hyper320TKU) 보드에서는 HD44780 LCD 컨트롤러 모듈을 사용한다. 다음은 문자 LCD의 사양이다.

① 디스플레이 포맷 : 16문자/2라인

② 디스플레이 폰트 : 5×7 도트

③ LCD Controller : HD44780

④ +5[V]단일 전원

다음은 LCD 모듈의 회로도이다.

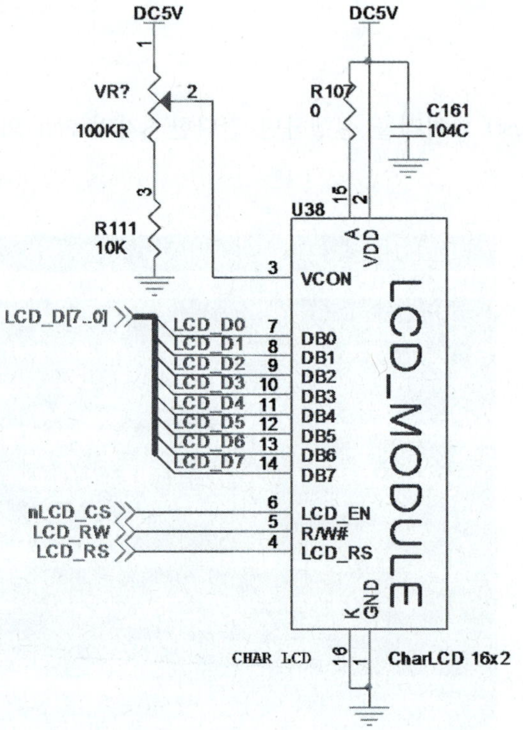

핀번호	기 호	레벨	기 능
1	Vss	–	0V
2	VDD	–	+5V
3	VL		LCD 밝기 조절
4	RS	H/L	L : 명령 입력(내부 레지스터 선택) H : 데이터 입력
5	R/W	H/L	H : 리드 (LCD 모듈 –> CPU) L : 라이트 (LCD 모듈 <– CPU)
6	DB0	H	enable 신호 LCD 동작신호
7	DB1	H/L	데이터 버스
8	DB2	H/L	
9	DB3	H/L	
10	DB4	H/L	
11	DB5	H/L	
12	DB6	H/L	
13	DB7	H/L	
14	DB8	H/L	

(1) 디바이스 드라이버 소스(kernel/driver/X-HYPER_IEB/clcd.c)

```
#define CLCD_MAJOR 238
#define CLCD_NAME "clcd"

/*
FPGA
0x17800000 // CS5 : FPGA_CLCD_WR#i
0x17840000 // CS5 : FPGA_CLCD_RS
FND_D[0:7]:X_D[0:7]
*/
#define FPGA_CLCD_WR_ADD (0x12300000)
#define FPGA_CLCD_RS_ADD (0x12380000)
```

Device Node를 확인하는 것으로 X-Hyper320TKU 보드에서 확인한다. 없다면 mknod 명령으로 만들어 주면 된다.

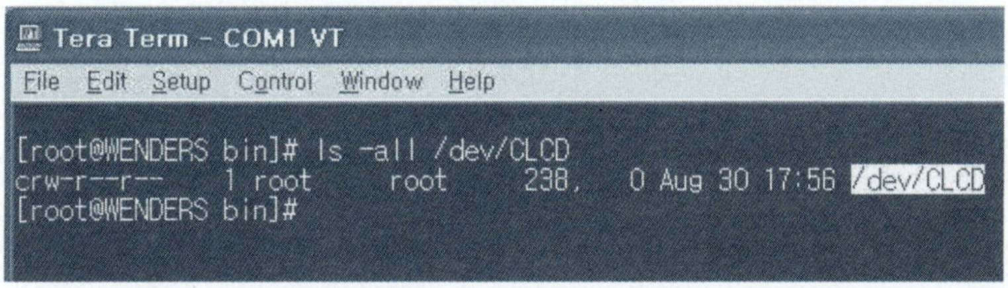

(2) clcd_test app source(kernel/drivers/X-Hyper_IEB/APP/clcd_test.c)

```
#include <stdio.h>
#include <stdlib.h>
#include <fcntl.h>
#include <string.h>

static char lcdDev[] = "/dev/CLCD";
static int lcdFd = (-1);

#define MAXCHR  32

main(int ac, char *av[])
{
int n;
char buf[MAXCHR];

lcdFd = open( lcdDev, O_RDWR);
```

```
if (lcdFd < 0) {
fprintf(stderr, "cannot open LCD (%d)", lcdFd);
exit(2);
}

// ioctl(lcdFd, 1, 0);
// sleep(1);

 memset(buf, 0, sizeof(buf));
 if (ac > 1) {
n = strlen(av[1]);

if (n > MAXCHR)
n = MAXCHR; //plus the newline
memcpy(buf, av[1], n);
}

write(lcdFd, buf, MAXCHR);
 }
```

(3) 테스트(Test)

아래를 실행하면 character lcd에 “Hello Mr.lee”가 나타나는 것을 볼 수 있다.

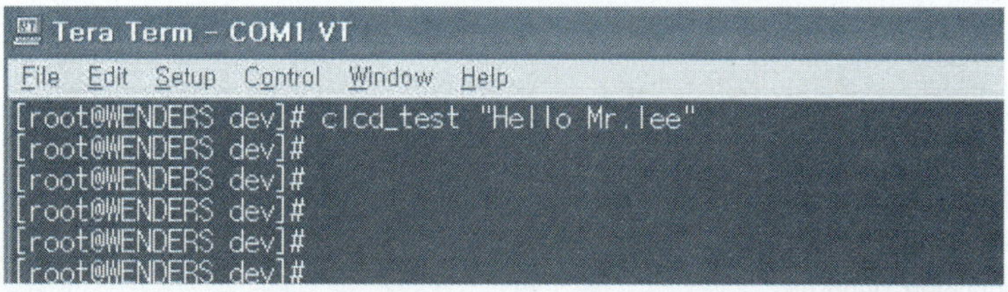

5.13 Key Scan

임베디드 시스템(X-Hyper320TKU)에는 4×4 Key Matrix로 구성되어 있다. 1번부터 16번까지 16개의 push button이 있고 그 중 하나를 누르면 몇 번 키가 눌려졌는지를 출력한다.

다음은 키(Key)스캔 회로도이다.

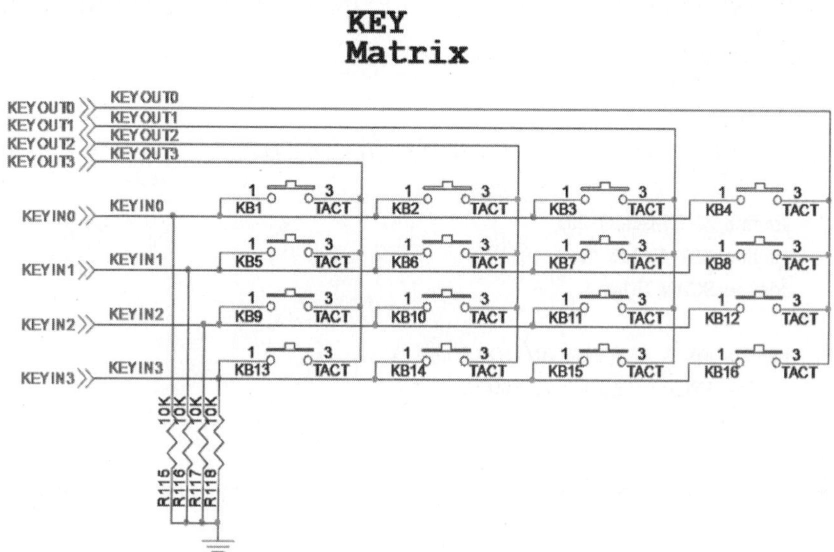

회로를 보면 출력의 4개의 데이터 라인만 사용하고 입력 역시 4개의 데이터 라인만 사용한다. 출력과 입력의 데이터 라인의 개수를 곱하면(4×4=16) 16이 나온다.

이것은 검출해 낼 수 있는 최대 키의 개수가 16개라는 것을 말한다. 16개의 키 중 어느 키가 눌러졌는지를 알기 위해서는 출력 측의 4개의 데이터 라인인 KEYOUT0, KEYOUT1, KEYOUT2, KEYOUT3 중 하나의 라인만 1로 set하고 나머지 라인은 0으로 되어야 한다.

KEYOUT0이 1로 set되면 KEYIN0~KEYIN3의 입력을 통해서 KEY4, KEY8, KEY12, EY16 중 어느 KEY가 눌러졌는지를 알 수 있다. 또한 KEYOUT1~KEYOUT3 역시 마찬가지로 KEYIN0~KEYIN3의 입력값을 읽음으로써 어느 KEY가 눌러졌는지를 알 수가 있다. 먼저 무한 루프를 돌려서 KEYOUT0~KEYOUT3까지 한 라인만 1로 set한다. (KEYOUT0을 1로 set하면 나머지 KEYOUT1~KEYOUT3 데이터 라인은 0이다.) 이때 키가 눌러지면 KEYIN에서는 어떤값이 입력될 것이다.

KEYIN값이 0이면 키가 눌러지지 않은 경우이므로 무한 루프가 계속 돌면서 KEYOUT으로 데이터를 보내게 된다(KEYOUT0, KEYOUT1, KEYOUT2, KEYOUT3이 순서대로 한 라인만 1로 set된다). KEYIN에 어떤 값이 입력되어졌을 때 KEYOUT 중 어디에서 데이터가 출력이 됐는지를 체크한다.

만약에 KEYOUT0에서 데이터가 나온 것이라면 KEYIN의 값을 읽어서 KEY13~KEY16 중 어느 것이 눌러졌는지를 알 수가 있다. KEYIN0로 값이 입력되면 KEY13이 눌러진 것이고, KEYIN1로 입력이 있으면 KEY14가 눌러진 것이고, KEYIN2로 입력이 있으면 KEY15가 눌러진 것이고, KEYIN3로 입력이 있으면 KEY16이 눌러진 것을 알 수가 있다.

(1) 디바이스 드라이버 소스(kernel/drivers/X-HYPER_IEB/key.c)

```
#define KEY_MAJOR 233
#define KEY_NAME "key"
#define SCAN_NUM 4

#define FPGA_KEY_OUT (0x11D00000)
#define FPGA_KEY_IN (0x11E00000)
```

Device Node를 확인하는 것으로 X-Hyper320TKU 보드에서 확인한다. 없다면 mknod 명령으로 만들어 주면 된다.

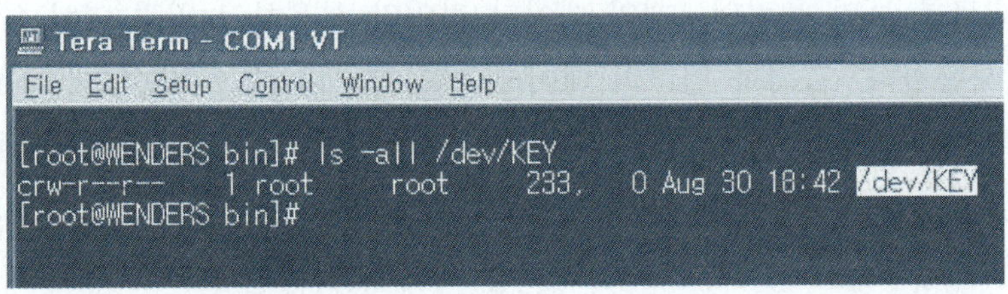

(2) key_test app source(kernel/drivers/X-HYPER_IEB/APP/key_test.c)

```
#include <termios.h>
#include <stdio.h>
#include <stdlib.h>
#include <unistd.h>
#include <fcntl.h>
#include <sys/signal.h>
#include <sys/types.h>
#include <string.h>
#include <asm/ioctls.h>

#define KEY_NUM1 1
#define KEY_NUM2 2
#define KEY_NUM3 3
#define KEY_NUM4 4
#define KEY_NUM5 5
#define KEY_NUM6 6
```

```
#define KEY_NUM7 7
#define KEY_NUM8 8
#define KEY_NUM9 9
#define KEY_NUM10 10
#define KEY_NUM11 11
#define KEY_NUM12 12
#define KEY_NUM13 13
#define KEY_NUM14 14
#define KEY_NUM15 15
#define KEY_NUM16 16
#define dbg(x...) printf(x)

static char keyDev[] = "/dev/KEY";
static int keyFd = (-1);
unsigned char key_get(int tmo)
{
unsigned char b;

if (tmo) {
if (tmo < 0)
tmo = ~tmo * 1000;
else
tmo *= 1000000;
while (tmo > 0) {
usleep(10000);
ioctl(keyFd, FIONREAD, &b);
if (b) return(b);
tmo -= 10000;
}
return(-1); /* timeout */
}
else {
read(keyFd, &b, sizeof(b));
return(b);
}
}

int main()
{
unsigned char c;
if((keyFd = open( keyDev, O_RDONLY )) < 0){ // KEY open
perror("open faile /dev/key");
exit(-1);
}
```

```
while(1){
c = key_get(10);
switch (c) {
case KEY_NUM1: dbg("KEY_NUM1\n"); break;
case KEY_NUM2: dbg("KEY_NUM2\n"); break;
case KEY_NUM3: dbg("KEY_NUM3\n"); break;
case KEY_NUM4: dbg("KEY_NUM4\n"); break;
case KEY_NUM5: dbg("KEY_NUM5\n"); break;
case KEY_NUM6: dbg("KEY_NUM6\n"); break;
case KEY_NUM7: dbg("KEY_NUM7\n"); break;
case KEY_NUM8: dbg("KEY_NUM8\n"); break;
case KEY_NUM9: dbg("KEY_NUM9\n"); break;
case KEY_NUM10: dbg("KEY_NUM10\n"); break;
case KEY_NUM11: dbg("KEY_NUM11\n"); break;
case KEY_NUM12: dbg("KEY_NUM12\n"); break;
case KEY_NUM13: dbg("KEY_NUM13\n"); break;
case KEY_NUM14: dbg("KEY_NUM14\n"); break;
case KEY_NUM15: dbg("KEY_NUM15\n"); break;
case KEY_NUM16: dbg("KEY_NUM16\n"); break;
default: /* timeout */ break;
}
}
return 0;
}
```

(3) 테스트(Test)

key 스캔의 테스트는 key_test를 실행한 후 key 버튼를 누르면 키에 대한 디버깅 화면을 볼 수 있다.

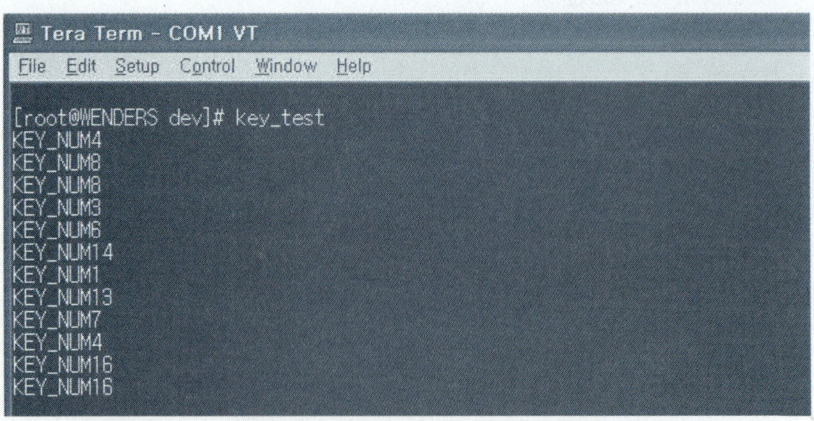

5.14 Stepper Motor

임베디드 시스템(X-Hyper320TKU) 보드의 Steper Motor Device는 입력 펄스(Input electrical pulse)를 L297칩으로 디지털 값으로 제어하여 방향 및 속도를 조절하게 설계하였다. Step 모터는 정확한 각도 제어에 유리하여 지폐계수기, 팩시밀리, 위치제어, 프린터 제어 등 OA, FA에 많이 사용되고 있다.

1. L297/L297D 핀 기능

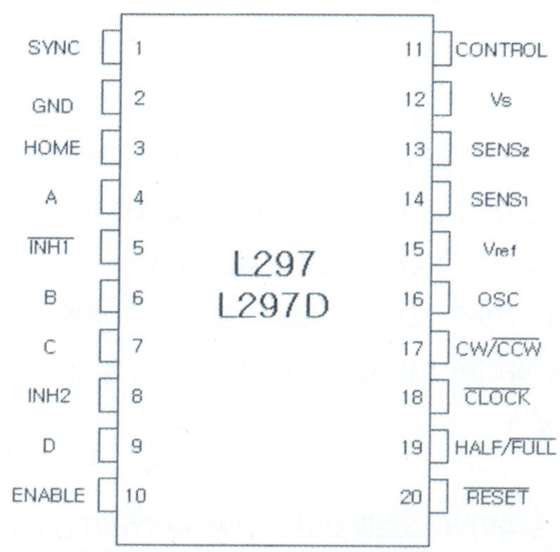

L297은 모터를 제어하는 스텝모터 제어기이다.

HALF STEP MODE를 보면 4개의 펄스 위상을 가지고 스테핑 모터를 제어하게 된다. (펄스의 위상차를 가지고 제어하게 된다.)

L297의 장점은 회로가 간단하고 크기가 작으며 평균 200에서 250mA 정도의 적은 소모전류와 2000에서 4000pps 이상의 고속구동이 가능하다는 것이다.

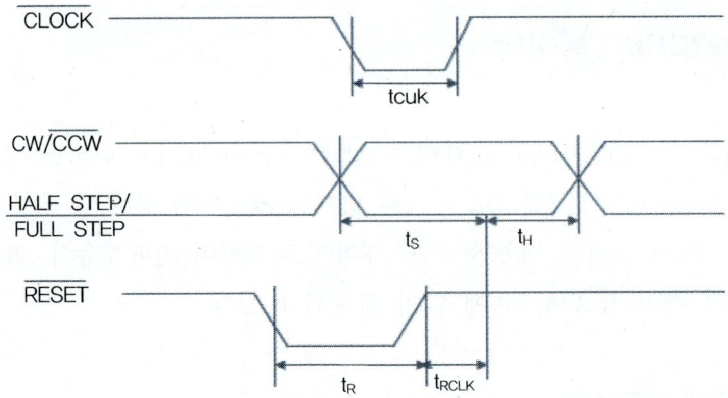

CW/$\overline{\text{CCW}}$ 핀은 모터를 시계방향으로 돌릴지 반시계 방향으로 돌릴지를 결정한다. HIGH 신호를 주면 CW(시계방향)으로 돌고 LOW 신호를 주면 $\overline{\text{CCW}}$(반시계 방향)으로 돌게 된다.

활성화 핀은 L297을 동작시키는 핀이다. 말 그대로 활성화 핀에 HIGH 신호를 주지 않으면 L297이 동작을 하지 않는다. (항상 HIGH가 되어야 한다.)

CLK 핀은 말그대로 Clock을 의미한다. 이것에 의해 모터의 속도가 결정된다. 즉 주파수가 높으면 그만큼 모터의 속도가 빨라지고 주파수가 낮으면 속도가 느려진다. (프로그램상에서 타이머 인터럽트 시간을 줄였다 늘였다 하면서 모터의 속도를 조절하도록 되어 있다.)

(1) 디바이스 드라이버 소스(kernel/drivers/X-HYPER_IEB/st_motor.c)

```
#define ST_MOTOR_MAJOR 236
#define ST_MOTOR_NAME "st_motor"
#define FPGA_ST_MOTOR_CS (0x12100000)

#define OSTIMER_IRQ IRQ_OST2

#define Sec_Clk 3686400
#define Usec_Clk (Sec_Clk/100000) // 100uSec

#define OSTIMER_ON OIER |= OIER_E2; OSSR = OSSR_M2
#define OSTIMER_OFF OIER    &= ~OIER_E2; OSSR = OSSR_M2
```

Device Node를 확인하는 것으로 X-Hyper320TKU 보드에서 확인한다. 없다면 mknod 명령으로 만들어 주면 된다.

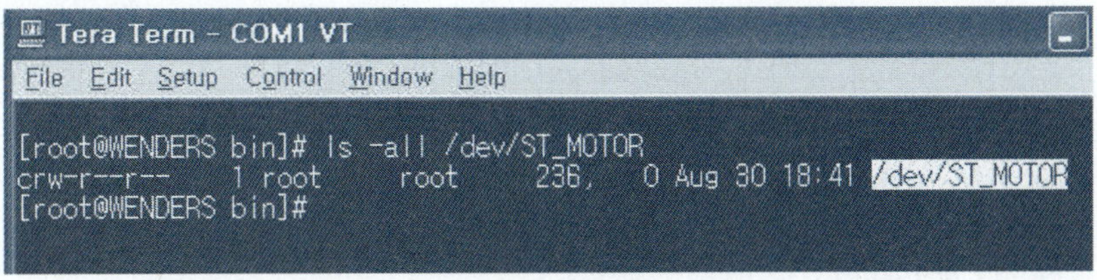

(2) st_motor_test app source (kernel/drivers/X-HYPER_IEB/APP/st_motor_test.c)

```
#include <stdio.h>
#include <stdlib.h>
#include <fcntl.h>
#include <string.h>

#define MOTOR_Forward 0x1
#define MOTOR_Reverse 0x2
#define MOTOR_SpeedUp 0x3
#define MOTOR_SpeedDown 0x4
#define MOTOR_STOP 0x5

#define stmotor_dev "/dev/ST_MOTOR"

int main_menu(void){
int key;
printf("\n\n");
printf("********** MOTOR menu **********\n");
printf("* 1. MOTOR Forward *\n");
printf("* 2. MOTOR Reverse *\n");
printf("* 3. MOTOR Speed Up *\n");
printf("* 4. MOTOR Speed Down *\n");
printf("* 5. MOTOR STOP *\n");
printf("* 6. *\n");
printf("* 7. *\n");
printf("* 8. *\n");
printf("* 9. *\n");
printf("* 0. Exit Program *\n");
printf("********************************\n");
printf("\n\n");
```

```
printf("select the command number : ");
scanf("%d",&key);
return key;
}

main(int ac, char *av[]){
int key, dev;

dev = open(stmotor_dev, O_RDWR );
if ( dev < 0) {
fprintf(stderr, "cannot open ST_MOTOR (%d)", dev);
exit(2);
}

while((key = main_menu()) != 0){
switch(key){

case 1: printf("\t MOTOR Forward \n");
ioctl(dev, MOTOR_Forward, 0);
break;
case 2: printf("\t MOTOR Reverse \n");
ioctl(dev, MOTOR_Reverse, 0);
break;
case 3: printf("\t MOTOR Speed Up \n");
ioctl(dev, MOTOR_SpeedUp, 0);
break;
case 4: printf("\t MOTOR Speed Down \n");
ioctl(dev, MOTOR_SpeedDown, 0);
break;
case 5: printf("\t MOTOR Stop \n");
ioctl(dev, MOTOR_STOP, 0);
break;
default: printf("\t Unknow command... \n");
break;
}
}
ioctl(dev,5,0);
}
```

(3) 테스트(Test)

./st_motor_test를 실행하면 아래와 같은 메뉴가 나타난다. 보는 바와 같이 키보드 1번키를 누르면 스텝모터 정회전, 2번 역회전, 3번 속도 증가, 4번 속도 감소, 0번 프로그램 종료이다.

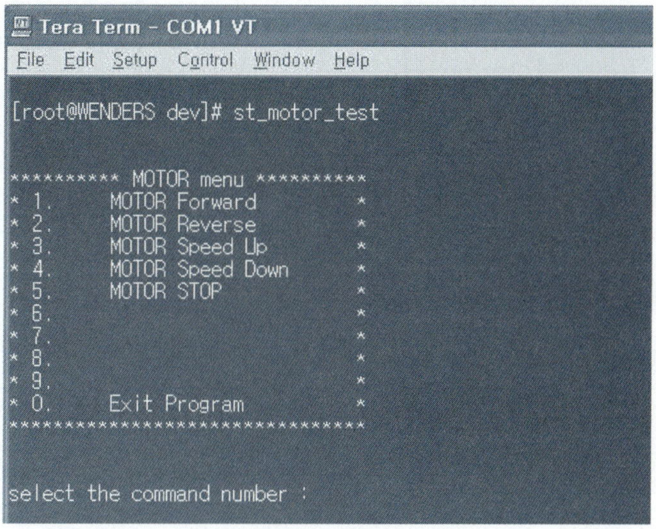

5.15 DC Motor

DC 모터는 전자기력을 응용하여 전기에너지를 기계적 에너지로 바꾸어 회전력을 생성시키게 된다. DC Motor는 직류전원만 연결하면 바로 구동되어 회전제어가 쉽고 가격이 저렴하여 많은 곳에 응용되고 있다. 그러나 전류시의 스파크, 회전소음, 짧은 수명의 단점이 있기도 하다. X-Hyper320TKU 보드에서는 DC Motor를 제어하기 위해 L298P(PowerSO20 package) 칩을 사용하였다.

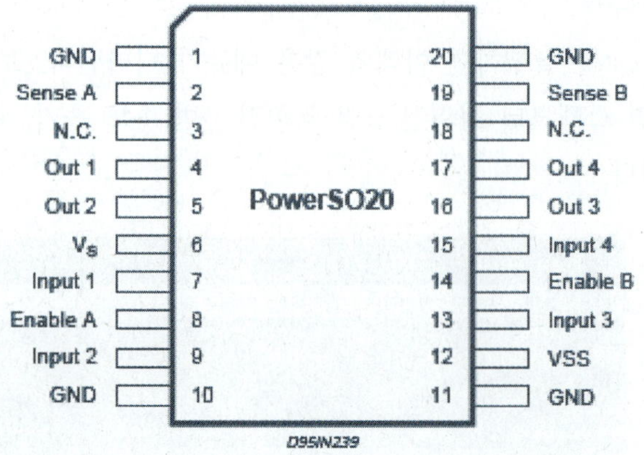

핀 번호	이 름	기 능
2;19	Sense A ; Sense B	핀과 접지 사이에 로드의 전류를 제어하기 위하여 센서 저항이 연결되어 있다.
4;5	Out1 ; Out2	브리지 A의 출력 : 핀1에 두 개를 모니터하는 이들 핀 사이에 로드를 통하여 전류가 흐른다.
6	Vs	전력 출력단계를 위하여 전압을 공급한다. 비유도 100nF 커패시터는 반드시 핀과 접지 사이에 연결되어야 한다.
7 ; 9	Input1 ; Input2	브리지 A의 TTL 호환 입력
8;14	Enable A ; Enable B	TTL 호환 가능한 입력 : L 상태는 브리지 A(가능한 A)와 브리지 B(가능한 B)를 무능하게 만든다.
1 ; 10 ; 11 ; 20	GND	접지
12	VSS	논리블록에 전압을 공급한다. 100nF 커패시터는 핀과 접지 사이에 반드시 연결해야 한다.
13 ; 15	Input3 ; Input4	브리지 B의 TTL 호환 입력
16 ; 17	Out3 ; Out4	브리지 B의 출력이다. 핀 15를 모니터링하는 이들 두 핀 사이를 연결된 부하를 통하여 흐르는 전류이다.
3 ; 18	N.C.	연결되지 않음

(1) 디바이스 드라이버 소스(kernel/drivers/X-HYPER_IEB/dc_motor.c)

```
#define DEVMAJOR 237
#define DEVNAME "dc_motor"

int motor_speed = 500;
static unsigned short dc_motor_port;

static void DC_MOTOR_Init(void)
```

```
{
/*  MOTOR_ClearBit(0) // clk low
MOTOR_ClearBit(1) // enable low
MOTOR_ClearBit(2) // cw/ccw low
MOTOR_ClearBit(3) // reset low
MOTOR_ClearBit(4) // reset low
MOTOR_ClearBit(5) // reset low
*/
MOTOR_SetBit(0) // clk low
MOTOR_SetBit(1) // enable low
MOTOR_SetBit(2) // cw/ccw low
MOTOR_SetBit(3) // reset low
MOTOR_SetBit(4) // reset low
MOTOR_SetBit(5) // reset low
}
```

Device Node를 확인하는 것으로 X-Hyper320TKU 보드에서 확인한다. 없다면 mknod 명령으로 만들어 주면 된다.

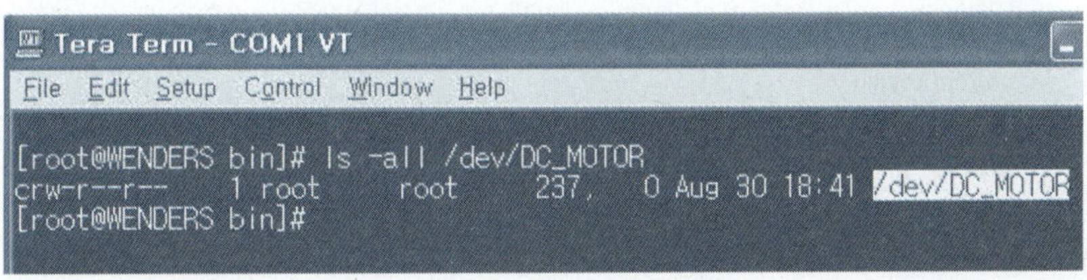

(2) dc_motor_test app source (kernel/drivers/X-HYPER_IEB/APP/dc_motor_test.c)

```
#include <termios.h>
#include <stdio.h>
#include <stdlib.h>
#include <unistd.h>
#include <fcntl.h>
#include <sys/signal.h>
#include <sys/types.h>
#include <string.h>

#include "motor.h"

#define _IOCTL_LEFT_FORWARD 1
```

```
#define _IOCTL_LEFT_REVERSE 2
#define _IOCTL_LEFT_STOP 3

#define _IOCTL_RIGHT_FORWORD 4
#define _IOCTL_RIGHT_REVERSE 5
#define _IOCTL_RIGHT_STOP 6



static unsigned short flag;

int main()
{
int fd;
int key;

fd = open("/dev/DC_MOTOR", O_RDWR );

if (fd <0) {perror("/dev/DC_MOTOR"); exit(-1); }
else
printf("MOTOR detected \n");

while((key =    main_menu()) != 0){
switch(key){
case 1:
ioctl(fd, 1, flag);
break;
case 2:
ioctl(fd, 2, flag);
break;
case 3:
ioctl(fd, 3, flag);
break;
case 4:
ioctl(fd, 4, flag);
break;
case 5:
ioctl(fd, 5, flag);
break;
case 6:
ioctl(fd, 6, flag);
break;
case 7:
ioctl(fd, 7, flag);
break;
case 8:
```

```
ioctl(fd, 8, flag);
break;
case 9:
ioctl(fd, 9, flag);
break;
case 0:
printf("\n\t\t\t Exit Program \n");
break;
default: printf ("unknow command\n");
break;
} // end of switch

} // end of while
}

int main_menu(void)
{
int key;
printf("\n\n");
printf("********** MOTOR menu **********\n");
printf("* 1. MOTOR LEFT Forward *\n");
printf("* 2. MOTOR LEFT Reverse *\n");
printf("* 3. MOTOR LEFT Stop *\n");
printf("* 4. MOTOR RIGHT Forward *\n");
printf("* 5. MOTOR RIGHT Reverse *\n");
printf("* 6. MOTOR RIGHT Stop *\n");
printf("* 7. *\n");
printf("* 8. *\n");
printf("* 9. *\n");
printf("* 0. Exit Program *\n");
printf("********************************\n");
printf("\n\n");
printf("select the command number : ");
scanf("%d",&key);
return key;
}
```


(3) 테스트(Test)

./dc_motor_test를 실행하면 아래와 같은 메뉴가 나타난다. 보는 바와 같이 키보드 1번키를 누르면 왼쪽 모터 회전, 2번은 왼쪽 모터 뒤로, 4번은 오른쪽 모터 회전, 5번은 오른쪽 모터 뒤로 회전시킨다. 3번, 6번은 각각 모터가 정지된다. 0번은 테스트 프로그램 종료이다.

```
Tera Term - COM1 VT
File  Edit  Setup  Control  Window  Help
[root@WENDERS dev]# dc_motor_test
MOTOR detected


********** MOTOR menu **********
* 1.      MOTOR LEFT Forward    *
* 2.      MOTOR LEFT Reverse    *
* 3.      MOTOR LEFT Stop       *
* 4.      MOTOR RIGHT Forward   *
* 5.      MOTOR RIGHT Reverse   *
* 6.      MOTOR RIGHT Stop      *
* 7.                            *
* 8.                            *
* 9.                            *
* 0.      Exit Program          *
********************************


select the command number :
```

5.16 LED

X-Hyper320TKU 보드에는 8개의 LED로 구성되어 있으며 FPGA 어드레스 디코딩에 의해서 8개의 LED를 쉽게 제어할 수 있다.

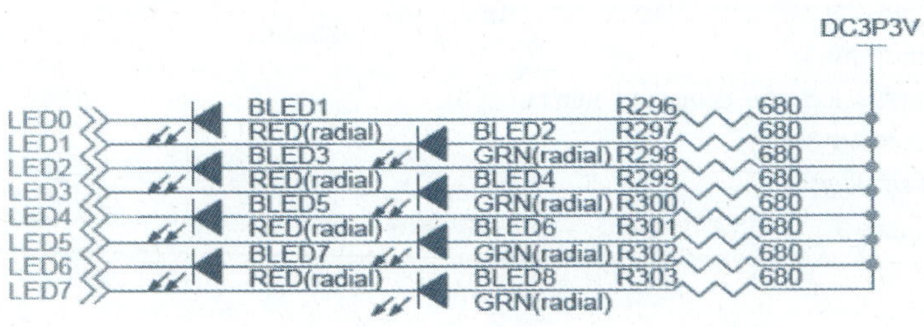

[그림 5-3] LED 회로 구성

(1) 디바이스 드라이버 소스(kernel/drivers/X-HYPER_IEB/led.c)

```
#define LED_DEVMAJOR 239
#define LED_DEVNAME "led"
#define LED_PHYS 0x12400000
```


Device Node를 확인하는 것으로 X-Hyper320TKU 보드에서 확인한다. 없다면 mknod 명령으로 만들어 주면 된다.

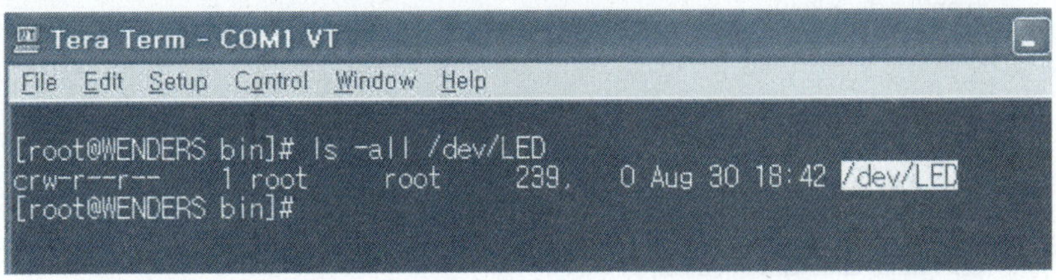

(2) led_test app source(kernel/drivers/X-HYPER_IEB/APP/led_test.c)

```
#include <stdio.h>
#include <stdlib.h>

#include <unistd.h>
#include <fcntl.h>

#include <sys/types.h>
#include <sys/ioctl.h>
#include <sys/stat.h>

#define led_dev   "/dev/LED"

#define UP_ 1
#define DOWN_ 2
#define ALL_ 3
#define EXIT_ 0

static int key;

int print_menu(void){

int    key;
```

```
printf("\n");
printf("*********** Choice Menu **********\n");
printf("* 1. LED UP Shift *\n");
printf("* 2. LED DOWN Shift *\n");
printf("* 3. ALL *\n");
printf("* 0. EXIT *\n");
printf("***********************************\n");
printf("\n");

printf("Select th menu number :");
scanf("%d", &key);
return key;
}

void led_down_shift(int *dev){

unsigned char data, data2;
int led_device, count;

for ( count = 0; count <16 ; count++){
data2 = (~(data >> 7)) & 0x01;
data = (data << 1 ) | data2;
usleep(50000);
write (*dev, &data, sizeof(unsigned char));
}
}
void led_all( int *dev){
unsigned char data;
int led_device, count;

for( count =0 ; count <16; count ++) {

if( count%2){
data = 0xff;
write(*dev, &data, sizeof(unsigned char));
}
else{
data = 0x00;
write(*dev, &data, sizeof(unsigned char));
}
usleep(100000);
}
}
```

```
int main(){

int dev;

dev = open(led_dev, O_RDWR);
if (dev 〈 0){
fprintf(stderr, "cannot open LED Device (%d)", dev);
exit(2);
}
led_up_shift(&dev);
led_all(&dev);
led_down_shift(&dev);

while(( key = print_menu()) != 0){
if(key == UP_) led_up_shift( &dev);
else if (key== DOWN_) led_down_shift(&dev);
else if (key == ALL_) led_all(&dev);
else if (key == EXIT_) {printf("\n\t\t\t EXIT Program \n"); break; return 0;}
else { printf(" unknow command ~ ^^\n"); break; }
}//end   while
close(dev);
return 0;
}
```

(3) 테스트(Test)

./led_test를 실행하게 되면 1번 선택하면 위로 시프트되면서 LED가 켜지는 것을 볼 수 있으며 2번은 아래로 시프트되면서 LED가 켜지며, 3번은 전체적으로 여러 번 깜박거리면서 켜지는 것을 볼 수 있다. 0번은 프로그램 종료이다.

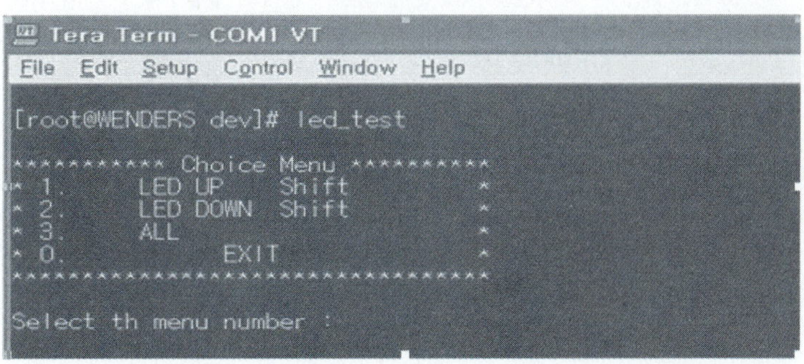

5.17 GPIO_LED

gpio_led는 gpio 설정, 레벨 세팅, gpio 인터럽트 등록 등을 사용하는 예제이다. 디바이스 드라이버 개발을 위해서 좋은 예제로 사용할 수 있다.

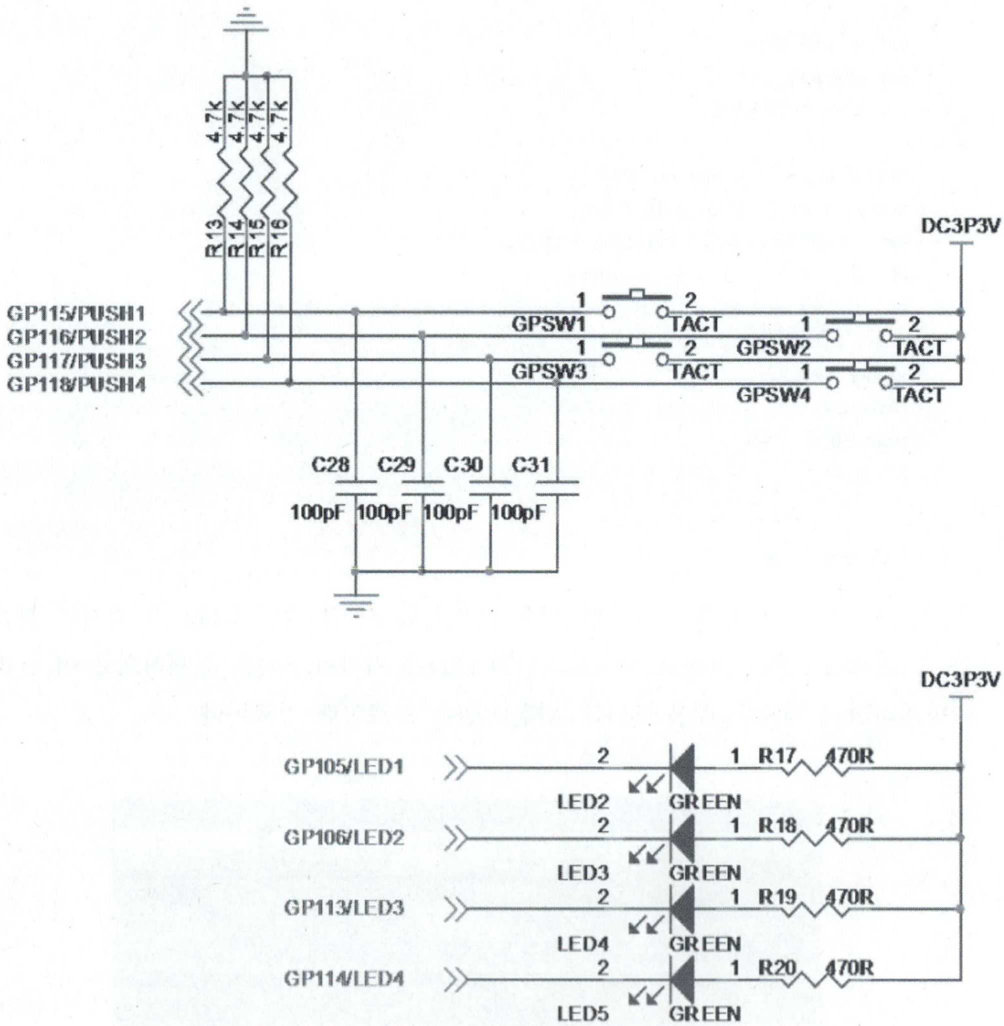

[그림 5-4] gpio_led 회로도

(1) 디바이스 드라이버 소스(kernel/drivers/X-HYPER_IEB/gpio_led.c)

```
#define IRQ_KEY1 IRQ_GPIO(MFP2GPIO(MFP_PUSH1_GPIO))
#define IRQ_KEY2 IRQ_GPIO(MFP2GPIO(MFP_PUSH2_GPIO))
#define IRQ_KEY3 IRQ_GPIO(MFP2GPIO(MFP_PUSH3_GPIO))
#define IRQ_KEY4 IRQ_GPIO(MFP2GPIO(MFP_PUSH4_GPIO))

#define GPIO_LED1 GPIO_bit(4)
#define GPIO_LED2 GPIO_bit(3)

#define GPIO_LED_MAJOR 242
#define GPIO_LED_NAME "gpio_led"
```

Device Node를 확인하는 것으로 X-Hyper320TKU 보드에서 확인한다. 없다면 mknod 명령으로 만들어 주면 된다.

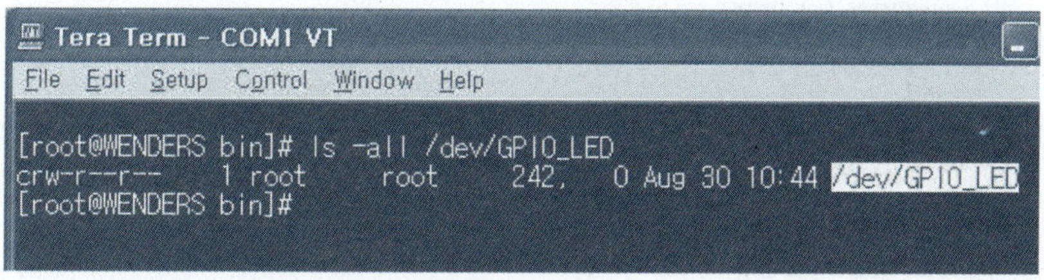

(2) gpio_led_test app source(kernel/drivers/X-HYPER_IEB/APP/gpio_led_test.c)

```
#include <stdio.h>
#include <stdlib.h>
#include <fcntl.h>

static char gpio_testDev[] = "/dev/GPIO_LED";

#define GPIO_KEY_READ 0x0
#define GPIO_LED1_ON_OFF 0x1
#define GPIO_LED2_ON_OFF 0x2
#define GPIO_LED3_ON_OFF 0x3
#define GPIO_LED4_ON_OFF 0x4

int ON = 0;
int OFF = 1;

int main()
```

```
{
int dev;
char buf;

if((dev = open(gpio_testDev, O_RDWR )) < 0){
perror("open faile /dev/GPIO_LED\n");
exit(-1);
}
printf("################################################
########\n");
printf(" GPIO LED TEST\n");
printf(" Please PUSH ANY GPIO BUTTONS \n");
printf("################################################
########\n");

while(1){
read(dev , &buf, sizeof(buf)); // Key READ
printf("KEY %d PUSH \n",buf);
switch(buf)
{
case 1:
{
ioctl(dev, GPIO_LED1_ON_OFF, &ON);
printf("LED1 ON\n");
break;
}
case 2:
{
ioctl(dev, GPIO_LED2_ON_OFF, &ON);
printf("LED2 ON\n");
break;
}
case 3:
{
ioctl(dev, GPIO_LED3_ON_OFF, &ON);
printf("LED3 ON\n");
break;
}
case 4:
{
ioctl(dev, GPIO_LED4_ON_OFF, &ON);
printf("LED4 ON\n");
break;
}
```

```
default:
{
printf("No Operation\n");
break;
}
}
}
close(dev);
return 0;
}
```


(3) 테스트(Test)

./gpio_led_test를 실행한 후 GPIO 키를 누르게 되면 키에 대한 디버깅 화면을 볼 수 있다.

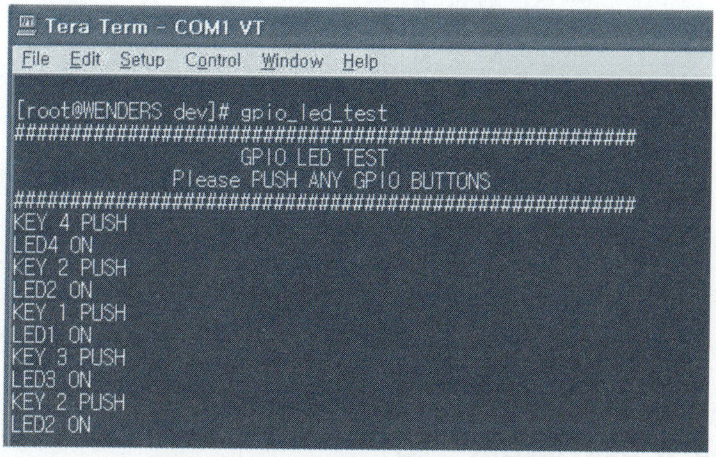

5.18 ADC/DAC_test

① FPGA_ADC_CS(0xf2000000) (가상 address)

② FPGA_DAC_CS(0xf1f00000) (가상 address)

각각의 address로 매핑되어 있으며 adc는 변환된 값이 FPGA_ADC_CS address를 읽으면 되며, DAC는 FPGA_DAC_CS에 data를 쓰면 전압값이 출력된다.

DAC는 0.0V~5.0V까지 허용한다.

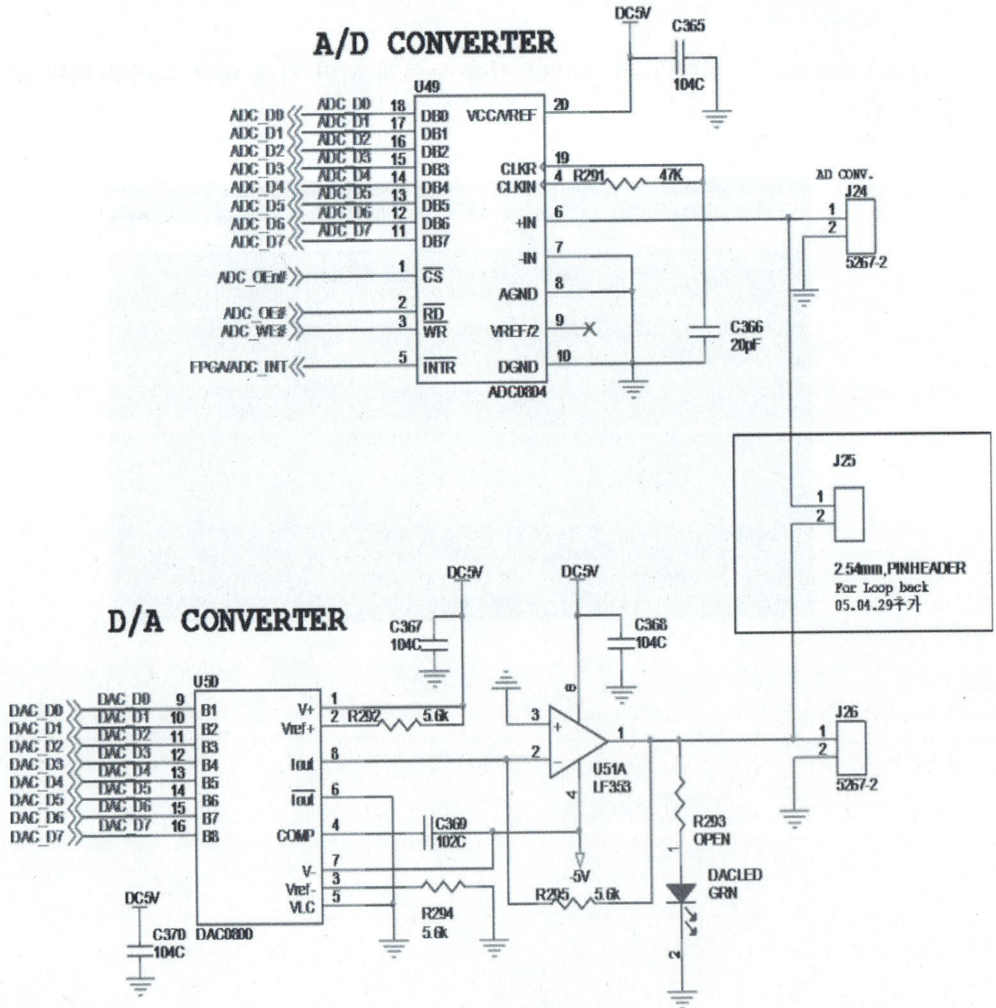

[그림 5-4] ADC / DAC 회로도

(1) ADC 디바이스 드라이버 소스(kernel/drivers/X-HYPER_IEB/adc.c)

```
#define ADC_MAJOR 247
#define ADC_NAME "ADC"

#define FPGA_ADC_CS 0xf2000000
#define ADC_CS (*((volatile unsigned short *)(FPGA_ADC_CS)))
#define IRQ_ADC IRQ_GPIO(4)
```


(2) DAC 디바이스 드라이버 소스(kernel/drivers/X-HYPER_IEB/dac.c)

```
#define DAC_MAJOR 248
#define DAC_NAME "DAC"

#define FPGA_DAC_CS 0xf1f00000
#define DAC_CS (*((volatile unsigned short *)(FPGA_DAC_CS)))
```

Device Node를 확인하는 것으로 X-Hyper320TKU 보드에서 확인한다. 없다면 mknod 명령으로 만들어 주면 된다.

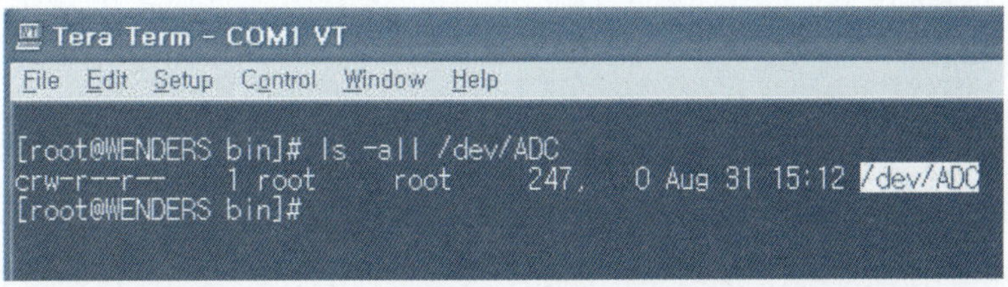

[그림 5-5] ADC

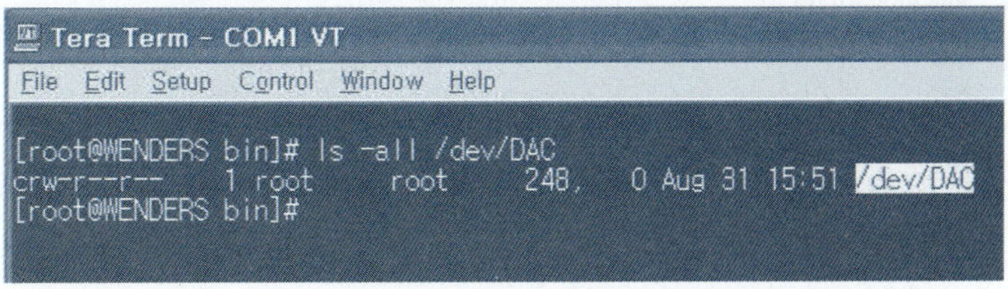

[그림 5-6] DAC

(3) adc_test app source(kernel/drivers/X-HYPER_IEB/APP/adc_test.c)

```
#include <stdio.h>
#include <stdlib.h>
#include <fcntl.h>
#include <string.h>

static char adcDev[] = "/dev/ADC";
static int adcFd = (-1);

int main()
{
unsigned char data;
adcFd = open(adcDev, O_RDWR );

if (adcFd < 0) {
fprintf(stderr, "cannot open ADC (%d)", adcFd);
exit(2);
}

while(1)
{
read(adcFd, &data, sizeof(data));
printf("adc result: %x\n", data);
sleep(1);
}
}
```

(4) dac_test app source(kernel/drivers/X-HYPER_IEB/APP/dac_test.c)

```
#include <stdio.h>
#include <stdlib.h>
#include <fcntl.h>
#include <string.h>

static char DACDev[] = "/dev/DAC";
static int DACFd = (-1);

main(int argc, char *argv[])
{
int n;
char data[1];
int buf;
DACFd = open( DACDev, O_RDWR);
```

```
if (DACFd 〈 0)
{
printf("cannot open DAC (%d)", DACFd);
exit(2);
}
if(argc〈2)
{
printf("Usage : dac_test [data]\n");
close(DACFd);
return 0;
}

buf=(int) atoi(argv[1]);
data[0]=(char) buf;
printf("dac_test = %d \n",data[0]);


write(DACFd, data, sizeof(char));
close(DACFd);

}
```

(5) 테스트(Test)

adc_test 실행을 하기 전에 Loop back jumper를 연결하고 adc_test를 백그라운드로 실행시키고 dac_test에 인자로 data를 써주어 adc_test 출력값을 확인해본다.

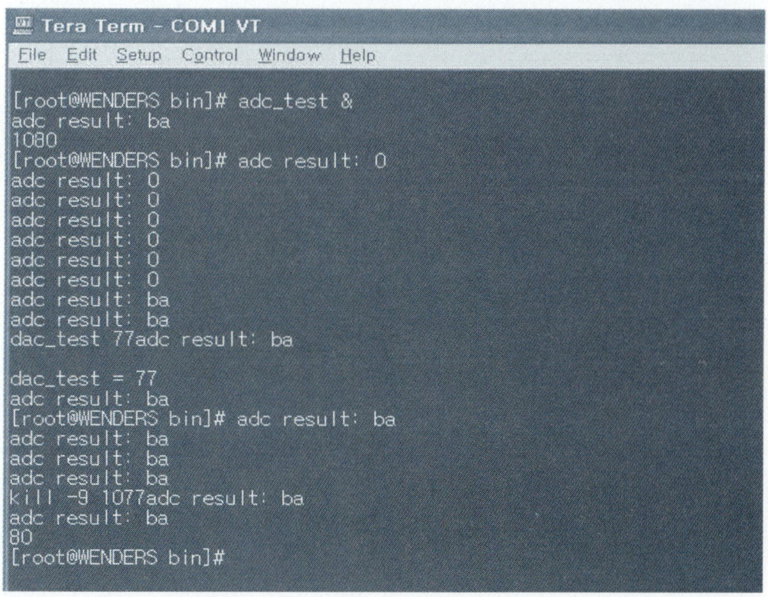

제Ⅱ부

임베디드 시스템 응용실습

제 6 장

임베디드 리눅스 시스템 응용

6.1 NFS

1. NFS 설정

1) 개 요

NFS는 네트워크를 통해 파일을 공유하는데 폭넓게 사용되는 프로토콜이다. NFS는 UDP 프로토콜을 사용하며, 네트워크를 오고가는 데이터가 전혀 암호화되지 않는다.

2) Kernel Setting

기본적으로 NFS 서버와 클라이언트는 서로 NIC 장치가 활성화되어야 한다. 아래는 타깃 보드의 make menuconfig에서 DM9000E 드라이버를 커널에 포함시킨 것이다.

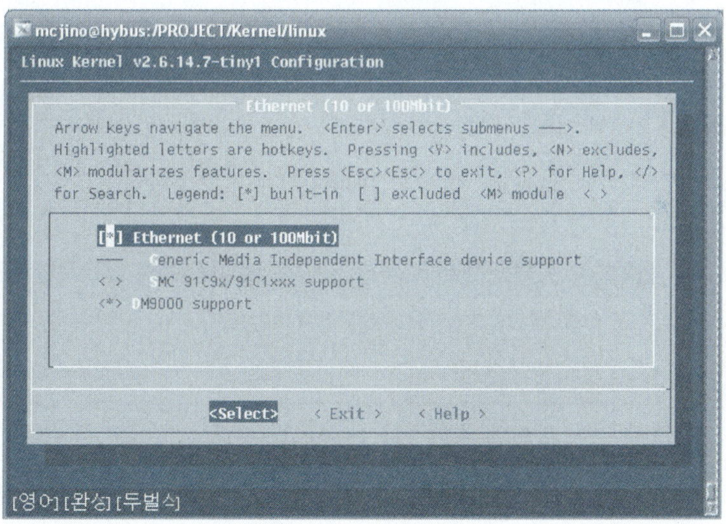

타깃 보드 커널에 파일시스템 부분에서 네트워크 파일시스템을 커널에 포함시킨다.

File System -> Network File systems

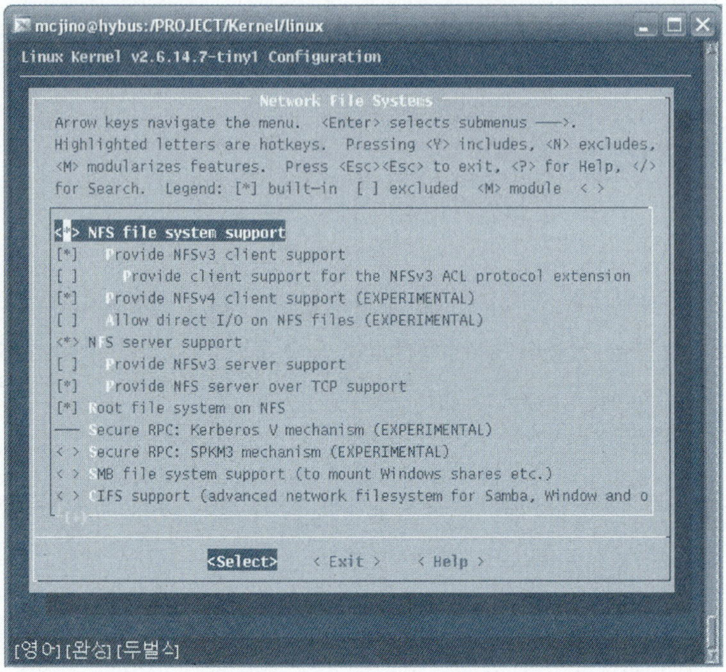

3) Host PC setting

호스트 PC의 /etc/export 파일을 아래와 같이 수정한다.

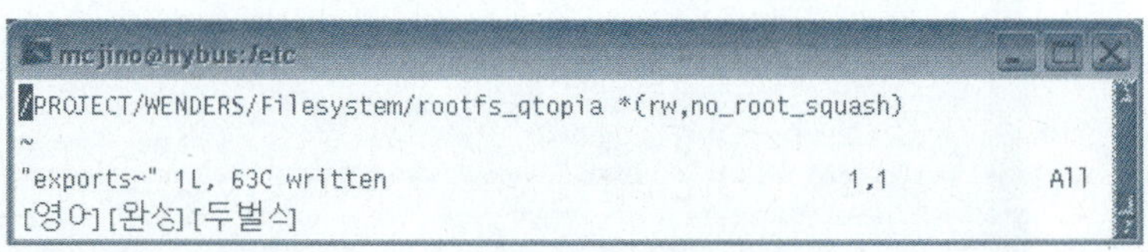

첫 번째 인자는 타깃 보드에서 마운트해서 사용할 공유 디렉토리이다.

두 번째 인자인 *은 access할 수 있는 client를 지정한다 *은 모든 사용자이고 제한을 하려면 ip를 적어주면 된다.

세 번째 인자인(rw,no_root_squash)는 접근 권한이다. 여기서는 읽고/쓰기와 루트 권한의 파일을 Access할 수 있는 옵션을 주었다. 설정이 완료되었으면 nfs 데몬을 재시작한다. Stop을 먼저하고, start를 한다.

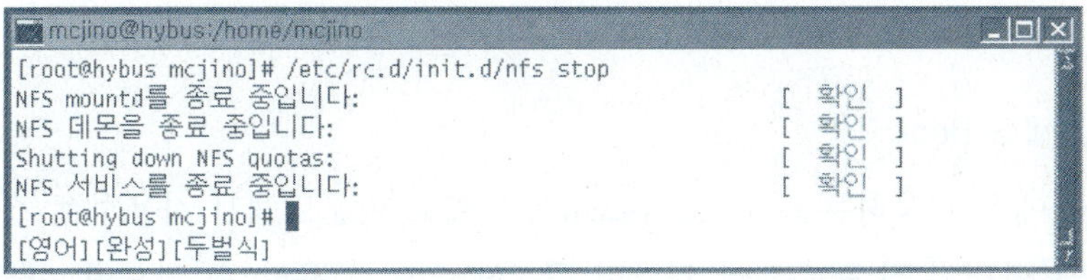

```
mcjino@hybus:/home/mcjino
[root@hybus mcjino]# /etc/rc.d/init.d/nfs stop
NFS mountd를 종료 중입니다:                              [  확인  ]
NFS 데몬을 종료 중입니다:                                [  확인  ]
Shutting down NFS quotas:                               [  확인  ]
NFS 서비스를 종료 중입니다:                              [  확인  ]
[root@hybus mcjino]# 
[영어][완성][두벌식]
```

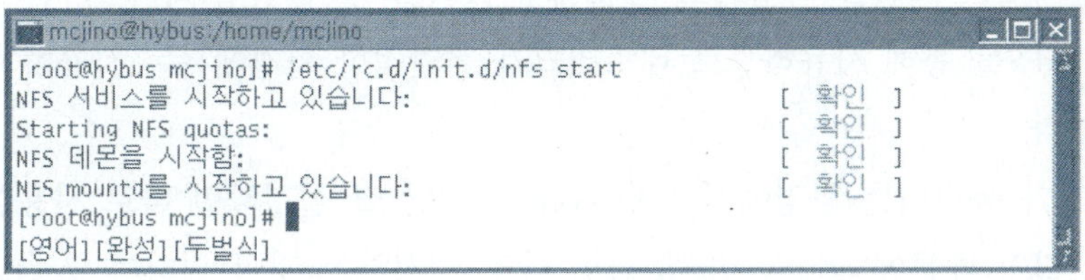

```
mcjino@hybus:/home/mcjino
[root@hybus mcjino]# /etc/rc.d/init.d/nfs start
NFS 서비스를 시작하고 있습니다:                          [  확인  ]
Starting NFS quotas:                                    [  확인  ]
NFS 데몬을 시작함:                                      [  확인  ]
NFS mountd를 시작하고 있습니다:                          [  확인  ]
[root@hybus mcjino]# 
[영어][완성][두벌식]
```


4) Ping Test

호스트 PC와 타깃 보드의 대역폭을 일치하게 한다(netmask). 일치시켰으면 ping test로 연결이 정상적인지 테스트해 본다.

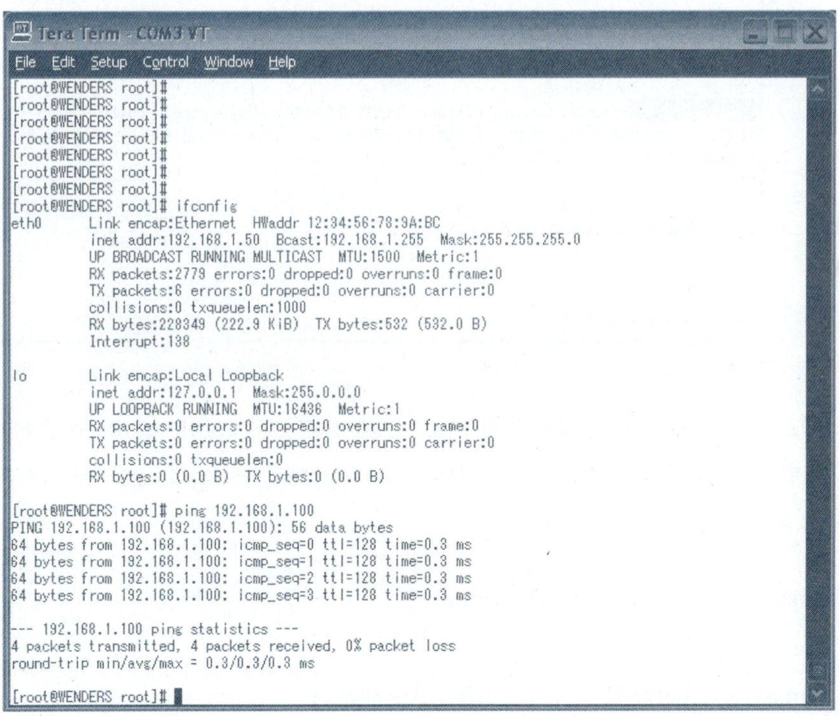

```
Tera Term - COM3 VT
File  Edit  Setup  Control  Window  Help
[root@WENDERS root]#
[root@WENDERS root]#
[root@WENDERS root]#
[root@WENDERS root]#
[root@WENDERS root]#
[root@WENDERS root]#
[root@WENDERS root]#
[root@WENDERS root]# ifconfig
eth0      Link encap:Ethernet  HWaddr 12:34:56:78:9A:BC
          inet addr:192.168.1.50  Bcast:192.168.1.255  Mask:255.255.255.0
          UP BROADCAST RUNNING MULTICAST  MTU:1500  Metric:1
          RX packets:2779 errors:0 dropped:0 overruns:0 frame:0
          TX packets:6 errors:0 dropped:0 overruns:0 carrier:0
          collisions:0 txqueuelen:1000
          RX bytes:228349 (222.9 KiB)  TX bytes:532 (532.0 B)
          Interrupt:138

lo        Link encap:Local Loopback
          inet addr:127.0.0.1  Mask:255.0.0.0
          UP LOOPBACK RUNNING  MTU:16436  Metric:1
          RX packets:0 errors:0 dropped:0 overruns:0 frame:0
          TX packets:0 errors:0 dropped:0 overruns:0 carrier:0
          collisions:0 txqueuelen:0
          RX bytes:0 (0.0 B)  TX bytes:0 (0.0 B)

[root@WENDERS root]# ping 192.168.1.100
PING 192.168.1.100 (192.168.1.100): 56 data bytes
64 bytes from 192.168.1.100: icmp_seq=0 ttl=128 time=0.3 ms
64 bytes from 192.168.1.100: icmp_seq=1 ttl=128 time=0.3 ms
64 bytes from 192.168.1.100: icmp_seq=2 ttl=128 time=0.3 ms
64 bytes from 192.168.1.100: icmp_seq=3 ttl=128 time=0.3 ms

--- 192.168.1.100 ping statistics ---
4 packets transmitted, 4 packets received, 0% packet loss
round-trip min/avg/max = 0.3/0.3/0.3 ms

[root@WENDERS root]# 
```

5) NFS Boot

(1) NFS Boot

타깃에서 사용하는 root filesystem을 NFS로 마운트해서 사용하는 것을 말한다. 네트워크 환경이 잘 구축되어 있다면 큰 무리없이 사용할 수 있으며, 개발할 때 용량걱정 없이 프로그램을 작성하고 타깃에서 돌려볼 수 있어 편하다. 다만 모든 파일시스템은 NFS를 통해 사용하므로 네트워크가 불안정한 환경에서는 사용하기 불편한 단점이 있다.

NFS가 동작되는 환경에서 부팅 command만 잘 설정하면 바로 사용할 수 있다. 옵션이 길기 때문에 config file을 vi로 바로 수정하는 것이 편하다. Arch/arm/config에 예시 config로 WENDERS_ NFS_defconfig가 있다.

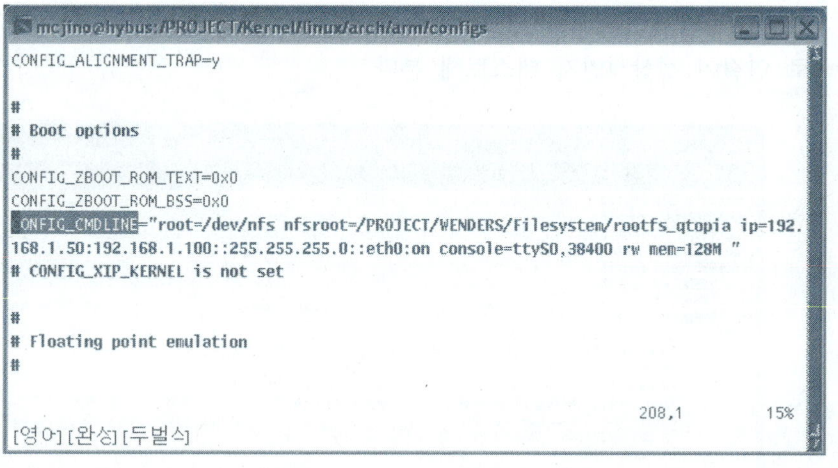

192.168.1.100은 Host PC의 IP이고 /PROJECT……/rootfs-qtopia는 NFS 루트 파일 시스템으로 지정한 경로이다. 타깃의 IP는 192.168.1.50이다. 255.255.255.0은 subnet mask이다.

```
#make WENDERS_NFS_defconfig
#make
```

zImage를 생성하고 이 이미지로 부팅해본다.

```
Tera Term - COM3 VT
File Edit Setup Control Window Help
TCP established hash table entries: 4096 (order: 3, 32768 bytes)
TCP bind hash table entries: 4096 (order: 2, 16384 bytes)
TCP: Hash tables configured (established 4096 bind 4096)
NET: Registered protocol family 1
eth0: link up, 100Mbps, full-duplex, lpa 0x45E1
IP-Config: Complete:
      device=eth0, addr=125.7.203.221, mask=255.255.255.192, gw=255.255.25
5.255,
     host=125.7.203.221, domain=, nis-domain=(none),
     bootserver=125.7.203.253, rootserver=125.7.203.253, rootpath=
Looking up port of RPC 100003/2 on 125.7.203.253
Looking up port of RPC 100005/1 on 125.7.203.253
VFS: Mounted root (nfs filesystem).
Freeing init memory: 100K
pvrdrv: module license 'unspecified' taints kernel.
PVRCore_Init: major device 253
apm_emu: APM Emulation 0.1 initialized.
SETTING VLIOChipSelect to 1
SETTING SRAMChipSelect to 5
SETTING SDRAMMemType to 10
```

```
Tera Term - COM3 VT
File Edit Setup Control Window Help
ifconfig
eth0      Link encap:Ethernet  HWaddr 00:0C:06:85:F1:E3
          inet addr:125.7.203.221  Bcast:125.7.203.255  Mask:255.255.255.1
92
          UP BROADCAST RUNNING MULTICAST  MTU:1500  Metric:1
          RX packets:9038 errors:0 dropped:0 overruns:0 frame:0
          TX packets:4546 errors:0 dropped:0 overruns:0 carrier:0
          collisions:0 txqueuelen:1000
          RX bytes:10120373 (9.6 MiB)  TX bytes:768980 (750.9 KiB)
          Interrupt:59

lo        Link encap:Local Loopback
          inet addr:127.0.0.1  Mask:255.0.0.0
          UP LOOPBACK RUNNING  MTU:16436  Metric:1
          RX packets:977 errors:0 dropped:0 overruns:0 frame:0
          TX packets:977 errors:0 dropped:0 overruns:0 carrier:0
          collisions:0 txqueuelen:0
          RX bytes:168472 (164.5 KiB)  TX bytes:168472 (164.5 KiB)

[root@hybus ~]# df
Filesystem           1k-blocks      Used Available Use% Mounted on
/dev/root             79064360  27160956  47887156  36% /
[root@hybus ~]#
```


만일 세팅이 정상적인데 NFS가 되지 않는다면 HOST PC의 방화벽 설정을 확인하고 "방화벽을 사용하지 않음"으로 설정한다.

6.2 GQMPEG

1. 다운로드

http://prdownloads.sourceforge.net/gqmpeg/gqmpeg-0.91.1.tar.gz

빌드 환경은 아시아눅스 오픈에디션3 환경에서 X-Hyper320TKU 컴파일러를 사용하였다.

2. 개념 정의

프런트 엔드 gqmpeg는 다양한 오디오 플레이어, 특징 테마(스킨), 재생 등 많은 구성 옵션을 가지고 있다. 지원되는 백 엔드는 mpg123, ogg123, xmp, 그리고 video4linux 라디오 튜너를 한다.

3. Gqmpeg 설정

① "/root/" 폴더에 "gqmpeg-0.91.1.tar" 파일을 복사한 후 "tar zxvf gqmpeg-0.91.1.tar"를 이용해 압축 해제한다. 그리고 압축 해제한 폴더로 이동한다.

아래의 스크립트를 이용해서 파일 하나를 생성하고 "./파일명" 으로 실행할 수 있도록 미리 설정해 놓는다. 참고로 설치 파일에 대한 소스파일로 된 패키지를 설치할 때에는 "./configure"를 이용해야 하지만 Target Board에 포팅을 하기 위해서는 임의적으로 파일을 생성해 실행할 수 있도록 한다.

스크립트 코드

```
#!/bin/sh
export CFLASS="=mabi=aapcs-linux -mtune=iwmmkt -mcpu=iwmmkt"
export PKGLCONFIGLPATH=/usr/local/arm-linux-4.1.1/arm-iwmmkt-linux-gnueabi/lib/pkgconfig
./configure \
--build=i386-linux \
--host=arm-linux \
--prefix=/usr/ \
--disable-esd \
disable-arts
```

위의 소스코드를 통해 환경설정을 할 수 있도록 크로스 컴파일을 설정해 준다.

② 사용자가 위의 소스코드를 추가해서 생성한 파일명을 "./파일명"으로 실행한다.

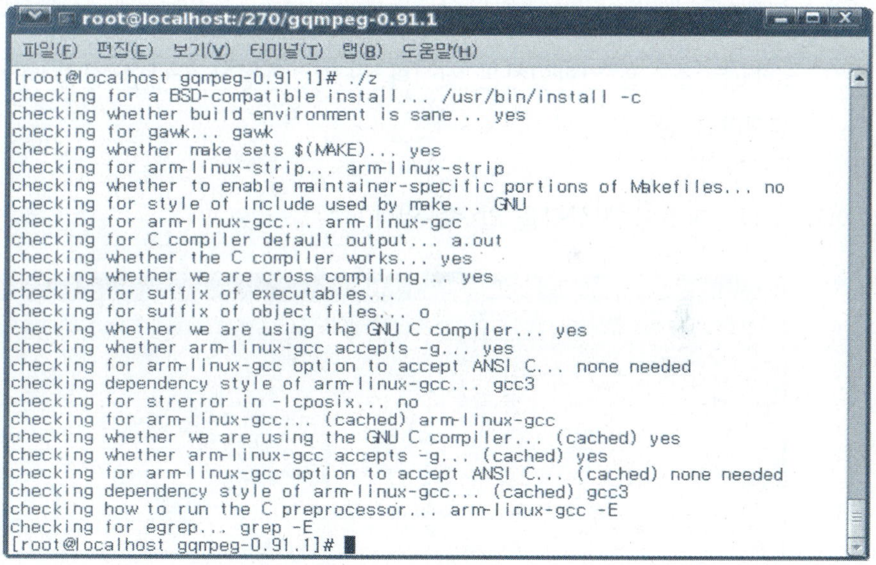

```
root@localhost:/270/gqmpeg-0.91.1
파일(F) 편집(E) 보기(V) 터미널(T) 탭(B) 도움말(H)
[root@localhost gqmpeg-0.91.1]# ./z
checking for a BSD-compatible install... /usr/bin/install -c
checking whether build environment is sane... yes
checking for gawk... gawk
checking whether make sets $(MAKE)... yes
checking for arm-linux-strip... arm-linux-strip
checking whether to enable maintainer-specific portions of Makefiles... no
checking for style of include used by make... GNU
checking for arm-linux-gcc... arm-linux-gcc
checking for C compiler default output... a.out
checking whether the C compiler works... yes
checking whether we are cross compiling... yes
checking for suffix of executables...
checking for suffix of object files... o
checking whether we are using the GNU C compiler... yes
checking whether arm-linux-gcc accepts -g... yes
checking for arm-linux-gcc option to accept ANSI C... none needed
checking dependency style of arm-linux-gcc... gcc3
checking for strerror in -lcposix... no
checking for arm-linux-gcc... (cached) arm-linux-gcc
checking whether we are using the GNU C compiler... (cached) yes
checking whether arm-linux-gcc accepts -g... (cached) yes
checking for arm-linux-gcc option to accept ANSI C... (cached) none needed
checking dependency style of arm-linux-gcc... (cached) gcc3
checking how to run the C preprocessor... arm-linux-gcc -E
checking for egrep... grep -E
[root@localhost gqmpeg-0.91.1]#
```

③ 주의할 점은 "configure" 명령어 앞에 "./" 붙는 이유는 "configure"가 해당 디렉토리에 들어 있는 실행 파일이기 때문에 "."은 현재 디렉토리를 의미하기 때문에 "./" 없이는 "configure"가 실행되지 않는다.

④ "make"를 실행한다.

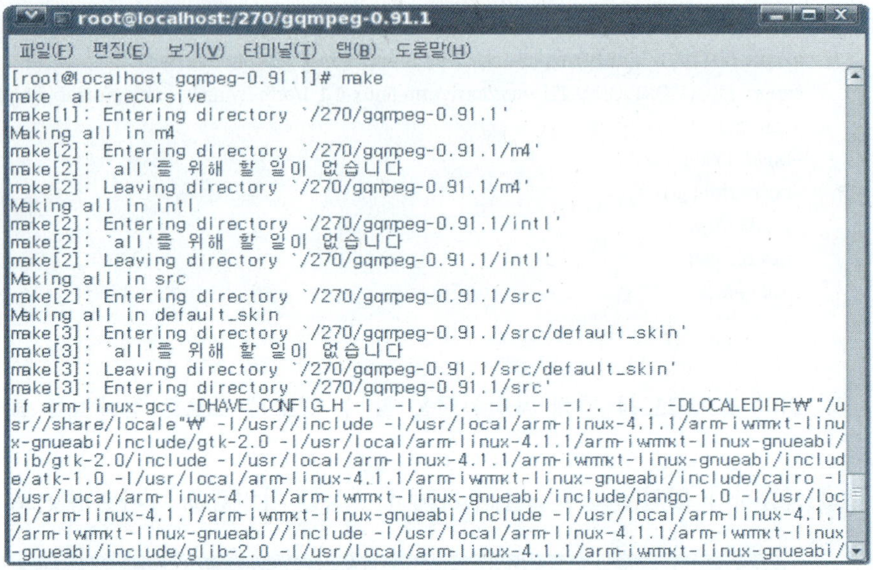

make는 소스를 컴파일하는 것이다. make 과정이 끝나면 실행 파일이 생성된 상태라고 할 수 있다.

⑤ binary 파일이 생성됨을 알 수 있다.

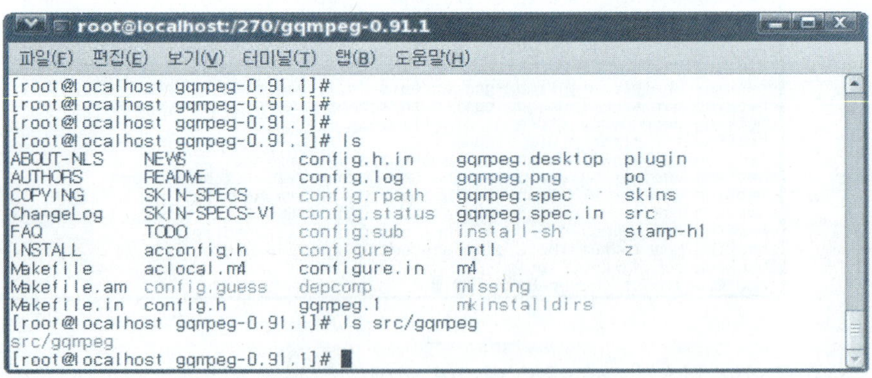

6.3 GQVIEW

1. 다운로드

http://prdownloads.sourceforge.net/gqview/gqview-2.0.4.tar.gz?download

빌드 환경은 아시아눅스 오픈에디션3 환경에서 X-Hyper320TKU 컴파일러를 사용하였다.

2. 개념 정의

그림 파일을 쉽게 볼 수 있도록 구성된 프로그램으로서 화면에 나타나는 정보의 형식을 다양하게 조절할 수 있어 매우 편리하다. 아이콘 형식으로 보여주거나 파일 이름을 중심적으로 보여주는 리스트 형식 등을 선택할 수 있으며 줌인, 줌아웃 등의 그래픽 편집 형식을 이용할 수도 있다.

즉, GQVIEW는 커맨드라인 형태의 명령어로 이미지를 변경할 수 있으며 이미지 심네일을 지원하며 이미지 자체에 복사, 이동, 확대를 지원하고 슬라이드 쇼 및 전체 화면 보기를 지원한다. 작지만 이미지 보기에 충실한 프로그램이다.

3. Gqview 설정

① "tar zxvf gqview-2.0.4.tar"을 이용해 압축을 해제한다.

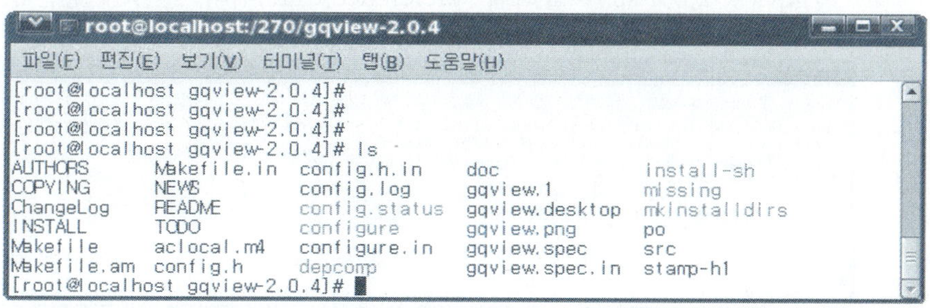

② 소스 수정

```
root@localhost:/opt
파일(F) 편집(E) 보기(V) 터미널(T) 탭(B) 도움말(H)
//#define MAINWINDOW_DEF_WIDTH 700
#define MAINWINDOW_DEF_WIDTH 800
//#define MAINWINDOW_DEF_HEIGHT 500
#define MAINWINDOW_DEF_HEIGHT 480
        //gtk_window_set_resizable(GTK_WINDOW(lw->window), TRUE);
        gtk_widget_set_size_request (lw->window, 800, 480);

-- 끼워넣기 --                                        11,1          13%
```

- "gqview-2.0.4/src/" 폴더 안에 layout.c 파일에 위와 같이 수정한다.

```
root@localhost:/opt
파일(F) 편집(E) 보기(V) 터미널(T) 탭(B) 도움말(H)
static gint zoom_mode_c=ZOOM_RESET_FIT_WINDOW

-- 끼워넣기 --                                        22,1          44%
```

- "/gqview-2.0.4/src/" 폴더에 "preference.c"로 위와 같이 수정한다.

```
root@localhost:/opt
파일(F) 편집(E) 보기(V) 터미널(T) 탭(B) 도움말(H)
export PKG_CONFIG_PATH=/usr/local/arm-linux-4.1.1/arm-iwmmxt-linux-gnueabi/lib/pkgconfig
export PATH=/usr/local/arm-linux-4.1.1/bin:$PATH
export CFLAGS="-mabi=aapcs-linux -mcpu=iwmmxt -mtune=iwmmxt"
./configure --build=i386 ₩
            --host=arm-linux ₩
            --target=arm-linux ₩
            --enable-static

-- 끼워넣기 --                                        32,1          84%
```

- "/gqview-2.0.4/src/" 폴더에 "preference.c"로 위와 같이 수정한다.

```
root@localhost:/opt
파일(F) 편집(E) 보기(V) 터미널(T) 탭(B) 도움말(H)
export PKG_CONFIG_PATH=/usr/local/arm-linux-4.1.1/arm-iwmmxt-linux-gnueabi/lib/pkgconfig
export PATH=/usr/local/arm-linux-4.1.1/bin:$PATH
export CFLAGS="-mabi=aapcs-linux -mcpu=iwmmxt -mtune=iwmmxt"
./configure --build=i386 ₩
            --host=arm-linux ₩
            --target=arm-linux ₩
            --enable-static

-- 끼워넣기 --                                        32,1          84%
```

- Gqview 설정 스크립트이다.

③ 위의 configure 스크립트를 실행한다.(아래는 z에 저장한 후 z를 실행한 것)

```
root@localhost:/270/gqview-2.0.4
파일(F) 편집(E) 보기(V) 터미널(T) 탭(B) 도움말(H)
[root@localhost gqview-2.0.4]# ./z
checking for a BSD-compatible install... /usr/bin/install -c
checking whether build environment is sane... yes
checking for gawk... gawk
checking whether make sets $(MAKE)... yes
checking for arm-linux-strip... arm-linux-strip
checking whether to enable maintainer-specific portions of Makefiles... no
checking for style of include used by make... GNU
checking for arm-linux-gcc... arm-linux-gcc
checking for C compiler default output file name... a.out
checking whether the C compiler works... yes
checking whether we are cross compiling... yes
checking for suffix of executables...
checking for suffix of object files... o
checking whether we are using the GNU C compiler... yes
checking whether arm-linux-gcc accepts -g... yes
checking for arm-linux-gcc option to accept ANSI C... none needed
checking dependency style of arm-linux-gcc... gcc3
checking for library containing strerror... none required
checking for arm-linux-gcc... (cached) arm-linux-gcc
checking whether we are using the GNU C compiler... (cached) yes
checking whether arm-linux-gcc accepts -g... (cached) yes
checking for arm-linux-gcc option to accept ANSI C... (cached) none needed
checking dependency style of arm-linux-gcc... (cached) gcc3
checking how to run the C preprocessor... arm-linux-gcc -E
checking for egrep... grep -E
```

환경에 알맞은 Makefile이 생성된다.

④ "/root/gqview-2.0.4/"폴더에서 "make" 명령어를 실행한다.

```
root@localhost:/270/gqview-2.0.4
파일(F) 편집(E) 보기(V) 터미널(T) 탭(B) 도움말(H)
[root@localhost gqview-2.0.4]# make
make  all-recursive
make[1]: Entering directory `/270/gqview-2.0.4'
Making all in src
make[2]: Entering directory `/270/gqview-2.0.4/src'
Making all in icons
make[3]: Entering directory `/270/gqview-2.0.4/src/icons'
Making all in svg
make[4]: Entering directory `/270/gqview-2.0.4/src/icons/svg'
make[4]: `all'를 위해 할 일이 없습니다
make[4]: Leaving directory `/270/gqview-2.0.4/src/icons/svg'
make[4]: Entering directory `/270/gqview-2.0.4/src/icons'
gdk-pixbuf-csource --raw --extern --build-list folder_closed           ./folder
_closed.png folder_locked             ./folder_locked.png folder_open         .
/folder_open.png folder_up            ./folder_up.png gqview_icon             .
/gqview_icon.png gqview_logo          ./gqview_logo.png icon_scroller         .
/scroller.png icon_broken             ./sheet_broken.png icon_book            .
/icon_book.png icon_config            ./icon_config.png icon_tools            .
/icon_tools.png icon_view             ./icon_view.png > icons_inline.h
make[4]: Leaving directory `/270/gqview-2.0.4/src/icons'
make[3]: Leaving directory `/270/gqview-2.0.4/src/icons'
make[3]: Entering directory `/270/gqview-2.0.4/src'
if arm-linux-gcc -DHAVE_CONFIG_H -I. -I. -I.. -I. -I -I.. -I.. -I/usr/local/incl
ude -I/usr/local/arm-linux-4.1.1/arm-iwmmxt-linux-gnueabi/include/gtk-2.0 -I/usr
/local/arm-linux-4.1.1/arm-iwmmxt-linux-gnueabi/lib/gtk-2.0/include -I/usr/local
/arm-linux-4.1.1/arm-iwmmxt-linux-gnueabi/include/atk-1.0 -I/usr/local/arm-linux
```

make는 스크립트와 소스들을 실제로 컴파일해서 binary 파일로 생성한다.

⑤ binary 파일이 생성됨을 알 수 있다.

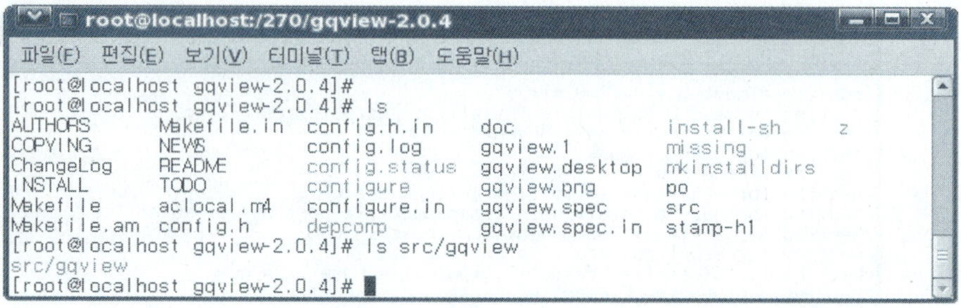

6.4 MPLAYER

1. 다운로드

http://www.mplayerhq.hu/MPlayer/releases/MPlayer-1.0rc1.tar.bz2

빌드 환경은 아시아눅스 오픈에디션3 환경에서 X-Hyper320TKU 컴파일러를 사용하였다.

2. 개념 정의

오픈 소스 자유 소프트웨어 미디어 재생이다. GNU 공중 사용허가로 서로 배포된다. 리눅스와 유닉스 계열, 윈도우, 맥 OS를 포함한 대부분의 운영체제에서 작동하며, 아미가 OS와 MorphOS를 위한 버전도 있다. 윈도우 버전은 몇 가지 작은 문제가 있지만 HX 도스 확장에 사용하는 도스에서도 작동을 한다.

MPlayer은 다양한 미디어 포맷을 지원한다. 또한 스트리밍된 정보도 파일로 저장을 할 수 있다.

3. MPlayer 설정

① "tar zxvf MPlayer-1.0rc1.tar"의 압축을 해제한다.

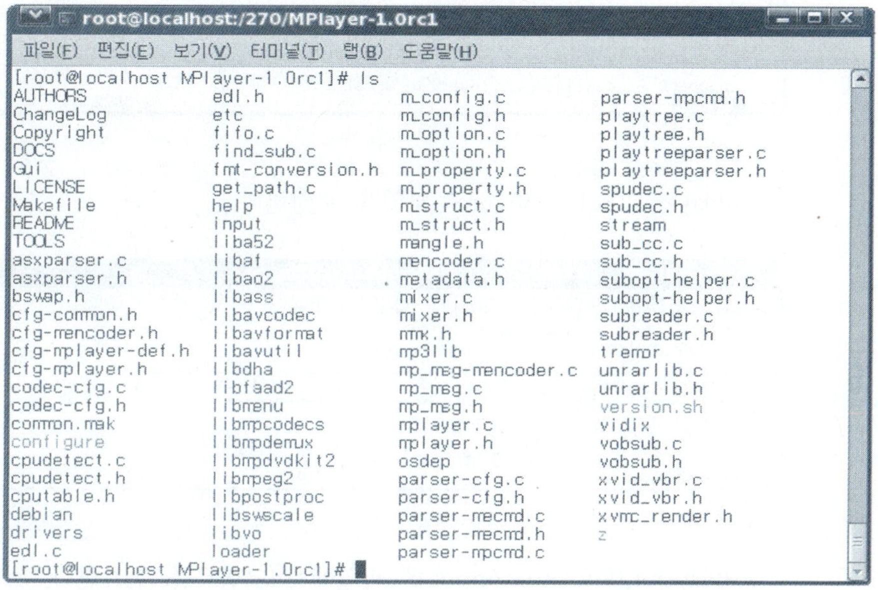

압축 파일로 되어 있기 때문에 압축해제를 통해 MPlayer를 설치할 준비를 할 수 있도록 한다.

"cd MPlayer-1.0rc1" 폴더로 이동해서 폴더 안에 있는 파일들을 확인한다.

② 수정 내용

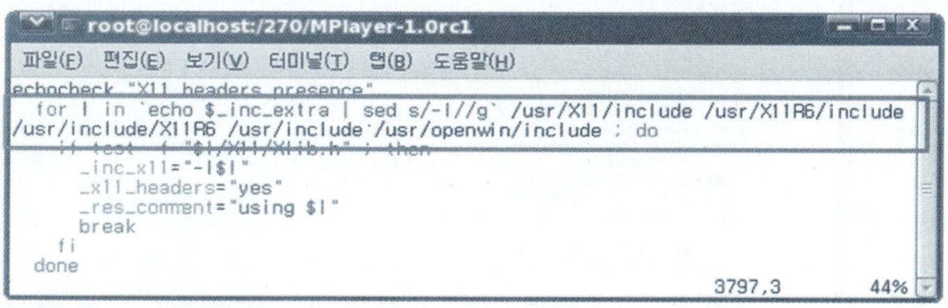

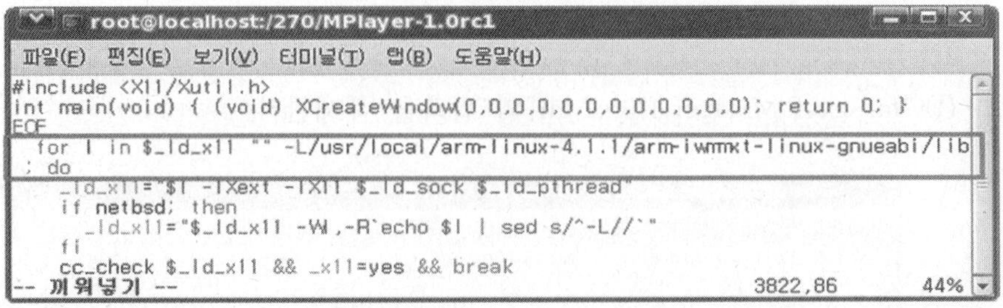

• "../MPlayer-1.0rc1/configure" 파일을 수정한다.

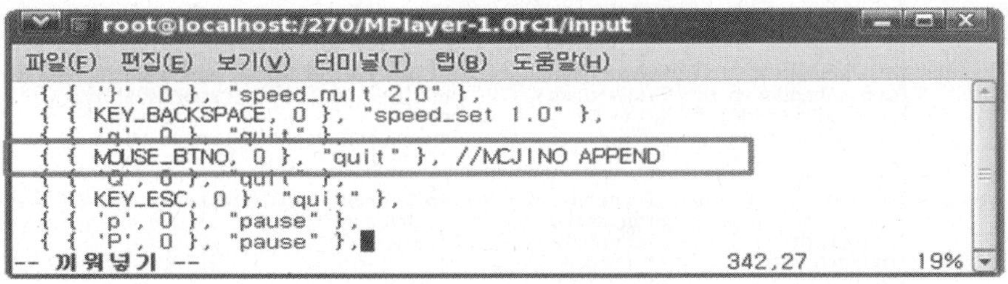

• "../MPlayer-1.0rc1/input/input.c" 파일에 스크립트를 추가한다.

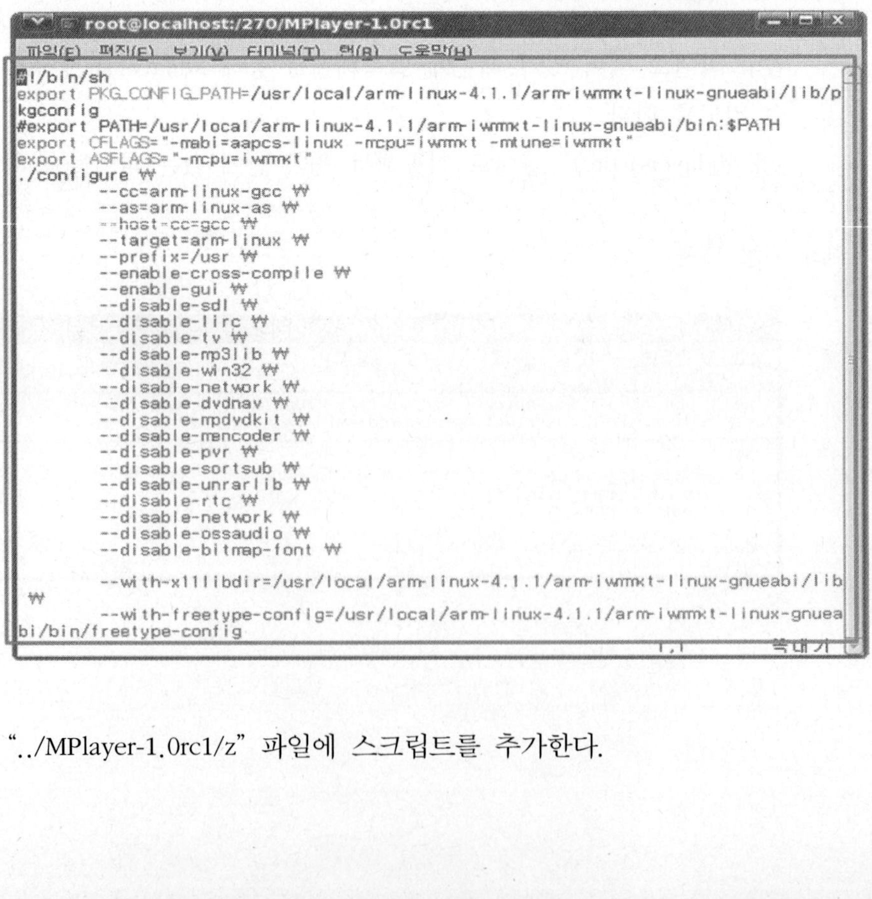

• "../MPlayer-1.0rc1/z" 파일에 스크립트를 추가한다.

③ 사용자가 임의적으로 만든 파일을 "./파일명(z)"을 실행시킨다.

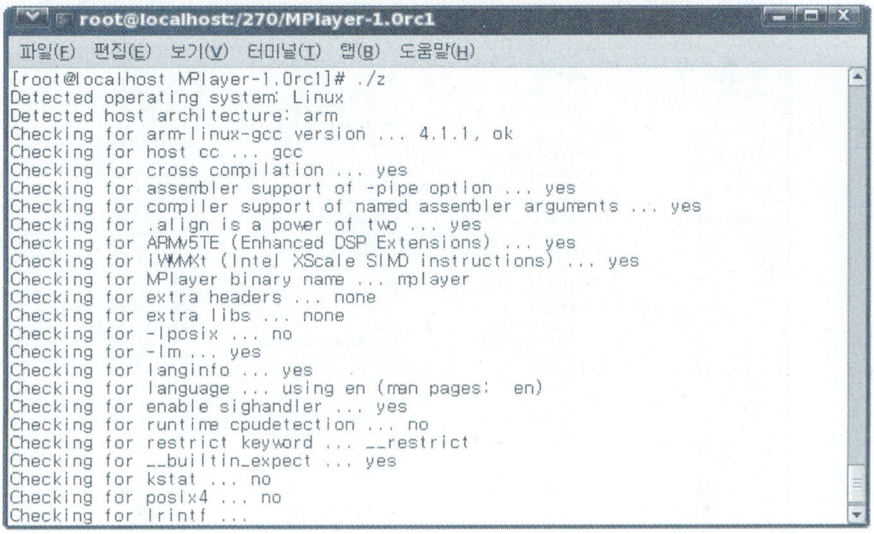

④ "make"를 실행한다.

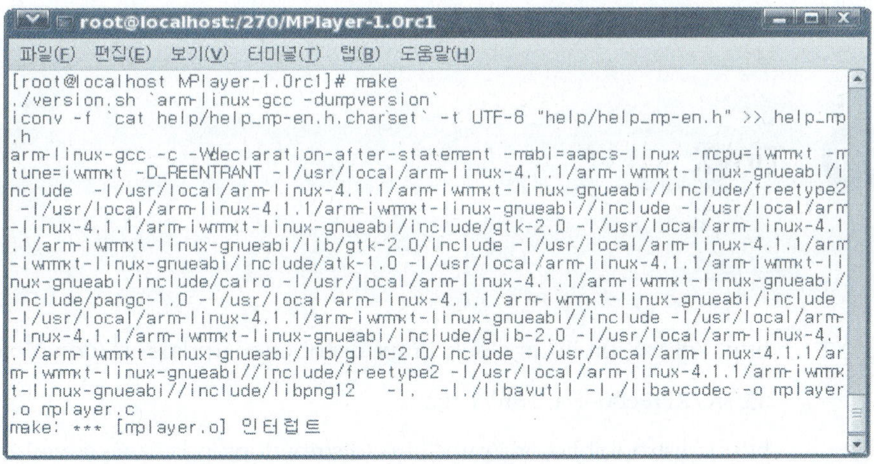

make는 소스를 컴파일하는 것이다. 컴파일이란 소스파일을 사용자가 실행 가능한 파일로 만들어 주는 과정을 말한다. make 과정이 끝나면 설치 파일이 생성된 상태라고 할 수 있다. make는 소스코드를 실제로 컴파일해서 binary 파일을 생성한다.

⑤ binary 파일이 생성됨을 알 수 있다.

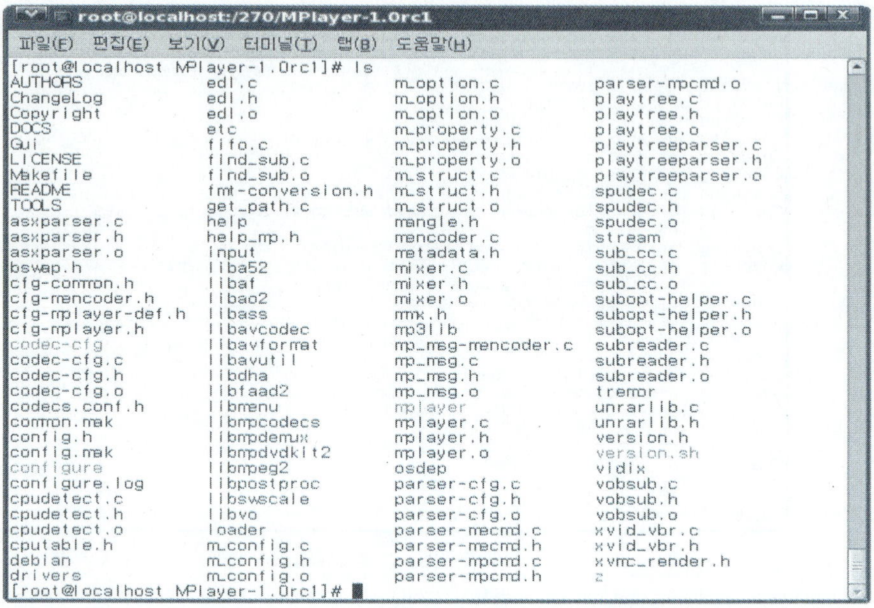

6.5 TinyX

1. 다운로드

- http://distro.ibiblio.org/pub/linux/distributions/pdaxrom/download/1.1.0beta3/src/XFree86-4.4.0-src-1.tgz
- http://distro.ibiblio.org/pub/linux/distributions/pdaxrom/download/1.1.0beta3/src/XFree86-4.4.0-src-2.tgz
- http://distro.ibiblio.org/pub/linux/distributions/pdaxrom/download/1.1.0beta3/src/XFree86-4.4.0-src-3.tgz

빌드 환경은 아시아눅스 오픈에디션3 환경에서 X-Hyper320TKU 컴파일러를 사용하였다.

2. 개념 정의

X 서버는 분산 네트워크 내에 있는 X터미널이 X윈도우 시스템을 사용하기 위하여 접속하는 서버이다. 터미널 사용자의 관점에서 보면 X서버는 여러 개의 윈도우를 사용하는 서버 애플리케이션처럼 보일 수도 있다. 실제로 X서버를 사용하는 원격지 컴퓨터 내에 있는 애플리케이션은 각 터미널에서 실행되는 윈도우 관리 프로그램의 서비스를 이용하기 위한 클라이언트 요청을 한다. X서버는 X윈도우 시스템의 일부로서 대체로 메인프레임, 미니컴퓨터, 워크스테이션 등의 유닉스 기반 운영체계에 설치된다.

3. TinyX 설정

① 다운로드받은 파일을 압축 해제한다.

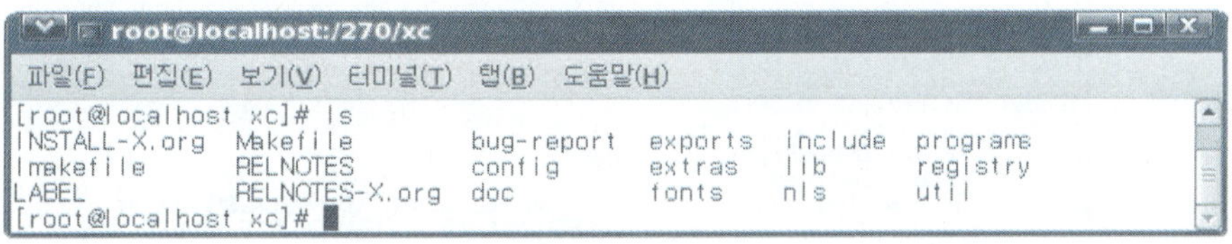

"tar zxvf xc_WENDERS.tgz" 명령어를 통해 압축을 해제한다.

② 스크립트 수정

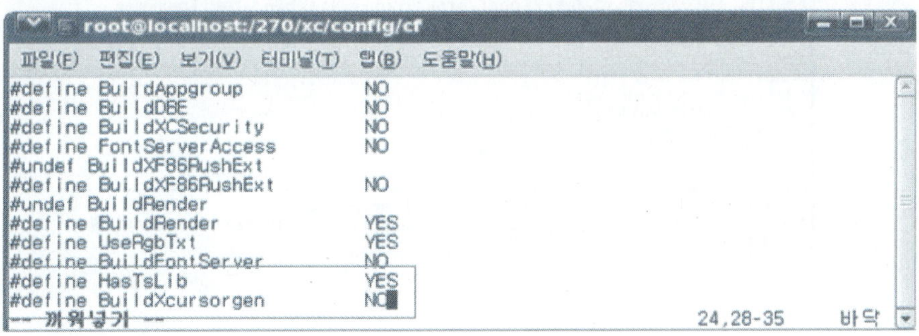

- "../config/cf/TinyX.cf" 파일을 수정한다.

```
root@localhost:/270/xc/config/cf
파일(F) 편집(E) 보기(V) 터미널(T) 탭(B) 도움말(H)
      XCURSORGEN = $(BINDIR)/xcursorgen
// 추가
# else
        MKFONTDIR = /usr/X11R6/bin/mkfontdir
        MKFONTSCALE = /usr/X11R6/bin/mkfontscale
        FONTC = /usr/X11R6/bin/bdftopcf
        XCURORGEN = /usr/X11R6/bin/xcursorgen
# endif
# if HasPerl
      MKHTMLINDEX = RunPerlScript($(CONFIGSRC)/util/mkhtmlindex.pl,)
# else
      MKHTMLINDEX = $(SHELL) $(CONFIGSRC)/util/mkhtmlindex.sh
-- 끼워넣기 --                                          1605,46      36%
```

- "../config/cf/X11.tmpl" 파일을 수정한다.

```
root@localhost:/270/xc/config/cf
파일(F) 편집(E) 보기(V) 터미널(T) 탭(B) 도움말(H)
//#if 0
#if 1
#undef i386Architecture
#define Arm32Architecture

#undef OptimizedCDebugFlags
#define OptimizedCDebugFlags     -O2
#define ServerCDebugFlags        -O2
#undef StandardDefines
#define StandardDefines          -Dlinux -D__arm__ -D_POSIX_SOURCE ₩
                                 -D_BSD_SOURCE -D_GNU_SOURCE -DX_LOCALE
#undef CcCmd
//#define StdIncDir /skiff/local/arm-linux/include
#define StdIncDir /usr/local/arm-linux-4.1.1/arm-iwmmxt-linux-gnueabi/include
#define PreIncDir
#undef PostIncDir
//#define PostIncDir /skiff/local/lib/gcc-lib/arm-linux/2.95.2/include
#define /usr/local/arm-linux-4.1.1/lib/gcc/arm-iwmmxt-linux-gnueabi/4.1.1/include
//#define CcCmd /skiff/local/bin/arm-linux-gcc
#define CcCmd /usr/local/arm-linux-4.1.1/bin/arm-linux-gcc
#undef CplusplusCmd
#define HasCplusplus YES
//#define CplusplusCmd /skiff/local/bin/arm-linux-g++
#define CplusplusCmd /usr/local/arm-linux-4.1.1/bin/arm-linux-g++
#define DoRanlibCmd YES
//#define RanlibCmd /skiff/local/bin/arm-linux-ranlib
#define RanlibCmd /usr/local/arm-linux-4.1.1/bin/arm-linux-ranlib
#undef ExtraLoadFlags
#define ExtraLoadFlags
#define FbNoPixelAddrCode
#undef TermcapLibrary
#define TermcapLibrary -ltermcap

#undef LdPostLib
//#define LdPostLib      -L/skiff/local/arm-linux/lib
#define LdPostLib        -L/usr/local/arm-linux-4.1.1/arm-linux/lib
-- 끼워넣기 --                                          43,61-67     43%
```

- "../config/cf/cross.def" 파일을 수정한다.

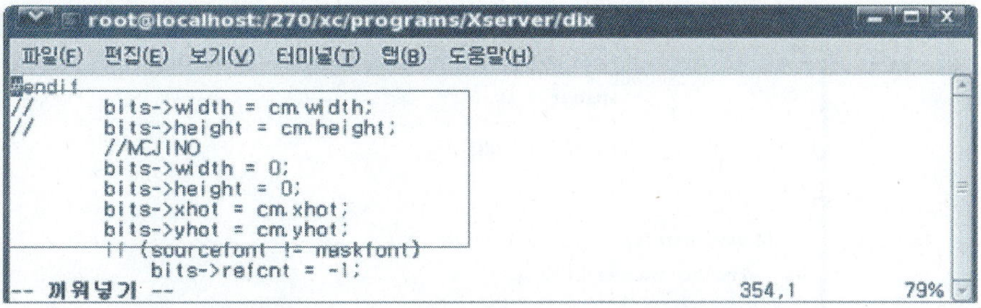

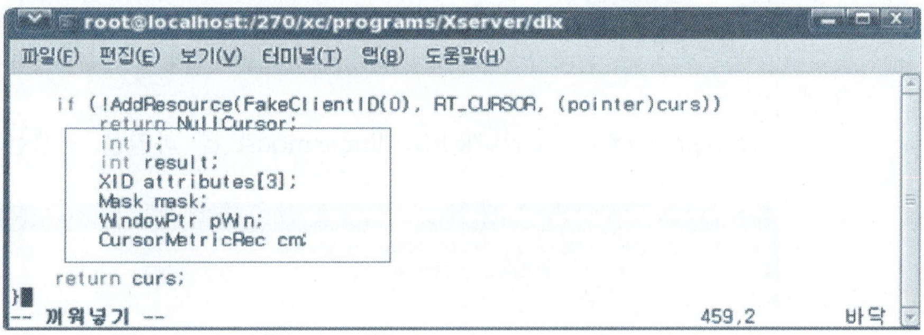

- "../programs/Xserver/dix/cursor.c" 파일을 위에 나온 소스들을 추가한다.

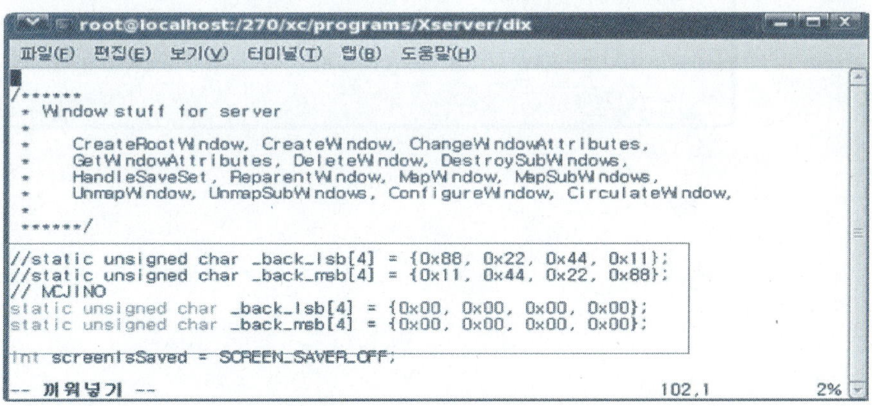

- "../programs/Xserver/dix/window.c" 파일을 수정한다.

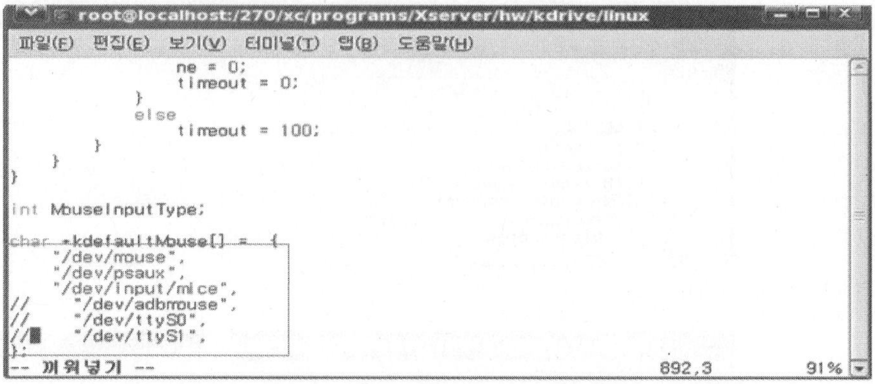

- "../programs/Xserver/hw/kdrive/linux/mouse.c" 파일을 수정한다.

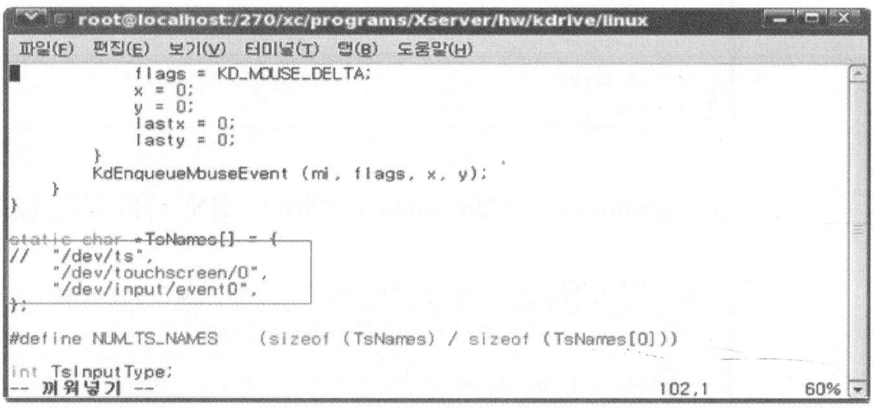

- "../programs/Xserver/hw/kdrive/linux/tslib.c" 파일을 수정한다.

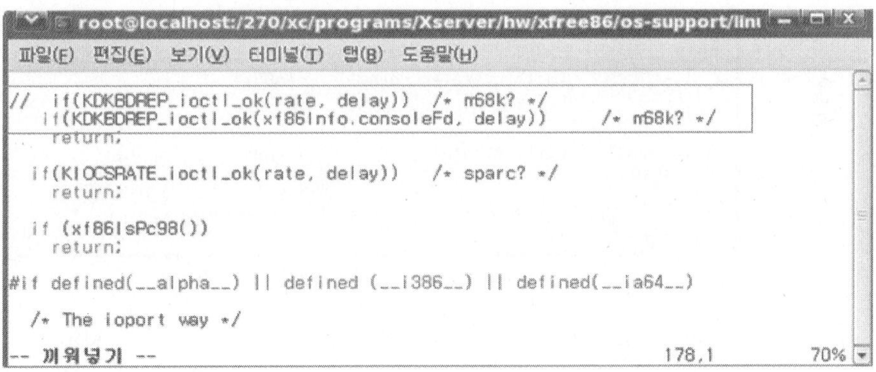

제6장

- "../programs/Xserver/hw/xfree86/os-support/linux/lnx_io.c" 파일을 수정한다.

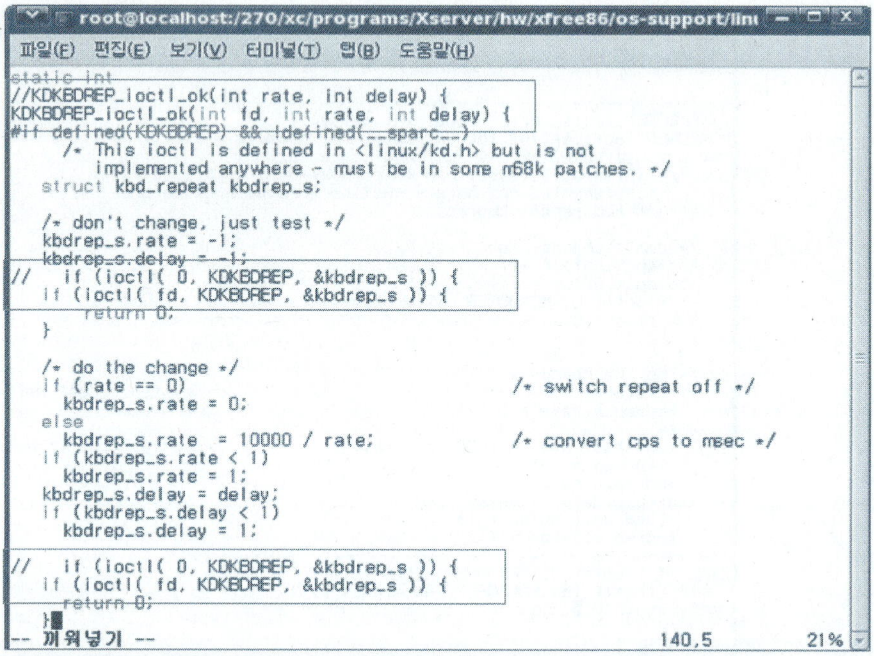

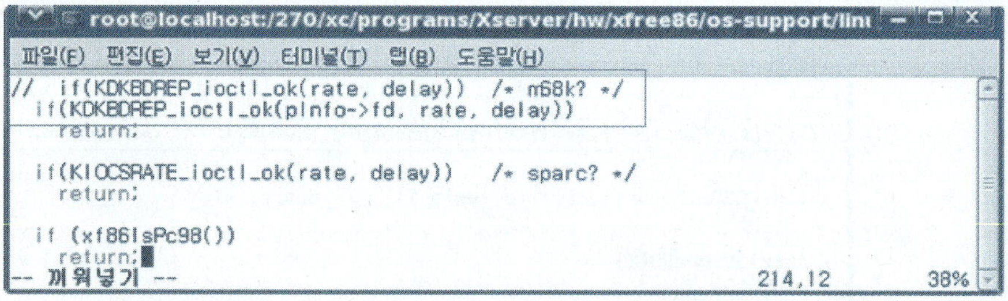

- "../programs/Xserver/hw/xfree86/os-support/linux/lnx_kbd.c" 파일을 수정한다.

③ 압축 해제한 폴더로 이동한 후 make 실행한다.

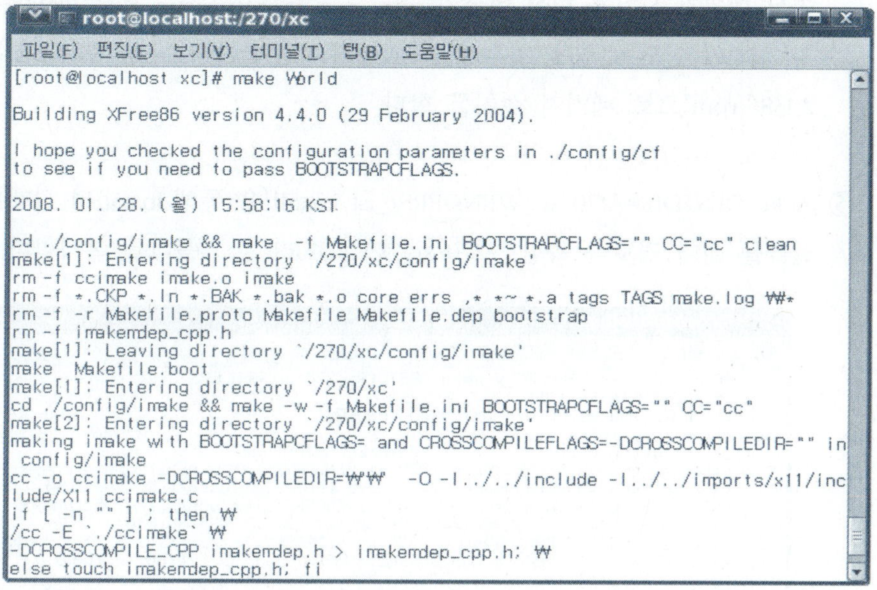

Makefile에 미리 설정한 내용들로 실행하도록 "make World"를 실행한다.

④ 컴파일이 진행된다.

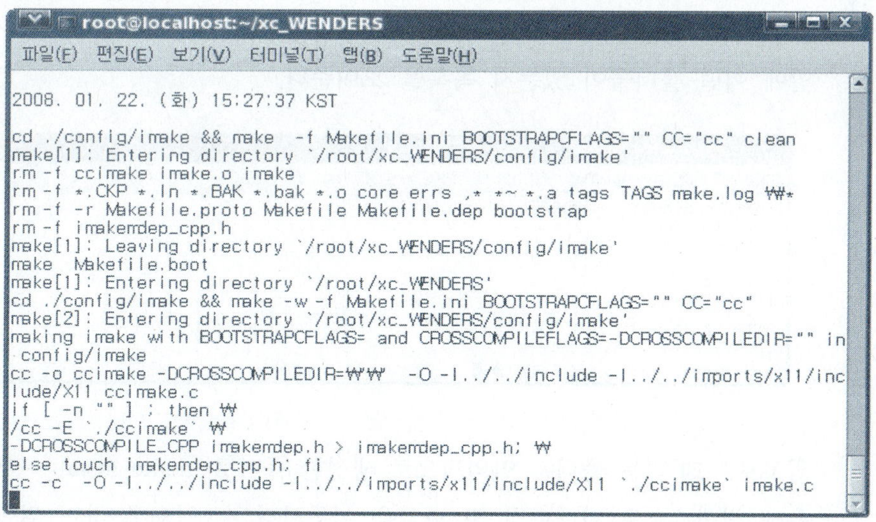

"make World"를 실행하면 Makefile 안에 설정된 내용으로 컴파일이 된다.

"make World"를 실행했는데 컴파일이 제대로 완료되지 않을 경우에는 bison이라는 패키지 설치가 되어 있는지 "rpm -qa | grep bison"으로 확인을 한다. 만약 설치가 안되어 있을 경우에는 CD에서 다운받아서 "rpm -ivh bison-1.875c-2.i386.rpm"으로 패키지 설치를 한다.

⑤ make DESTDIR=/270/xc_WENDERS/_ist install"을 통해 install된 디렉토리와 파일들을 절대 경로를 통한 "/270/xc_WENDERS/_ist" 폴더를 복사한다.

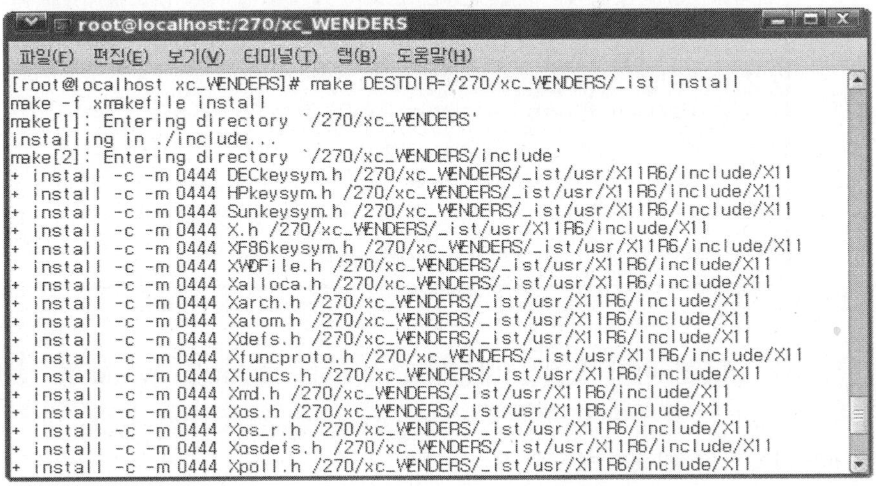

⑥ "_ist"라는 폴더를 생성해서 "make install" 명령어를 통해 복사를 했기 때문에 안에 어떤 폴더들이 있는지 목록을 보여준다.

참고로 "_ist"라는 폴더는 임의적으로 생성한 폴더로 "make install" 명령어를 이용해 절대주소로 디렉토리 및 파일을 이동시킬 수 있도록 하기 위함이다.

제 7 장

스톱워치

7.1 개 요

스톱 워치 프로그램은 임베디드 시스템에서 간단하게 구현해볼 수 있는 가장 기본적인 프로그램들 중 하나이다. X-Hyper320TKU에 부착되는 IEB 보드의 FND와 KEY matrix를 활용하여 실제로 스톱 워치와 유사한 기능을 가진 프로그램을 구현해보자.

7.2 관련기술

1. 임베디드 S/W 기술

일반적인 컴퓨터가 아닌 각종 전자제품이나 정보기기 등에 설치되어 있는 마이크로프로세서(Microprocessor)에 미리 정해진 특정한 기능을 수행하는 S/W를 내장시킨 시스템을 임베디드 시스템이라 하고, 여기에 내장된 소프트웨어가 바로 임베디드 S/W이다. 즉, 임베디드 S/W는 산업 및 군사용 제어기기, 디지털 정보가전기기, 자동 센서장비 등의 기능을 다양화하고 부가가치를 높이기 위한 핵심 S/W로, 일상생활 속에서 쉽게 접하는 휴대폰, TV, 세탁기, 기차, 비행기, 엘리베이터 등의 제품 안에 내장된 임베디드 시스템에서 하드웨어를 제외한 나머지 부분이라고 할 수 있다.

최근 IT 기술은 마이크로프로세서의 가격이 낮아지고 소형화 및 고성능화가 진행됨에 따라 제품 경쟁력의 핵심이 H/W 생산기술에서 S/W 최적화 기술로 이동하는 변혁기를 맞이하여 임베디드 S/W가 탑재된 상품의 가치가 H/W보다는 S/W에 의해 좌우되는 기술 집약적 고부가가치 산업으로 발전하고 있다. 초창기 임베디드 S/W는 간단한 제어 프로그램만으로 산업용 기기를 제어하는데 그쳤으나, 최근에는 멀티미디어 처리와 같은 점차 복잡한 기능을 위해 멀티태스크 및 네트워크 기능을 제공하는 임베디드 OS를 이용하고 있다.

임베디드 S/W의 특징을 간략히 정리하면 다음과 같다.

1) 시간 처리 지원

실시간 처리가 지원되지 않으면 큰 손실이나 위험을 초래할 수 있는 비행제어 시스템 및 항법 시스템 등에서 실시간 처리를 지원해야 한다.

2) 고신뢰성

원자력 발전, 항공기 및 미사일 제어 등과 같은 S/W 오작동이나 불시의 작동 중지 등으로 심각한 결과를 초래할 수 있는 시스템에서 고도의 신뢰성이 요구된다.

3) 최적화 기술지원

임베디드 시스템은 크기, 가격 및 발열 등을 이유로 제공된 H/W 자원으로 구성되기 때문에 임베디드 S/W는 경량화, 저전력 지원의 효율적 관리 등의 측면에서 H/W에 최적화되는 기술을 지원하여야 한다.

4) 특정 시스템 전용

범용 데스크톱 또는 서버에서 실행되는 패키지 소프트웨어와 달리 특정 시스템의 실행을 목적으로 개발되는 S/W이다.

5) 네트워크 및 멀티미디어 처리기능 지원

임베디드 시스템들이 단독형 시스템뿐만 아니라 유무선 네트워크를 통해 연결될 수 있어야 하고, 멀티미디어 정보를 처리하는 기술이 필요한 디지털 TV, PDA 및 스마트 폰 등과 같은 임베디드 시스템을 지원해야 한다.

6) 다양한 솔루션과 개발도구 필요

다양한 기종과 규격의 마이크로프로세서에 최적화된 별도의 솔루션이 동시에 제공되어야 하며, 고난도의 임베디드 S/W application을 빠르고 안정되게 개발하기 위해 사용하기 쉬운 개발도구가 필요하다.

2. 디바이스 드라이버

디바이스(Device)란 LCD, USB, Ethernet, PCMCIA, CF, AUDIO, Keypad 등과 같

이 컴퓨터 시스템(Flash Memory, SDRAM 등의) 이외의 주변장치를 말하고, 드라이버란 이러한 하드웨어 장치를 제어하고 관리하는 방법을 컴퓨터 시스템에게 알려주는 조그만 크기의 응용 프로그램을 말한다. 보통 이 드라이버를 디바이스 드라이버라 하는데, 디바이스를 구동시키기 위해서는 꼭 필요한 프로그램이라고 생각하면 된다. 리눅스 커널에서 지원하는 드라이버도 있지만(예를 들면 마우스, 키보드, 플로피 등) 그렇지 않은 경우에는 해당 드라이버를 찾아 설치하거나 만들어 줘야 한다.

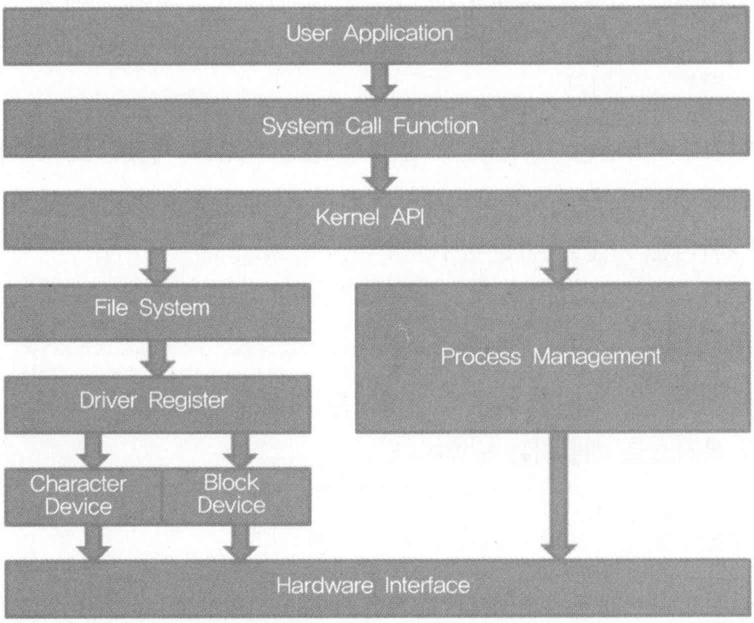

이런 디바이스 드라이버의 기능을 간단하게 요약하면 물리적인 하드웨어 장치를 다루고 관리라는 소프트웨어로 커널의 일부분이며, Major number(주번호)와 Minor number(부번호)를 이용하여 각 디바이스를 구분하여 사용한다. 응용 프로그램이 하드웨어(디바이스)를 제어할 수 있도록 인터페이스를 제공해주는 코드로 프로그래머로 하여금 하드웨어에 독립적인 프로그램을 작성하도록 도와준다. 표준화된 call을 이용하여 디바이스와 정보를 주고 받을 수 있도록 하는 역할을 하며 유닉스의 기본적인 특징 중 하나인 추상화 장치를 다루는 데 사용한다는 것이다. 모든 하드웨어 장치들은 보통 파일처럼 보이며, 파일을 다루는 데 쓰이는 표준 System call과 같이 open, read, write, close를 사용한다.

7.3 기 능

스톱워치의 기능은 다음과 같다.

① 1/100초 단위의 카운트
② 키를 이용하여 시작, 정지, 계속, 리셋, 클리어, 종료를 수행할 수 있다.
③ 8개의 FND를 활용하여 최대 99시간까지 표기가 가능하다.

7.4 구 성

스톱워치의 시스템 구성은 다음과 같다.

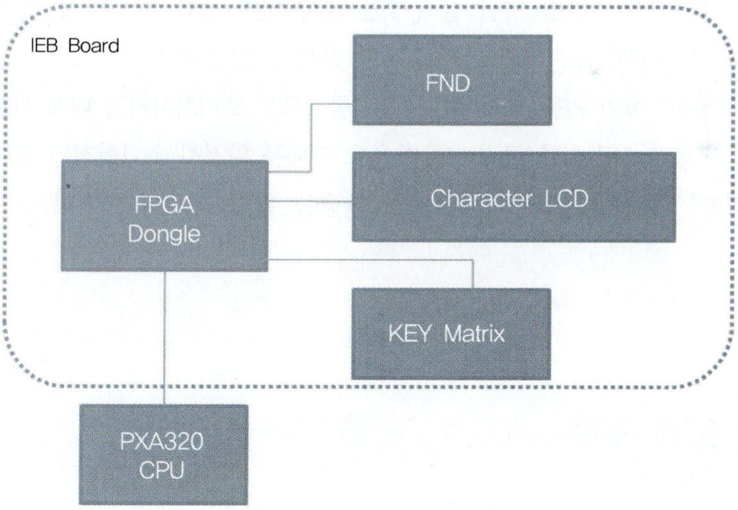

스톱워치는 KEY Matrix를 통해 제어하고, 제어 상태를 CLCD에 디스플레이한다. 스톱워치가 동작하게 되면 FND상에 숫자가 표시되며 카운팅되는 것을 확인할 수 있다.

7.5 동작방법

다음과 같은 키를 입력하여 해당 기능을 수행할 수 있다.

START	STOP	CONTI	RESET
CLEAR	EXIT	-	-
-	-	-	-
-	-	-	-

① START : 1번 키를 클릭하면 1/100초 단위로 카운트를 시작하게 된다.

② STOP : 2번 키를 클릭하면 카운트를 일시 정지한다. (내부적으로는 카운트를 계속 함)

③ CONTINUE : 3번 키를 클릭하면 일시 정지 상태에서 다시 카운트를 수행하게 된다. 이때 내부적으로 카운트된 값으로 갱신된다.

④ RESET : 4번 키를 클릭하면 카운트를 0으로 초기화시키고 다시 카운트를 수행한다.

⑤ CLEAR : 5번 키를 클릭하면 카운트 자체를 완전히 초기화시킨 상태에서 정지한다.

⑥ EXIT : 6번 키를 클릭하면 프로그램을 완전 종료하게 된다.

7.6 S/W 구현

stopwatch.c의 주요 소스코드는 다음과 같다.

```
unsigned char key_get(int tmo)                    // 키 버튼 입력을 읽어오는 함수
{
    unsigned char b;
    if (tmo){
```

```
        if (tmo < 0)
            tmo = ~tmo * 1000;
        else
            tmo *= 1000000;
        while (tmo > 0){
            usleep(10000);
            ioctl(keyFd, FIONREAD, &b);
            if (b) return(b);
            tmo -= 10000;
        }
        return(-1);
    }
    else {
        read(keyFd, &b, sizeof(b));
        return(b);
    }
}
void printLCD(int row, char* data)              // CLCD에 스트링을 출력하는 함수
{
    memset(buffer, ' ', sizeof(buffer));
    strcommand.rows = row;
    strcpy(buffer, data);
    memcpy(strcommand.buf, buffer, sizeof(buffer));
    write(clcdFd, &strcommand, sizeof(strcommand));
}

void clearLCD()                                 // CLCD의 스트링을 클리어하는 함수
{
    ioctl(clcdFd, IOM_LCD_CLEAR, &strcommand, 32);
}

void ten_ms_time()                              // 타이밍 계산을 위한 연산시간측정  함수
{
    int i;
    struct timeval now, now2;
    long elpsec, elpusec;

    gettimeofday(&now, NULL);
    for(i=0; i < 730000; i++);
    gettimeofday(&now2, NULL);

    elpsec = now2.tv_sec - now.tv_sec;
    elpusec = now2.tv_usec - now.tv_usec;

    printf("elapse : %ld sec %ld usec\n", elpsec, elpusec);
}
```

ten_ms_time() 함수의 경우 실질적으로 프로그램 동작에는 관여하지 않는다. 단지 스톱워치 구현과정에서 카운트 딜레이 타이밍을 계산하기 위해 만들어졌다. 원하는 시간을 얻기 위해 for 문안에 값을 입력하고 측정된 값이 원하는 시간과 대략 일치할 때까지 시행착오를 반복할 수 있다. 이 프로그램에서 입력된 730000으로 대략 10ms의 타이밍 값을 얻을 수가 있었다. 정확한 시간을 측정하기 위해서는 커널에서 OS 타이머를 이용해야 되겠지만, 설계된 FND 디바이스 드라이버에서는 OS 타이머를 사용하지 않기 때문에 사용이 불가능하다. 소프트웨어상에서 해결을 위한 가장 좋은 방법은 이와 같이 연산측정을 통한 for문 딜레이를 사용하는 것이다. API 중에 usleep()이 있기는 하나 실제로 측정을 해보면 오차가 대략 40% 발생한다. 그렇기에 직접 for 문을 이용한 방법을 선택하였음을 이해하기 바란다.

```
void *cnt_timer(void *argv)      // 스레드로 동작하는 카운트 증가 함수
{
    struct timeval tp1, tp2;
    int i;

    while(1) {
        switch (command) {
            case KEY_NUM1:
            case KEY_NUM3:
            case KEY_NUM4:
                write(fndFd, fnd_count, sizeof(fndcnt));  // FND에 현재 카운트 표시
                break;
            case KEY_NUM2:
                break;
            case KEY_NUM5:
            case KEY_NUM6:
                pthread_exit((void *)NULL);              // 프로그램 종료시 스레드를 탈출
                break;
        }

        for(i=0; i < 730000; i++);                       // 10ms

        fnd_count[7]++;                                  // 내부 카운트 증가
        if(fnd_count[7] > 9) {
            fnd_count[7] = 0; fnd_count[6]++;
            if(fnd_count[6] > 9) {
                fnd_count[6] = 0; fnd_count[5]++;
                if(fnd_count[5] > 9) {
                    fnd_count[5] = 0; fnd_count[4]++;
```

```
                    if(fnd_count[4] > 5) {
                        fnd_count[4] = 0; fnd_count[3]++;
                        if(fnd_count[3] > 9) {
                            fnd_count[3] = 0; fnd_count[2]++;
                            if(fnd_count[2] > 5) {
                                fnd_count[2] = 0; fnd_count[1]++;
                                if(fnd_count[1] > 9) {
                                    fnd_count[1] = 0; fnd_count[0]++;
                                }
                            }
                        }
                    }
                }
            }
        }
}
```


cnt_timer() 함수는 스레드로 등록되고 호출되는 핵심 기능의 함수이다. 10ms마다 1/100초 단위로 카운트를 증가시키고 FND에 표시하게 된다. 중간에 사용된 for문은 이 전에 언급했던 측정시간 함수에 의해 얻어진 결과값을 딜레이로 사용한 것이다.

```
// 메인함수의 일부

    if ((clcdFd = open(clcdDev, O_WRONLY | O_NDELAY)) < 0) {     // CLCD open
        perror("Cannot open /dev/CLCD!");
        exit(-1);
    }

    if ((fndFd = open(fndDev, O_WRONLY)) < 0) {     // FND open
        perror("Cannot open /dev/FND!");
        exit(-1);
    }

    if ((keyFd = open(keyDev, O_RDONLY)) < 0) {     // KEY open
        perror("Cannot open /dev/KEY!");
        exit(-1);
    }

    memset(fnd_count, 0, sizeof(fnd_count));
    write(fndFd, fnd_count, sizeof(fnd_count));

    ioctl(fndFd, 2, 0x80);                    // FND 초기화
```

```
clearLCD();                                    // CLCD 클리어

printLCD(0, "IEB Stopwatch    ");

printf("\n");
printf(" [7Seg Stopwatch] \n");
printf("------------------\n");
printf("   KEY1 -> Start     \n");
printf("   KEY2 -> Stop      \n");
printf("   KEY3 -> Continue\n");
printf("   KEY4 -> Reset     \n");
printf("   KEY5 -> Clear     \n");
printf("   KEY6 -> Exit      \n");
printf("------------------\n");

sleep(1);

do {
    keyValue =   key_get(10);          // 입력된 키 값을 읽어 옴
    switch(keyValue) {
        case KEY_NUM1:               // 1번 키 : 시작
            if (flag == 0) {
                printLCD(1, "Start                ");
                pthread_create(&thread_t, NULL, cnt_timer, NULL);
                command = KEY_NUM1;
                flag = 1;
            }
            break;
        case KEY_NUM2:               // 2번 키 : 정지
            printLCD(1, "Stop                 ");
            command = KEY_NUM2;
            break;
        case KEY_NUM3:               // 3번 키 : 계속
            printLCD(1, "Continue             ");
            command = KEY_NUM3;
            break;
        case KEY_NUM4:               // 4번 키 : 리셋
            printLCD(1, "Reset                ");
            memset(fnd_count, 0, sizeof(fnd_count));
            command = KEY_NUM3;
            sleep(1);
            break;
        case KEY_NUM5:               // 5번 키 : 클리어
            printLCD(1, "Clear                ");
```

```
            command = KEY_NUM5;
            pthread_join(thread_t, (void **)status);
            memset(fnd_count, 0, sizeof(fnd_count));
            write(fndFd, fnd_count, sizeof(fnd_count));
            flag = 0;
            break;
        case KEY_NUM6:              // 6번 키 : 프로그램 종료
            printLCD(1, "Exit Program....");
            sleep(3);
            command = KEY_NUM6;
            pthread_join(thread_t, (void **)status);
        default:
            break;
    }
} while(keyValue != KEY_NUM6);
```

1번 키를 클릭하게 되면 cnt_timer() 함수가 스레드로 수행이 된다. 내부 카운트를 증가시키게 된다. 여기서 flag를 하나 둬서 1번 키를 클릭했을 경우 5번 키(리셋)가 클릭되지 않는 한 실행중에는 중복으로 스레드가 생성되지 않게 처리를 하였다.

6번 키를 클릭하면 스레드 탈출과 오픈된 디바이스를 해제시키고 프로그램을 종료시킨다.

7.7 수행방법 및 결과

1. 스톱워치 컴파일하기

① hybus cd를 삽입 후 터미널창을 연다.

② cd에 있는 Application의 내용을 호스트 PC 디렉토리로 옮기기 위해서 /에 320app 디렉토리를 생성한다.

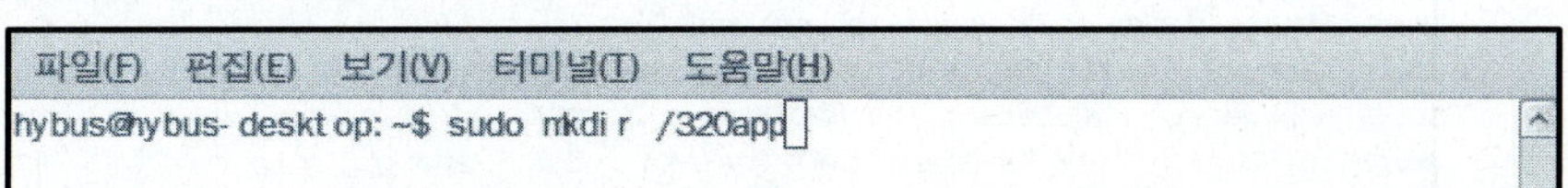

③ /media/cdrom 디렉토리로 이동한다.

```
파일(F) 편집(E) 보기(V) 터미널(T) 도움말(H)
hybus@hybus-desktop:~$ cd /media/cdrom
```

④ /media/cdrom에 있는 모든 내용을 /320app 디렉토리로 복사한다.

```
파일(F) 편집(E) 보기(V) 터미널(T) 도움말(H)
hybus@hybus-desktop:/media/cdrom$ sudo cp -r /media/cdrom/* /320app/
```

⑤ /320app 디렉토리로 이동한다.

```
파일(F) 편집(E) 보기(V) 터미널(T) 도움말(H)
hybus@hybus-desktop:/media/cdrom$ cd /320app/
```

⑥ /320app/Application 디렉토리로 이동한다.

```
파일(F) 편집(E) 보기(V) 터미널(T) 도움말(H)
hybus@hybus-desktop:/320app$ cd Application/
```

⑦ 어플리이션의 내용들이 Application.tgz로 압축되어 있기 때문에 압축을 풀어준다.

```
파일(F) 편집(E) 보기(V) 터미널(T) 도움말(H)
hybus@hybus-desktop:/320app/Application$ sudo tar zxvf Application.tgz
```

⑧ 압축을 풀고 나면 다음과 같은 애플리케이션의 내용들을 확인할 수 있다.

```
파일(F) 편집(E) 보기(V) 터미널(T) 도움말(H)
hybus@hybus-desktop:/320app/Application$ ls
Acid_Rain          CGI_DC_Motor   Hmote_Serial   PXA_Camera   Stopwatch
Application.tgz    DC_Motor       MP3_Player     QT4
BerkeleyDB         GTK_Painter    NAT_Router     SDL_Example
hybus@hybus-desktop:/320app/Application$
```

⑨ Stopwatch 디렉토리로 이동한다.

```
파일(F) 편집(E) 보기(V) 터미널(T) 도움말(H)
hybus@hybus-desktop:/320app/Application$ cd Stopwatch/
```

⑩ make clean 명령어를 통해서 이미 컴파일되어 있는 이미지를 삭제를 해준다.

```
파일(F) 편집(E) 보기(V) 터미널(T) 도움말(H)
hybus@hybus-desktop:/320app/Application/Stopwatch$ sudo make clean
rm -rf *.o
rm -f stopwatch
hybus@hybus-desktop:/320app/Application/Stopwatch$
```


⑪ make 명령어를 컴파일하는 동시에 이미지를 생성한다.

```
파일(F) 편집(E) 보기(V) 터미널(T) 도움말(H)
hybus@hybus-desktop:/320app/Application/Stopwatch$ sudo make
/usr/local/arm-linux-4.1.1/bin/arm-linux-gcc    -c -o stopwatch.o stopwatch.c
/usr/local/arm-linux-4.1.1/bin/arm-linux-gcc -o stopwatch stopwatch.o -lpthread
hybus@hybus-desktop:/320app/Application/Stopwatch$
```

2. Z-MODEM을 이용한 다운로드

① Z-MODEM을 이용하여 이미지를 다운로드하기 위해 우선 zmodem 통신 프로토콜인 lrzsz를 설치한다.

```
파일(F) 편집(E) 보기(V) 터미널(T) 도움말(H)
hybus@hybus-desktop:~$ sudo apt-get install lrzsz
```

② minicom을 실행한다.

```
파일(F) 편집(E) 보기(V) 터미널(T) 도움말(H)
hybus@hybus-desktop:/320app/Application/Stopwatch$ sudo minicom
```

③ 보드가 부팅되고 나면 현 디렉토리는 /root일 것이다. 우리는 /root/test_app로 이동을 하겠다.

```
파일(F) 편집(E) 보기(V) 터미널(T) 도움말(H)
[root@WENDERS root]# cd test_app/
[root@WENDERS test_app]#
```

④ zmodem을 이용해서 파일을 옮기기 위해서 Ctrl + A를 누르고 다시 S를 누르게 되면 다음과 같은 창이 뜨게 된다. 그러면 zmodem을 선택 후 Enter를 친다.

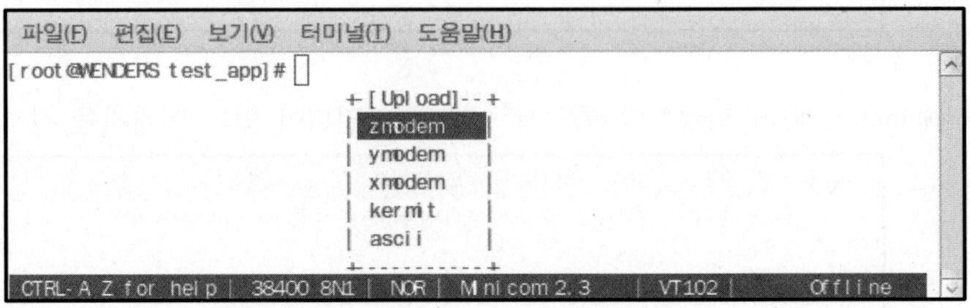

⑤ 호스트 PC의 애플리케이션이 있는 경로로 이동하여 파일을 다운로드를 해야 한다. 경로 이동시에는 스페이바를 두 번 눌러 이동하고 파일 선택 후 다운로드할 때에는 Enter를 친다.

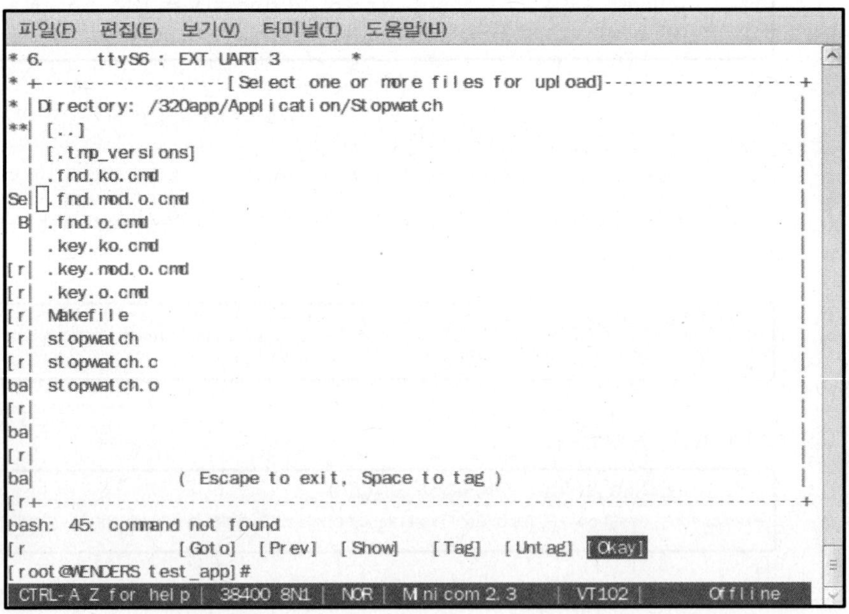

⑥ 파일을 선택 후 다운로드가 완료되면 다음과 같은 화면을 볼 수 있다.

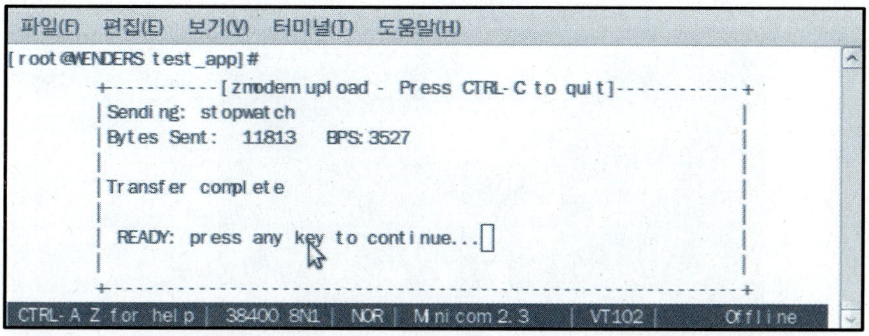

⑦ ls 명령어를 통해서 확인해보면 stopwatch 파일이 옮겨져 있는 것을 확인할 수 있다.

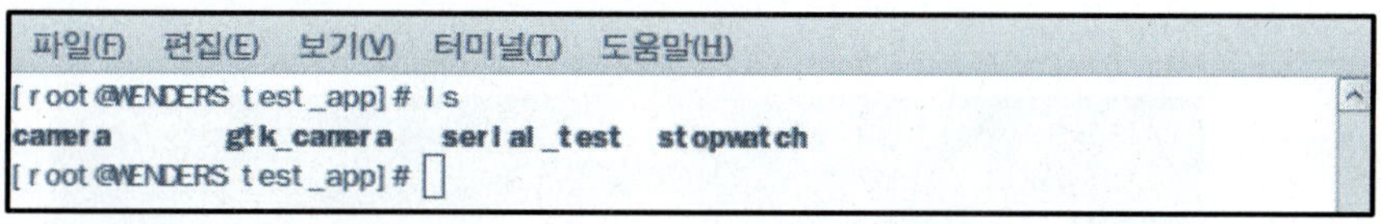

3. 실행화면

① ./stopwatch 명령어를 입력하면 실행이 되게 된다.

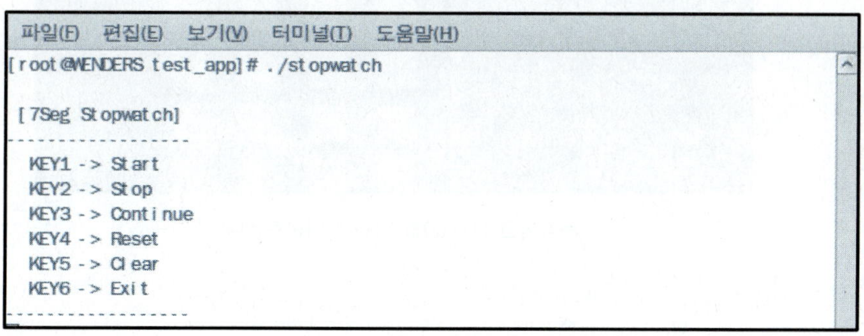

② 설명대로 해당 키 버튼을 누르게 되면 동작을 하게 된다.

시작 화면(초기상태)

동작화면 (1/100초 단위로 카운트된다).

제 8 장

MP3 Player

8.1 개 요

이 장에서는 MP3 플레이어의 주요 기능을 X-Hyper320TKU의 IEB 보드를 통해 구현해 보았다. KEY Matrix를 이용하여 Play, Stop, 선곡, 볼륨 조절을 할 수 있으며 일시정지 기능이 없는 것만 빼고 나머지 기능은 거의 흡사하다. 현재 디렉토리에 있는 파일들을 리스트로 관리하며 곡을 재생시키고 곡명을 Character LCD에 디스플레이한다.

8.2 관련기술

1. 오디오 압축기술(MPEG Audio Layer-3)

우리가 듣는 CD의 경우 대역폭이 44.1kHz이다. 이를 디지털 신호로 샘플링한다고 할 때 1초 동안의 CD 음질의 스테레오 사운드에 해당하는 데이터의 양은 무려 1,400 KB이며, 이는 1.44M 용량의 고밀도 플로피 디스크 한 장을 완전히 채워야 할 정도의 데이터양에 해당한다. 정리하자면 압축되지 않은 일반 디지털 신호를 그대로 저장한다고 하면, 3분짜리 음악 파일을 위해 250MB의 여유 공간이 필요하다는 것이다.

MPEG 오디오 압축기술을 적용함으로써 CD의 오디오 사운드 정보를 1/12까지 줄일 수 있다. 다시 말해 MP3 파일로 CD를 제작할 경우 CD 한 장에 오디오 CD 12장 분량을 담을 수 있다는 말이다. 이런 이유로 인터넷에서 리얼타임 오디오 서비스를 하기 위해서는 원래의 오디오 음질을 그대로 유지하면서도 실시간으로 복원할 수 있는 오디오 압축기술이 필요하다. Layer3 오디오 압축기술은 이러한 요구를 충족할 수 있는 최적의 솔루션이라고 할 수 있다.

1.544Mbps의 대역폭을 갖는 T1급의 LAN을 통해 인터넷에 접속한다면 Layer3으로 압축된 CD 음질의 파일을 모두 받는데 걸리는 시간은 불과 13초 정도에 불과 하다. 이 음악을 연주하는데 걸리는 시간은 3분(180초)이므로, 사용자는 처음 1비트의 사운드 파일을 전송받자마자 압축 복원을 하면서 연주를 한다고 해도 중간에 나머지 데이터가 전송되기를 기다릴 필요가 없다. 즉 실시간 오디오 연주가 가능한 것이다.

2. AC97(Audio Codec)

AC97은 1997년 인텔의 아키텍처 랩에서 개발한 오디오 코덱 표준으로 그 기능이 인텔 칩셋들에 통합되어 인터페이스를 지원하고 있다. AC97은 DC97과 ICH 두 개의 컴포넌트로 구성되어 있으며 주로 데스크톱 플랫폼에서 고품질 서라운드 사운드 지원을 위해 사용된다.

AC-Link는 DC97을 연결하는 디지털 링크로 12.288MHz의 클록, 싱크, 리셋, 2개의 데이터 라인으로 총 5개의 wire로 구성되어 있다. AC-Link는 하나의 컨트롤러와 여러 개의 오디오 코덱들 사이에 양방향, 12.288Mbit의 고정된 Bitrate, 시리얼 디지털 스트림을 제공한다. 데이터 스트림은 254bit 프레임으로 분할된다. 이것은 TDM 방식으로 이루어진다. 모든 프레임은 13개의 슬롯으로 세부적으로 구성되어 있으며 슬롯 0(16bit)은 오디오 코덱이 컨트롤러와 통신하는데 특정하게 사용된다. 나머지 240bit는 20bit씩 12개의 슬롯으로 나눠지며 데이터 슬롯으로 사용된다. 데이터 슬롯(48kHz, 20bits/sample)은 PCM 오디오 신호(960kbit/s)를 전송하는데 사용된다. 같은 프레임 내의 여러 데이터 슬롯들은 하나의 고품질 신호로 결합시킬 수 있다(최대 4개 슬롯, 96kHz, 20bit/sample, 스테레오 신호).

8.3 기 능

MP3 플레이어의 기능은 다음과 같이 요약할 수 있다.

① Play, Stop, 선곡의 기본 기능을 갖추고 있다.
② ALSA Mixer(amixer)를 이용하여 볼륨 조절이 가능하다.
③ 재생시 곡명을 Character LCD상에 보여준다.
④ 재생중 언제든지 다른 곡을 재생할 수 있다.
⑤ 자동으로 연속 재생이 가능하다.

8.4 구 성

MP3 플레이어의 시스템 구성은 다음과 같다.

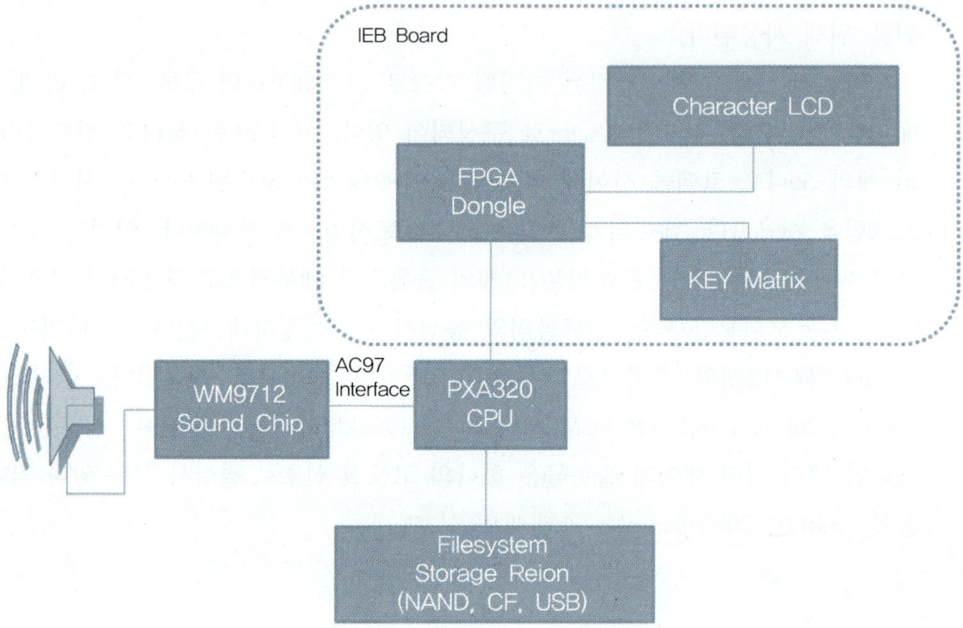

MP3 플레이어는 IEB 보드의 KEY Matrix를 통해 제어를 한다. CPU가 제어신호를 입력받으면 해당 기능을 수행하게 되는데 음악 파일을 재생할 경우 파일시스템으로부터 현재 디렉토리에 있는 음악들 중 최상위 리스트에 있는 음악을 mpg123 프로그램에서 호출하여 재생하게 된다. 이때 WM9712는 음악 파일을 디코딩 후 아날로그 신호로 변환하여 스피커로 출력시키게 된다. 재생중에는 리스트에 저장되어 있는 음악 파일명을 CLCD로 전송하여 디스플레이하게 된다.

8.5 동작방법

MP3 플레이어는 다음과 같이 키를 입력하여 제어할 수 있다.

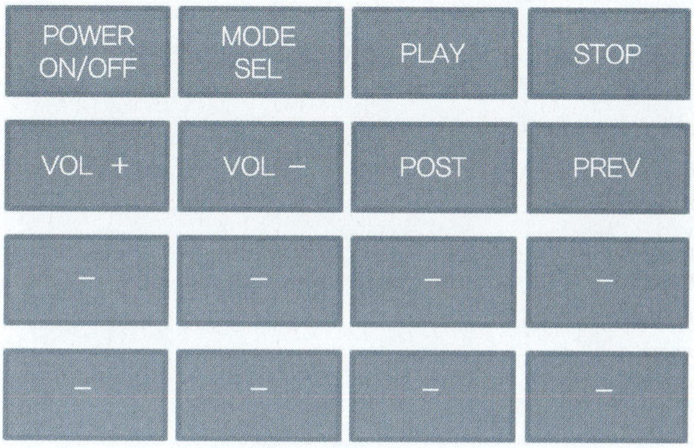

① POWER ON/OFF : MP3 플레이어를 켜고 끌 수 있다.

② MODE Selection : 선곡 리스트 모드를 켜고 끌 수 있다.

③ Play, Stop : 플레이어의 기본 제어를 할 수 있다.

④ Volume UP/DOWN : amixer 프로그램 제어를 통해 볼륨 조절을 할 수 있다.

⑤ Post, Prev : 다음 곡이나 이 전 곡을 선곡 및 재생할 수 있다.

8.6 S/W 구현

mp3p.c 주요 코드는 다음과 같다.

```
#define MDIR      "MUSIC/"                    // 음악 파일 저장 디렉토리
struct strcommand_varible {                   // Character LCD 제어 명령어 구조체
     char rows;
     char nfonts;
     char display_enable;
     char cursor_enable;
     char nblink;
     char set_screen;
     char set_rightshit;
     char increase;
     char nshift;
     char pos;
     char command;
     char strlength;
     char buf[16];
}strcommand;
```

음악 파일들이 저장될 디렉토리를 지정하였다. 아래의 makelist() 함수를 통해 디렉토리를 오픈할 때 사용된다.

```
int makelist()
{
     DIR *dp;
     struct dirent *dep;

     // mp3 파일 디렉토리를 오픈한다.
     if((dp = opendir("MUSIC")) == NULL){
          perror("opendir");
          exit(0);
     }

     // 해당 디렉토리 내 파일이름을 읽어와 playlist에 저장
     while(dep=readdir(dp)){
          if(strcmp(dep->d_name, ".") ==0) {                // "." 저장하지 않는다.
//              printf(". doesn't save in playlist\n");
          }
          else if(strcmp(dep->d_name, "..") == 0) {         // ".." 저장하지 않는다.
```

```
//              printf(".. doesn't save in playlist\n");
            }
            // "MUSIC" 디렉토리는 저장하지 않는다.
            else if(strcmp(dep->d_name, "MUSIC") == 0) {
//              printf("MUSIC doesn't save in playlist\n");
            }
            else{
                strcpy(playlist[count], dep->d_name);
                printf("playlist[%d]: %s\n", count, playlist[count]);
                count++;
            }
        }
        max = count; // 파일 수를 max에 저장
        count = 0;
        return 0;
}
```


MUSIC 디렉토리를 오픈하여 포함되어 있는 확장자가 mp3로 끝나는 모든 음악 파일들을 검색하여 playlist에 저장시킨다.

```
int middlePlay()                                    //연속 재생
{
    int pid_p, stat_val;
    char *tmp = NULL;
    if((pid_p=fork())==0){
        signal(SIGINT, SigMidlleHandler);      //정지
        signal(SIGALRM, SigMidlleHandler);  //재생
        while(1){
            strcpy(music, playlist[count]);
            pid_c=play(music);
            pid_c=wait(&stat_val); //부모가 자식 프로세스 종료를 기다리게 함
            strcpy(dir, MDIR);
            findindex(music);
            if(count == (max-1)){
                count = 0;
            }
            else if(count < (max-1)){
                count++;
            }
        }
    }
```

```
    else
        return pid_p;
}

int play(char *string)              // 재생
{
    int pid;
    char *argv[] = {"mpg123", strcat(dir, string), (char *)0};
    if((pid=fork())==0){
        signal(SIGINT, SigHandler); //정지
        if(execv("/usr/bin/mpg123", argv) <0 ) {          // mpg123 외부 프로그램 실행
            perror("execv");
            return 0;
        }
    }
    else {
        return pid;
    }
}

// 재생중인 곡이 playlist의 몇 번째에 저장되어 있는지 찾는다.
int findindex(char* string)
{
    int i;
    for(i=0; i<max; i++){
        val = strcmp(string, playlist[i]);
        if(val == 0){
            count = i; break;
        }
    }
    return 0;
}
void *shift_clcd(void *argv)                        // 시프트된 스트링을 CLCD에 출력한다.
{
    int i;
    memset(tmp_row, 0, sizeof(tmp_row));
    strncpy(tmp_row, row_one, 16);
    while (1) {
        if (sht_disable == 1) pthread_exit((void *)NULL);
        else {
            strcommand.pos=0;
            ioctl(dev, IOM_LCD_DD_ADDRESS, &strcommand, sizeof(strcommand));
            for(i=0; i<16; i++){
                if(tmp_row[i] == '\0')
```

```
                    tmp_row[i] = ' ';
                memcpy(&strcommand.buf[0], &tmp_row[i], 1);
                ioctl(dev, IOM_LCD_WRITE_BYTE, &strcommand, sizeof(strcommand));
            }
            shift_buff_string(tmp_row);
            usleep(500000);
        }
    }
}
void shift_buff_string(char *tmp_row)         // 스트링을 왼쪽으로 시프트시켜서 저장한다.
{
    int i;
    char tmp;
    tmp = tmp_row[0];
    for (i=0; i<15; i++) tmp_row[i] = tmp_row[i+1];
    tmp_row[15] = tmp;
}

int main(void) {
    ~ 중략 ~
    while(1) {
        strcpy(dir, MDIR);
        pressValue = key_get(100);          // 입력된 키 버튼 정보를 읽어온다.
         // printf("Pressed key value %x\n", pressValue);
        switch(pressValue) {
            case 0x1: // Power On/Off Character LCD
                if(status == 0) { // Power on
                    printf("Power on\n");
                    if(system("amixer cset numid=2 21") == -1){
                        printf("error : amixer vol ");
                    }
                    if(system("amixer cset numid=16 21") == -1){
                        printf("error : amixer pcm");
                    }
                    status = 4;

                    if(dev != -1){
                      write(dev, &strcommand, 8);
                      sleep(1);
                      memset(row_one, 0, 16);
                      memset(row_two, 0, 16);
                      printf("memset execute\n");
                    }
                    showlcd();
```

제8장

```
        }
        else { // Power off
            printf("Power off\n");
            if(pid!=0) {
                kill(pid,SIGINT);
                sht_disable = 1;
                pthread_join(thread_t, (void **)0);
            }
            ioctl(dev, IOM_LCD_CLEAR, &strcommand, sizeof(strcommand));
                sleep(1);
            memcpy(&strcommand.buf[0], end, sizeof(strcommand.buf));
            write(dev, &strcommand, 8);
            sleep(1);
            exit(1);
        }
```

무한 루프상에서 키를 입력받고 입력받은 키 버튼의 정보에 따라서 각각의 주어진 역할을 수행하도록 되어 있다.

```
    case 0x2: // Mode 선택
        if(list == 0) list = 1;
        else list = 0;
        break;
    case 0x3: // 음악 재생
        if (thread_enable == 1) {
            sht_disable = 0;
            pthread_create(&thread_t, NULL, shift_clcd, NULL);
            thread_enable = 0;
        }
        if(list==1 && status == 4) {
            // 재생중인 음악이 없을 때
            if((pid = middlePlay()) == 0) printf("Play error!");
            else status = 3;
        }
        // 재생중이고 리스트 보기일 때
        else if(list == 1 && status == 3) {
            printf("Replay\n");
            kill(pid,SIGALRM);
            kill(pid,SIGINT);
            sleep(1);
            strcpy(music, row_one);
            pid = play(music);
        }
```

```
        break;
    case 0x4: // 정지
        if (thread_enable == 0) {
            sht_disable = 1;
            pthread_join(thread_t, (void **)0);
            thread_enable = 1;
        }
        if(pid!=0)
        {
            kill(pid,SIGALRM);
            if(kill(pid,SIGINT) == -1) {
                perror("SIGINT error"); exit(1);
            }
        }
        pid=0; status=4; break;
```


재생이 시작되면 CLCD 시프트를 위한 스레드가 생성된다. 곡이 재생중에 항상 시프트되면서 CLCD상에 디스플레이할 것이다.

스레드의 중복실행을 방지하기 위한 처리도 하였다.

정지 버튼을 누르게 되면 kill() 함수를 이용하여 SIGALRM을 시스템으로 전달하여 해당 PID를 가진 프로그램, 즉 mpg123이 종료되도록 구현하였다.

```
    case 0x5: //volume up
        volume=volume+2;
        if(volume > 31)
            volume = 31;
        sprintf(strvol, "%d", volume);
        strcat(vol,strvol);
        strcat(pcm,strvol);
        system(vol);
        system(pcm);
        vol[21]=pcm[21]='\0';
        break;
    case 0x6: //volume down
        volume=volume-2;
        if(volume < 0)
            volume = 0;
        sprintf(strvol, "%d", volume);
        strcat(vol,strvol);
        strcat(pcm,strvol);
        system(vol);
```

```
            system(pcm);
            vol[21]=pcm[21]='\0';
            break;
        case 0x7:
            if (thread_enable == 0) {
                sht_disable = 1;
                pthread_join(thread_t, (void **)0);
                thread_enable = 1;
            }
            if(list == 0 && pid !=0 ) { // 다음 곡 재생
                findindex(music);
                if(count == (max-1)){  // 재생중인 곡이 재생 목록의 마지막일 경우
                    count = 0;  // 다음 곡은 재생 목록의 첫 번째 곡으로 해준다.
                }
                else if(count < (max-1)){
                    count++;
                }
```

볼륨 조절은 system() 함수를 이용한 간접적 amixer 제어를 통해 이루어지도록 되어 있다.

```
                now = count;
                strcpy(music, playlist[now]);
                showlcd();
                pthread_create(&thread_t, NULL, shift_clcd, NULL);
                thread_enable = 0;
                sht_disable = 0;
                kill(pid,SIGALRM);
                kill(pid, SIGINT);
                sleep(1);
                pid=play(music);
            }
            else { // CLCD상에서 다음 곡만 선곡 (재생은 하지 않는다.)
                findindex(music);
                if(count == (max-1)){
                    count = 0;
                }
                else if(count < (max-1)){
                    count++;
                }
                now = count;
                strcpy(music, playlist[now]);
                showlcd();
```

```
			}
			break;
		case 0x8: // 이 전 곡을 선택
			if (thread_enable == 0) {
				sht_disable = 1;
				pthread_join(thread_t, (void **)0);
				thread_enable = 1;
			}

			if(list==0 && pid!=0) { // 이 전 곡 재생
				findindex(music);
				if(count == 0){ // 재생중인 곡이 재생 목록의 처음일 때
					count = max-1;	// 이 전 곡은 재생 목록의 마지막 곡이 된다.
				}
				else if(count > 0){
					count--;
				}

				now = count;
				strcpy(music, playlist[now]);
				showlcd();
				pthread_create(&thread_t, NULL, shift_clcd, NULL);
				thread_enable = 0;
				sht_disable = 0;
				kill(pid,SIGALRM);
				kill(pid,SIGINT);
				sleep(1);
				pid=play(music);
			}
			else { // CLCD상에서 이 전 곡만 선곡 (재생은 하지 않는다.)
				findindex(music);
				if(count == 0){
					count = max-1;
				}
				else if(count > 0){
					count--;
				}
				now = count;
				strcpy(music, playlist[now]);
				showlcd();
			}
			break;
	}
}
```

```
    close(key_fd);
    return 0;
}
```

MODE가 0이면 다음 곡 또는 이 전 곡을 바로 재생할 수 있지만 1일 경우에는 선곡 기능이 활성화되어 다음에 재생할 곡만 미리 선택할 수 있다.

```
int showlcd()    // CLCD상에 재생 목록을 디스플레이하는 함수
{
    int i;

    strcpy(row_one, playlist[count]);

    if(count < (max-1)){
        strcpy(row_two, playlist[count+1]);
    }
    else if(count == (max-1)){                // 재생 곡이 playlist의 마지막일 경우
        strcpy(row_two, playlist[0]);         // 다음 곡을 playlist의 처음으로
    }

    ioctl(dev, IOM_LCD_CLEAR, &strcommand, sizeof(strcommand));
    sleep(1);

    // CLCD의 첫 번째 라인에 출력
    strcommand.pos=0;
    ioctl(dev, IOM_LCD_DD_ADDRESS, &strcommand, sizeof(strcommand));
    for(i=0; i<16; i++){
        if(row_one[i] == '\0') break;
        memcpy(&strcommand.buf[0], &row_one[i], 1);
        ioctl(dev, IOM_LCD_WRITE_BYTE, &strcommand, sizeof(strcommand));
    }
    printf("C : %s\n", row_one);

    // CLCD의 두 번째 라인에 출력
    strcommand.pos=40;
    ioctl(dev, IOM_LCD_DD_ADDRESS, &strcommand, sizeof(strcommand));

    for(i=0; i<16; i++){
        if(row_two[i] == '\0') break;
        memcpy(&strcommand.buf[0], &row_two[i], 1);
        ioctl(dev, IOM_LCD_WRITE_BYTE, &strcommand, sizeof(strcommand));
    }
```

```
    return 0;
}
```

ioctl() 함수를 통해 CLCD를 제어하여 CLCD상에 스트링(곡명)을 디스플레이한다.

8.7 수행방법 및 결과

1. MP3 player 컴파일

① 터미널창을 열어 /320app/Application/MP3_Player 디렉토리로 이동한다.

```
파일(F)  편집(E)  보기(V)  터미널(T)  도움말(H)
hybus@hybus-desktop:~$ cd /320app/Application/MP3_Player/
```

② sudo make clean 명령어를 이용해 이전에 컴파일되어 있는 것을 삭제한다.

```
파일(F)  편집(E)  보기(V)  터미널(T)  도움말(H)
hybus@hybus-desktop:/320app/Application/MP3_Player$ sudo make clean
[sudo] password for hybus:
rm -rf *.o
rm -f mp3p
hybus@hybus-desktop:/320app/Application/MP3_Player$
```

③ sudo make 명령어를 이용해서 컴파일한다.

```
파일(F)  편집(E)  보기(V)  터미널(T)  도움말(H)
hybus@hybus-desktop:/320app/Application/MP3_Player$ sudo make
/usr/local/arm-linux-4.1.1/bin/arm-linux-gcc -I. -O mp3p.c -o mp3p -lpthread
hybus@hybus-desktop:/320app/Application/MP3_Player$
```

2. Z-MODEM을 이용한 다운로드

① 터미널창을 열어 minicom을 실행 후 보드를 부팅한다.

② /test_app 디렉토리로 이동한다.

```
파일(F)  편집(E)  보기(V)  터미널(T)  도움말(H)
[root@WENDERS root]# cd test_app/
```

③ Ctrl + A를 누르고 다시 S를 눌러 /320app/Application/MP3_Player 디렉토리로 이동 후 파일을 다운로드한다.

```
파일(F)  편집(E)  보기(V)  터미널(T)  도움말(H)
[root@WENDERS test_app]#
[r+-----------------[Select one or more files for upload]------------------+
  |Directory: /320app/Application/MP3_Player                               |
  | [..]                                                                   |
  | .mp3player.c.swp                                                       |
  | Makefile                                                               |
  | mp3p                                                                   |
  | mp3p.c                                                                 |
  |                                                                        |
  |                  +------------------------------------+                |
  |                  |No file selected - enter filename:  |                |
  |                  |> mp3p                              |                |
  |                  +------------------------------------+                |
  |                                                                        |
  |               ( Escape to exit, Space to tag )                         |
  +------------------------------------------------------------------------+

              [Goto]  [Prev]  [Show]  [Tag]  [Untag]  [Okay]
 CTRL-A Z for help | 38400 8N1 | NOR | Minicom 2.3  | VT102 |    Offline
```

3. 실행화면

./mp3 명령어를 이용하여 실행시킨다.

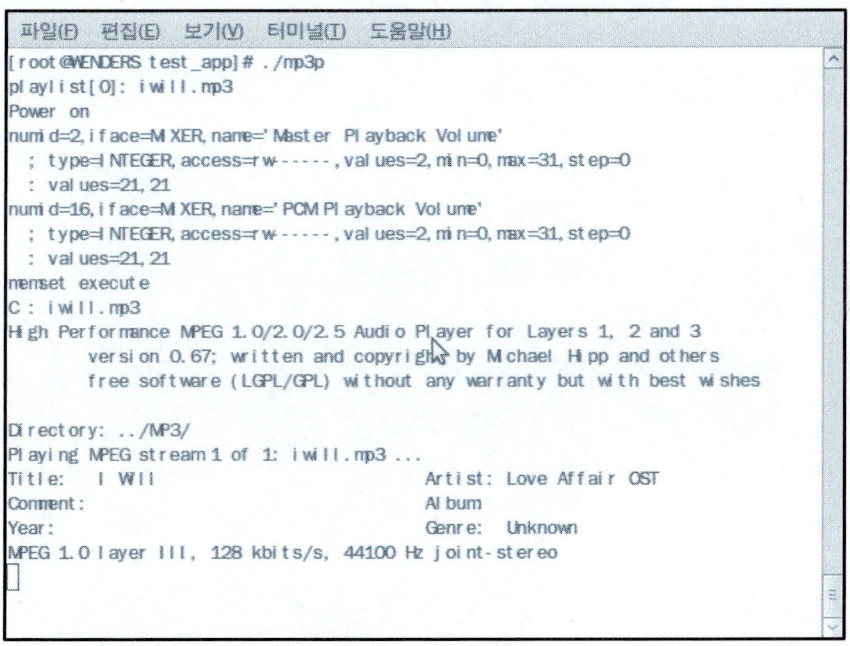


```
[root@WENDERS test_app]# ./mp3p
playlist[0]: iwill.mp3
Power on
numid=2,iface=MIXER,name='Master Playback Volume'
  ; type=INTEGER,access=rw------,values=2,min=0,max=31,step=0
  : values=21,21
numid=16,iface=MIXER,name='PCM Playback Volume'
  ; type=INTEGER,access=rw------,values=2,min=0,max=31,step=0
  : values=21,21
memset execute
C : iwill.mp3
High Performance MPEG 1.0/2.0/2.5 Audio Player for Layers 1, 2 and 3
        version 0.67; written and copyright by Michael Hipp and others
        free software (LGPL/GPL) without any warranty but with best wishes

Directory: ../MP3/
Playing MPEG stream 1 of 1: iwill.mp3 ...
Title:   I Will                          Artist: Love Affair OST
Comment:                                 Album
Year:                                    Genre:  Unknown
MPEG 1.0 layer III, 128 kbits/s, 44100 Hz joint-stereo
```

Power on이라는 글씨가 clcd에 나오게 되면 세 번째 버튼을 누르게 되면 노래가 나온다. cd상에는 노래가 한 곡밖에 없지만 다른 노래를 듣고 싶으면 mp3 디렉터리 안에 노래를 추가하면 다른 노래를 들을 수 있다.

제 9 장

산성비 게임

9.1 개 요

이 장에서는 간단한 게임 하나를 만들어 보겠다. X-Hyper320TKU의 IEB 보드를 조작하여 타자 연습용 게임과 비슷하게 구현해 보았다. 비록 4자릿수의 숫자 조합을 입력하여 제거하는 단순한 프로그램이지만 키보드가 아닌 키 버튼을 클릭하여 해당 숫자를 입력하는 것이기 때문에 의외로 순발력이 필요하다. 난이도가 총 10단계로 설정되어 있고 고급 난이도로 갈수록 속도가 빨라지게 된다. 숫자를 맞추게 되면 화면상에서 해당 숫자는 사라지게 되고 각각의 단계에 따른 구분된 점수를 획득하게 된다. 개인적으로 의도와는 다르게 최종적으로 가장 많은 점수를 획득한 사람이 순발력이 가장 뛰어난 사람이 아닐까라는 생각도 해본다.

9.2 관련기술

1. TFT-LCD

화면에 정보를 표시하는 메커니즘은 전자계산기 등의 숫자 표시에 사용되는 LCD와 같다. 투명 유리 혹은 필름에 코팅된 액정에 전압이 가해지면 분자구조가 변하면서 생기는 편광 현상을 이용해 뒷면에서 올라오는 빛을 통과시키거나 차단해 정보를 표시하게 되는데, 이 시스템에 내장된 컬러 TFT-LCD는 화소 하나를 표시하는데 이러한 단위 액정이 세 개가 필요하다. 이는 빛의 3원색인 적색, 녹색, 청색을 각각 제어하기 위함이다.

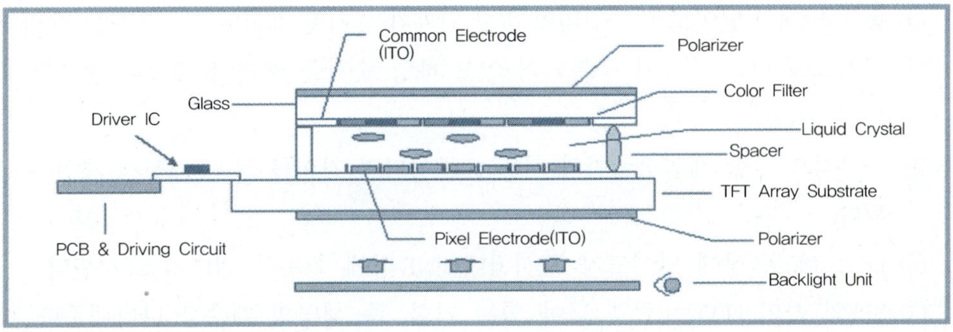

이 TFT-LCD에 데이터를 표시하기 위해서는 이를 위한 특별한 메모리 영역(Frame buffer)에 데이터를 써 주기만 하면 된다. 그러면 LCD 컨트롤러에 데이터를 가져다가 화면에 뿌려주는데, 이를 위해서 프로그램은 OS가 제공하는 프레임 버퍼 디바이스를 열고 적절한 위치에 데이터를 write하기만 하면 된다.

2. 프레임 버퍼

디스플레이 장치에 화상신호를 출력하는 부분으로 리프레시 메모리라고도 한다. 화소 표현으로 변환된 한 프레임씩을 임시로 저장하였다가. 신호에 따라 메모리에 저장된 내용을 비트열로 디스플레이 장치에 출력하게 된다.

프레임 버퍼의 크기는 프레임 버퍼 드라이버에서 결정되며 드라이버에서 요구된 크기만큼 메모리 영역의 일부를 프레임 버퍼로 할당하게 된다.

프레임 버퍼 드라이버는 요구된 크기만큼의 메모리 영역을 할당하는 것 이외에도 픽셀클럭, BPP, H/V 싱크, 프레임 버퍼의 길이, LCD 제어 레지스터 설정 및 LCD 및 백라이트 파워 제어까지도 관여한다.

9.3 기 능

산성비 게임의 기능은 다음과 같이 요약할 수 있다.

① 프레임 버퍼를 이용하여 TFT-LCD상에 게임의 전체 폼을 표현하게 된다.
② 해당 숫자와 맵핑되는 키 버튼을 클릭하여 숫자를 TFT-LCD상에 표시한다.
③ 총 10단계의 난이도로 구성되어 있고 단계가 증가할 때마다 진행속도는 빨라진다.
④ 난이도에 따른 점수가 구분되어 있고 해당 숫자를 제거할 때마다 점수를 획득하게 된다.
⑤ 기본적으로 한 게임당 8번의 기회가 주어지며 기회를 모두 소진시 게임은 종료된다.
⑥ DOT Matrix상에 난이도가 표시되며 FND상에 획득한 점수가 표시된다.
⑦ 8개의 라인 LED는 현재 남아 있는 기회, 즉 생명의 개수를 나타내준다.

9.4 구 성

산성비 게임을 위한 시스템 구성은 다음과 같다.

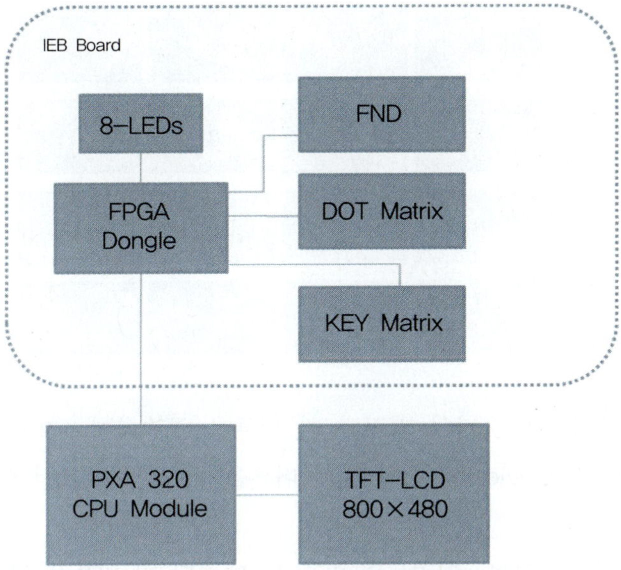

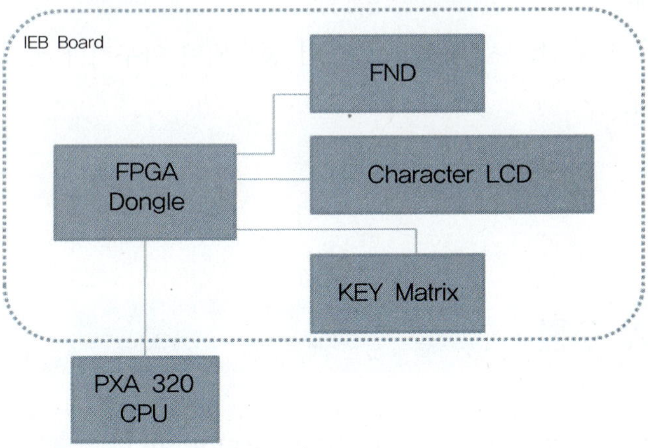

TFT-LCD를 통해 게임 화면을 디스플레이하며 KEY 버튼을 이용하여 숫자를 입력 또는 삭제를 할 수 있다. FND 상에는 점수를 표시, DOT상에는 단계를 표시, 8-LEDs은 남은 생명의 횟수를 표시한다.

9.5 동작방법

산성비 게임은 다음과 같이 키를 입력하여 게임을 진행할 수 있다.

0	1	2	3
4	5	6	7
8	9	DEL	ENT
EXIT			

① 0부터 9까지의 숫자와 맵핑된 키 버튼을 클릭하여 4자리 숫자를 입력한다.

② 잘못 입력시 Delete와 맵핑된 키 버튼을 클릭하여 이 전에 입력된 숫자를 지울 수 있다.

③ 4자리 숫자를 모두 입력하면 Enter와 맵핑된 키 버튼을 클릭하여 입력 값을 전달한다.

④ 생명을 모두 소진시 자동으로 게임 종료되며 아무키나 클릭하면 프로그램이 종료된다.

9.6 S/W 구현

이 프로그램은 총 3개의 소스파일로 구성되어 있다.

(1) ssb.c, list.c, driverpack.c

① ssb.c 파일은 게임의 주요 폼을 그리며, 스레드를 사용하여 원활하게 게임이 진행되도록 처리하는 메인 기능을 가지고 있다.

② list.c 파일은 Linked List를 활용하여 리스트의 생성 및 추가, 삭제와 같은 주로

리스트 관리 기능을 가지고 있다.

③ driverpack.c 파일에는 산성비 게임에서 사용되는 물리적인 디바이스들을 시스템 콜 함수들을 이용하여 쉽게 제어할 수 있는 함수들이 작성되어 있다.

(2) ssb.c의 주요 소스코드

```
typedef struct tagRAINDROP {
    char text[5];     // 4개의 숫자조합으로 이루어진 스트링
    int x, y;                      // LCD 화면에 뿌려질 스트링의 X/Y 좌표
    int fSpecial;                  // 특별한 레인드롭인지를 구분
} RAINDROP;                        // 레인드롭 구조체

// Global variables
int IntervalTable[10] = {                  // 스트링의 단계별 뿌려지는 시간간격
    2000000, 1500000, 1000000, 750000, 500000,
     250000,  100000,   75000,  50000,  25000
};
int ScoreTable[10] = {                     // 단계별 적용되는 점수단위
    10, 12, 15, 20, 30, 45, 70, 100, 150, 200
};
int rdCountTable[10] = {                   // 단계별 뿌려질 스트링의 개수
    10, 30, 30, 30, 30, 30, 30, 30, 30, 30
};

RAINDROP *GenerateRaindrop() {             // 산성비를 생성시키는 함수
    RAINDROP *rd;
    int i;

    rd = (RAINDROP *) malloc(sizeof(RAINDROP));
    if (!rd) {
        puts("Not enough memory!!\n");
        exit(1);
    }

    for (i = 0; i < 4; i++)
        rd->text[i] = rand() % 10 + 0x30;          // 0에서 9까지의 숫자를 랜덤하게 생성
    rd->text[4] = 0;                               // 마지막에 Null 값 삽입
    rd->x = rand() % 69 + 29;                      // X좌표를 랜덤하게 선택
    rd->y = 3;                                     // Y좌표를 3으로 고정으로 지정
    return rd;
}
```

떨어뜨릴 숫자조합 스트링(산성비라고 지칭한다.)을 새롭게 생성한다.

메모리 할당된 RAINDROP 구조체 변수에 랜덤하게 생성된 4자리 숫자조합 스트링과 랜덤하게 선택된 산성비가 시작될 X와 Y의 좌표값을 저장하고 반환한다.

```
int ScrollRaindrop(int LineCount) {                    // 산성비를 떨어뜨리는 함수
    RAINDROP *rd;
    int i, ret = 1;

    lcd_SaveCursorPos();
    lcd_SetTextColor(WHITE);

    for (i = 0; i < ListGetCount(rdList); i++) {
        // Get a raindrop object from raindrop list
        rd = ListGetItem(rdList, i);                   // 산성비에 대한 레인드롭 정보를
        if (!rd)                                         가져온다.
            break;

        if (LineCount) {
            // First, remove raindrops from current position
            lcd_gotoxy(rd->x, rd->y);
            lcd_putstring("    ");
        }

        // Now increase Y coordinate of the raindrop and display it
        rd->y += LineCount;
        if (rd->y < 27) {
            lcd_gotoxy(rd->x, rd->y);
            lcd_putstring(rd->text);
        } else {
            // If the raindrop landed, remove it
            free(rd);
            ListDeleteItem(rdList, i);
            Life--; i--; ret = 0;
        }
    }

    RestoreCursorPos();
    lcd_RestoreCursorPos();
    return ret;
}
```

단계별 정해진 Interval 값에 의해 한 줄씩 산성비가 떨어지게 된다.

산성비가 바닥에 떨어질 때까지 입력을 놓치게 되면 산성비는 제거되고 Life 개수

가 하나 줄어들게 된다. 그 전에 입력을 해서 맞추게 되면 산성비는 제거되고 점수는 상승한다.

```
void Rain(void *arg) {
    int i, rdCount = 0;
    char buff[8];

    while(!fThreadEnable);              // Trigger
    if (rdList)
        DeleteList(rdList);
    rdList = CreateList();
    while(Life) {
        while(!fThreadEnable);          // Synchronization
        if (rand() % 100 < 75 && rdCount < rdCountTable[Level - 1]) {
            ListAddItem(rdList, GenerateRaindrop());
            rdCount++;
        }
        if (!ScrollRaindrop(1))
            DispStatus();
        if (ListGetCount(rdList) == 0 && rdCount == rdCountTable[Level - 1]) {
            lcd_SetTextColor(WHITE);
            sprintf(buff, "%d", Level);
            lcd_gotoxy(58, 10); lcd_putstring("+-------------+");
            lcd_gotoxy(58, 11); lcd_putstring("|   LEVEL :     |");
            lcd_gotoxy(69, 11); lcd_putstring(buff);
            lcd_gotoxy(58, 12); lcd_putstring("|   COMPLETE!   |");
            lcd_gotoxy(58, 13); lcd_putstring("+-------------+");
            Level++;
            if (Level == 11)
                Level = 1;
            sleep(5);
            for (i = 0; i < 4; i++) {
                lcd_gotoxy(58, 10 + i);
                lcd_putstring("                 ");
            }
            lcd_gotoxy(9, 6);
            sprintf(buff, "%d", Level);
            lcd_putstring(buff);
            dot_putchar(Level);
        }
        usleep(IntervalTable[Level - 1]);
        if (key_val == 13)
            break;
```

```
    }

    lcd_SetTextColor(WHITE);
    lcd_gotoxy(57, 10); lcd_putstring("+----------------+");
    lcd_gotoxy(57, 11); lcd_putstring("|     GAME OVER    |");
    lcd_gotoxy(57, 12); lcd_putstring("|  PRESS ANY KEY  |");
    lcd_gotoxy(57, 13); lcd_putstring("+----------------+");
    exitsig = 1;

    fflush(stdin);
    DeleteList(rdList);
    rdList = NULL;
    pthread_exit((void *)NULL);
}
```

while()문 내에서 스레드에 의해 산성비를 생성하고 한 줄씩 떨어뜨리게 된다. 각 단계를 클리어하면 다음 단계로 넘어가게 되며, 종료될 경우 while()문을 탈출하여 “GAME OVER” 메시지와 더불어 게임을 종료시키게 된다.

```
int main() {
    // Variables declaration
    pthread_t tid;
    int status = 0;
    char buff[80] = "      ";
    int tail = 0;
    char fndcnt[8];

    init_drivers();
    lcd_clrscr();

    // Variables initialization
    Level = 1; Life = 8; Score = 0;

    memset(fndcnt, 0, sizeof(fndcnt));
    fnd_putstring(fndcnt);

    DrawBackground();
    Wait5sec();
    srand(time(NULL));
```

main()문에서 사용될 변수를 선언하고 값들을 초기화한 후 시작 전 5초를 기다린다.

```
    lcd_gotoxy(2, 29); lcd_putstring("ENTER ===>        ");
    fThreadEnable = 1;
    pthread_create(&tid, NULL, (void *)Rain, NULL);  // Rain 함수에 대한 스레드 생성

    while(1) {
        while (1) {
            key_val = key_getkey();                  // 입력된 KEY 값을 읽어온다.
            if (exitsig) {
                pthread_join(tid, (void **)&status);
                goto EXIT;
            }
            if (key_val == 11) {                     // If backspace pressed
                if (tail != 0)
                    tail--;
                buff[tail] = 32;                     // Fill white space
            } else if (key_val == 12) {              // If enter pressed
                break;
            } else if (tail < 4) {
                buff[tail++] = key_val + 0x2F;
            }
            buff[4] = 0;
            lcd_SetTextColor(WHITE);
            lcd_gotoxy(13, 29); lcd_putstring(buff);
        }
        Intercept(buff);                             // 해당 산성비를 맞출 경우 리스트에서 삭제
        memset(buff, 32, 4);                         //   점수가 상승한다.
        buff[4] = 0;
        lcd_gotoxy(13, 29); lcd_putstring(buff);
        tail = 0;
    }

EXIT:   // 프로그램 종료 절차
    fflush(stdout); // To flush output stream
    lcd_clrscr();
    cleanup_drivers();
    printf("Exit Program...\n");
    return 0;
}
```

(3) driverpack.c의 주요 소스코드

```
void fnd_putstring(unsigned char *str) {                    // FND 디스플레이 함수
    write(fnd, str, 8);
}
void led_putvalue(unsigned char val) {                      // LED 디스플레이 함수
    int led;
    unsigned long buff;

    led = open("/dev/LED", O_WRONLY);
    if (led < 0) {
        puts("Fatal error: /dev/LED open failed!!\n");
        exit(1);
    }
    write(led, &val, 1);
    close(led);
}
void led_lifecount(int lc) {                                // Life Count를 계산하는 함수
    unsigned char val;
    unsigned char ledtable[9] = {
        0xFF, 0x7F, 0x3F, 0x1F, 0x0F, 0x07, 0x03, 0x01, 0x00
    };
    switch (lc) {
    case 8:
    case 7:
    case 6:
    case 5:
    case 4:
    case 3:
    case 2:
    case 1:
    case 0:
        val = ledtable[lc];
        break;
    default:
        val = ledtable[0];
        break;
    }
    led_putvalue(val);
}

static void dot_thread(void *dummy) {                       // DOT 디스플레이 함수
    unsigned char data[5] = { 0x0, 0x0, 0x0, 0x0, 0x0};
    int i;
    while(fThreadEnabled) {
```

```
        for ( i = 0 ; i < 5 ; i++)
            data[i] = (unsigned char)(dot_low_table[(int)dotdata][i]);

        write(dot, data, 5);
    }
    pthread_exit((void *)NULL);
}

void lcd_putstring(char *str) {                              // TFT-LCD 스트링 디스플레이 함수
    int b, x, y, X, Y, offset, len;
    unsigned char i;
    unsigned short *rasterbuff;
    len = strlen(str);
    rasterbuff = malloc(sizeof(short) * len * 8);
    if (!rasterbuff) {
        puts("Not enough memory!!\n");
        exit(1);
    }

    X = lcd_x * 8; Y = lcd_y * 16;
    for (y = 0; y < 16; y++) {
        offset = OFFSET(X, (Y + y));
        for (x = 0; x < len; x++) {
            i = 128;
            for (b = 0; b < 8; b++) {
                i = i >> b;
                rasterbuff[x * 8 + b] = font[str[x] - 0x20][y] & i ? lcd_TextColor : 0;
            }
        }
        lseek(fbfd, offset, SEEK_SET);
        write(fbfd, rasterbuff, len * 8 * 2);
    }
    free(rasterbuff);
    lcd_y = lcd_y + (lcd_x + len) / 30;
    lcd_x = (lcd_x + len) % 30;
}
```

(4) list.c 주요 소스코드

```
LIST *CreateList() {                                 // List 생성 함수
    LIST *list;

    list = (LIST *) malloc(sizeof(LIST));
```

```
    if (!list) {
        puts("Not enough memory!!\n");
        exit(1);
    }
    list->start = NULL;
    list->ItemCount = 0;
    return list;
}

ListAddItem(LIST *list, void *item) {          // 생성된 리스트에 함수를 추가
    NODE *node, *current;

    if (!list) return 0;
    while(lock) Beep();
    lock = 1;

    node = (NODE *) malloc(sizeof(NODE));
    if (!node) {
        puts("Not enough memory!!\n");
        exit(1);
    }
    node->data = item;
    node->next = NULL;

    current = (NODE *) list;
    while(current->next) current = current->next;
    current->next = node;
    list->ItemCount++;

    lock = 0;
    return 1;
}
```

산성비 한 개당 하나의 GenerateRaindrop() 함수를 수행하면서 생성되므로 여러 개의 산성비를 생성시키기 위해 리스트를 생성해서 관리할 수 있도록 구현하였다.

```
void ListDeleteItem(LIST *list, int pos) {    // 리스트에서 함수를 삭제
    NODE *prev, *current;
    int c;
    if (!list || !list->start) return;
    while(lock) Beep();
```

```
    lock = 1;
    current = list->start;
    if (!pos) {
        list->start = current->next;
        free(current);
        list->ItemCount--;
        lock = 0; return;
    } else
        for (c = 0; c < pos; c++) {
            prev = current;
            current = current->next;
            if (!current) {
                lock = 0; return;
            }
        }
    prev->next = current->next;
    free(current);
    list->ItemCount--;
    lock = 0;
}
void *ListGetItem(LIST *list, int pos) {      // 해당 산성비에 대한 레인드롭 정보를 가져옴
    NODE *current;
    int i;
    if (!list || !list->start) return NULL;
    while(lock) Beep();
    lock = 1;
    current = list->start;
    for (i = 0; i < pos; i++) {
        current = current->next;
        if (!current) {
            lock = 0; return NULL;
        }
    }
    lock = 0;
    return current->data;
}
```

9.7 수행방법 및 결과

1. 산성비 게임 컴파일

① 터미널창을 열어 /320app/Application/Acid_Rain/ 디렉토리로 이동한다.

```
파일(F) 편집(E) 보기(V) 터미널(T) 도움말(H)
hybus@hybus-desktop:~$ cd /320app/Application/Acid_Rain/
```

② sudo make clean 명령어를 이용해 이전에 컴파일되어 있는 것을 삭제한다.

```
파일(F) 편집(E) 보기(V) 터미널(T) 도움말(H)
hybus@hybus-desktop:/320app/Application/Acid_Rain$ sudo make clean
[sudo] password for hybus:
rm-rf *.o
rm-f ssb
hybus@hybus-desktop:/320app/Application/Acid_Rain$
```

③ sudo make 명령어를 이용해서 컴파일한다.

```
파일(F) 편집(E) 보기(V) 터미널(T) 도움말(H)
hybus@hybus-desktop:/320app/Application/Acid_Rain$ sudo make
/usr/local/arm-linux-4.1.1/bin/arm-linux-gcc -I. -O -c driverpack.c -o driverpac
k.o
/usr/local/arm-linux-4.1.1/bin/arm-linux-gcc -I. -O -c list.c -o list.o
/usr/local/arm-linux-4.1.1/bin/arm-linux-gcc -I. -O ssb.c driverpack.o list.o -o
 ssb -lpthread
hybus@hybus-desktop:/320app/Application/Acid_Rain$
```

2. Z-MODEM을 이용한 다운로드

① 터미널창을 열어 minicom을 실행 후 보드를 부팅한다.

② /test_app 디렉토리로 이동을 한다.

```
파일(F) 편집(E) 보기(V) 터미널(T) 도움말(H)
[root@WENDERS root]# cd test_app/
```

③ Ctrl + A를 누르고 다시 S를 눌러 /320app/Application/Acid_Rain 디렉토리로

이동 후 파일을 다운로드한다.

```
파일(F)  편집(E)  보기(V)  터미널(T)  도움말(H)
[root@WENDERS test_app]#
 +-----------------[Select one or more files for upload]-----------------+
 |Directory: /320app/Application/Acid_Rain                               |
 | [..]                                                                  |
 | Makefile                                                              |
 | conio.h                                                               |
 | driverpack.c                                                          |
 | driverpack.h                                                          |
 | driverpack.o                                                          |
 | font.h                                                                |
 | list.c          +--------------------------------+                    |
 | list.h          |No file selected - enter filename:|                  |
 | list.o          |> ssb                           |                    |
 | ssb             +--------------------------------+                    |
 | ssb.c                                                                 |
 |                                                                       |
 |                                                                       |
 |                                                                       |
 |              ( Escape to exit, Space to tag )                         |
 +-----------------------------------------------------------------------+

            [Goto]  [Prev]  [Show]  [Tag]  [Untag]  [Okay]
CTRL-A Z for help | 38400 8N1 | NOR | Minicom 2.3 | VT102 | Offline
```

3. 실행화면

① ./ssb 명령어를 이용하여 실행한다.

```
파일(F)  편집(E)  보기(V)  터미널(T)  도움말(H)
[root@WENDERS test_app]# ./ssb
```

② 게임 프로그램을 실행하면 전체 폼이 나타나고 5초 카운트다운 박스가 보인다.

③ 카운트다운이 끝나면 Go! 메시지와 함께 4자리 숫자로 조합된 산성비가 나타나기 시작한다. 시간이 경과할수록 산성비는 점점 아래로 내려온다. 이것들이 바닥에 닿기 전에 키 버튼으로 입력하여 맞추어야 한다.

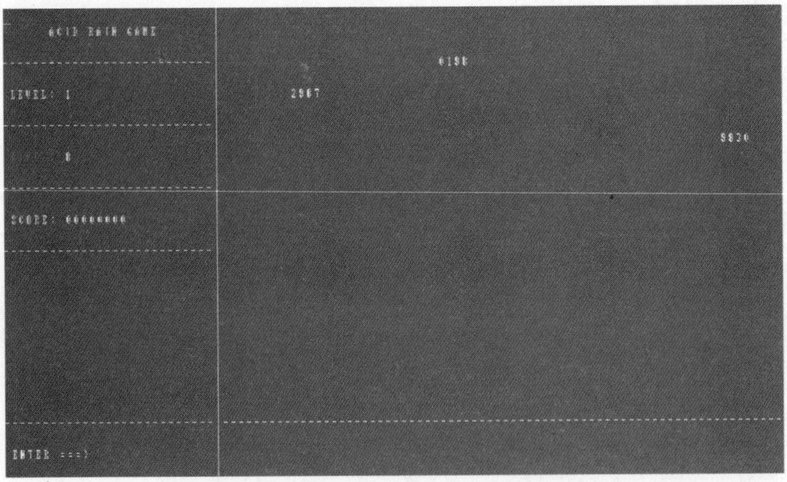

④ 1단계를 클리어하게 되면 다음 2단계로 넘어가게 된다. 난이도가 높아질수록 산성비가 내려오는 속도는 점점 빨라지게 된다. (총 10단계로 구성) 아래 그림은 1단계를 클리어했을 때 나타나는 화면이다.

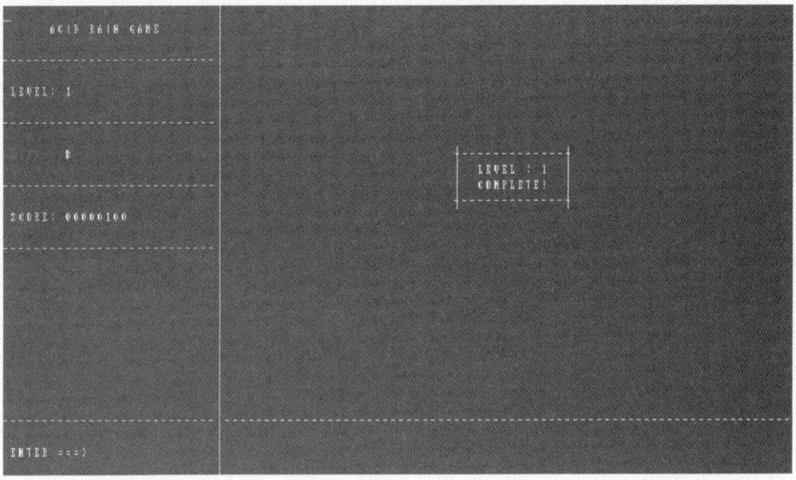

⑤ 처음 게임을 시작할 때 주어지는 Life 수는 8개이다. 아래 그림은 Life 수를 모두 소진했을 때 게임 종료가 된 화면이다.

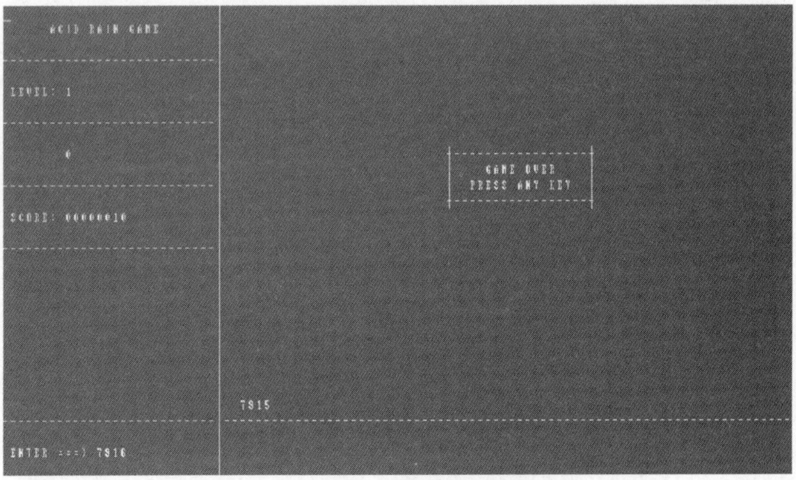

제10장

DC 모터 제어

10.1 개 요

이 장에서는 X-Hyper320TKU의 IEB 보드에 부착되어 있는 두 개의 DC 모터 포트를 제어해보는 실습시간을 갖도록 하겠다.

10.2 관련기술

1. DC 모터

IEB에 부착된 DC 모터 포트는 L298 IC 칩을 통해 제어할 수 있다. A, B 두 개의 포트를 제어할 수 있으며, 한 포트를 제어하는데 3개의 핀이 필요하다. 다음 그림은 IEB 보드의 DC 모터 구동회로 부분이다.

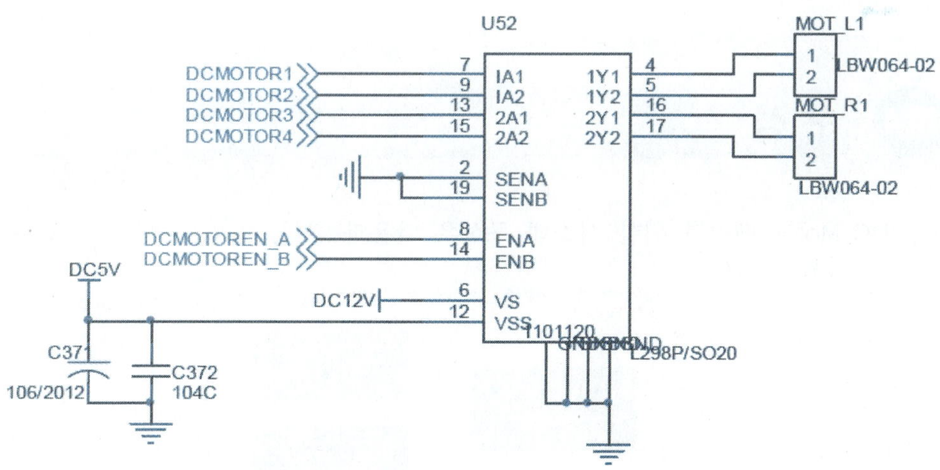

L1 포트를 제어하기 위해서는 DCMOTOR1, 2, DCMOTORN_A 핀이 필요하며, R1 포트를 제어하기 위해서는 DCMOTOR3, 4 DCMOTOR_B 핀이 필요하다.

DCMOTOR1~4핀은 각 모터의 방향을 정하는데 사용되며 DCMOTOR_A와 B는 각 모터의 ON/OFF 기능을 담당하는 핀이다. 일반적으로 DC 모터의 속도를 제어하기 위해 DCMOTOR_A와 B를 CPU의 PWM 출력을 연결하여 사용하는데 IEB 보드에서는 CS3번 어드레스의 데이터 버스에 하위 6bit에 DCMOTOR1~4핀과 DCMOTOR_A, B가 순서대로 연결되어 있고 비트 제어로 구동시키기 때문에 고정된 속도로만 동작하게 된다.

10.3 기 능

이 프로그램의 기능은 다음과 같다.

① 전/후진 가능
② 두 개의 DC 모터를 동시에 제어하여 좌/우회전 가능
③ 실제 데모 탱크와 같은 DC 모터를 응용한 하드웨어 제작시 연결하여 제어하기가 쉽다.

10.4 구 성

DC Motor 제어를 위한 시스템 구성은 다음과 같다.

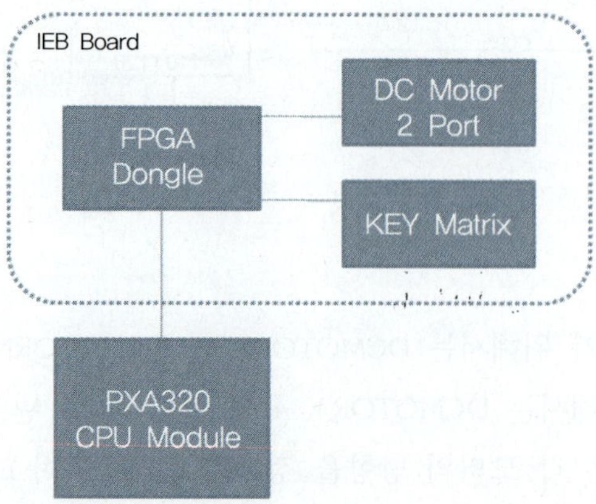

10.5 동작방법

DC 모터 제어 프로그램은 다음과 같은 키 버튼 조작을 통해 제어를 할 수 있다.

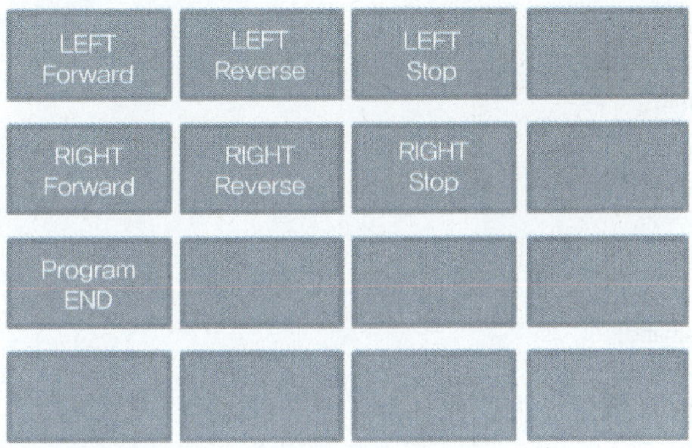

① LEFT Forward : 왼쪽 모터를 전진시킨다.
② LEFT Reverse : 왼쪽 모터를 후진시킨다.
③ LEFT STOP : 왼쪽 모터를 정지시킨다.
④ RIGTH Forward : 오른쪽 모터를 전진시킨다.
⑤ RIGTH Reverse : 오른쪽 모터를 후진시킨다.
⑥ RIGTH STOP : 오른쪽 모터를 정지시킨다.
⑦ Program END : 프로그램 종료시킨다.

10.6 S/W 구현

(1) dc_control.c의 주요 소스코드

```
#define DCMDEVICE "/dev/DC_MOTOR"
#define LCDDEVICE "/dev/CLCD"
#define KEYDEVICE "/dev/KEY"
```

```
int dcm_fd, key_fd, lcd_fd;

struct strcommand_variable
{
    char rows;
    char nfonts;
    char display_enable;
    char cursor_enable;
    char nblink;
    char set_screen;
    char set_rightshit;
    char increase;
    char nshift;
    char pos;
    char command;
    char strlength;
    char buf[20];
};
```

장치 노드의 경로 및 FD 변수와 CLCD 디바이스 제어에 사용되는 구조체를 선언하였다.

```
    while(pressed_value != 0x0D)
    {
        // KEY로부터 입력을 받는다.
        pressed_value  = key_getkey();
        printf("Input Key : %x\n", pressed_value);
        switch (pressed_value) {
            case 0x02:
                // 직전 버튼
                dcmotor_value = 9;
                strcpy(clcd_buffer, "Go Forward");
                break;
            case 0x05:
                // 좌회전 버튼
                dcmotor_value = 12;
                strcpy(clcd_buffer, "Turn Left");
                break;
            case 0x06:
                // 정지 버튼
                dcmotor_value = 11;
                strcpy(clcd_buffer, "Stop");
```

```
            break;
        case 0x07:
            // 우회전 버튼
            dcmotor_value = 13;
            strcpy(clcd_buffer, "Turn Right");
            break;
        case 0x0A:
            // 후진 버튼
            dcmotor_value = 10;
            strcpy(clcd_buffer, "Go Backward");
            break;
        case 0x0D:
            strcpy(clcd_buffer, "Program End");
            break;
        default:
            strcpy(clcd_buffer, "Not Invalid Key");
            break;
    }
```


키 버튼 입력값을 읽어서 해당되는 키 값에 대칭되는 기능을 수행하게 된다. 키 값은 DC 모터 제어를 위한 커맨드로서 고유의 dcmotor_value를 지정하게 된다.

```
        // 눌러진 키에 따른 명령을 모터로 전송
        ioctl(dcm_fd, dcmotor_value, flag);

        // 눌러진 버튼의 정보를 CLCD에 출력한다.
        ioctl(lcd_fd, IOM_LCD_CLEAR, &strcommand, 32);
        ioctl(lcd_fd, IOM_LCD_DD_ADDRESS, &strcommand, 32);

        for(i = 0; i < 16; ++i)
        {
            if(clcd_buffer[i] == '\0')
                break;
            memcpy(&strcommand.buf[0], &clcd_buffer[i], 1);
            ioctl(lcd_fd, IOM_LCD_WRITE_BYTE, &strcommand, 32);
        }
        sleep(1);

        if(pressed_value == 0xd )
            goto out;
    }
out:
```

```
        puts("Exit Program...");

        close(lcd_fd);
        close(key_fd);
        close(dcm_fd);
        return 0;
}
```

dcmotor_value는 DC 모터 제어의 ioctl() 함수의 커맨드로 전달된다. DC 모터의 제어와 더불어 CLCD도 키 버튼 입력에 따른 제어상태를 CLCD에 디스플레이한다.

13번 키 버튼을 입력 받으면 while()문을 탈출하게 되고 디바이스 클로즈와 함께 프로그램은 종료된다.

10.7 수행방법 및 결과

1. DC 모터 컴파일

① 터미널창을 열어 /320app/Application/DC_Motor/ 디렉토리로 이동한다.

```
파일(F) 편집(E) 보기(V) 터미널(T) 도움말(H)
hybus@hybus-desktop:~$ cd /320app/Application/DC_Motor/
```

② sudo make clean 명령어를 이용해 이전에 컴파일되어 있는 것을 삭제한다.

```
파일(F) 편집(E) 보기(V) 터미널(T) 도움말(H)
hybus@hybus-desktop:/320app/Application/DC_Motor$ sudo make clean
[sudo] password for hybus:
rm -rf *.o
rm -f dc_control
hybus@hybus-desktop:/320app/Application/DC_Motor$
```

③ sudo make 명령어를 이용해서 컴파일한다.

```
파일(F) 편집(E) 보기(V) 터미널(T) 도움말(H)
hybus@hybus-desktop:/320app/Application/DC_Motor$ sudo make
/usr/local/arm-linux-4.1.1/bin/arm-linux-gcc -I. -O dc_control.c -o dc_control -lpthread
hybus@hybus-desktop:/320app/Application/DC_Motor$
```

2. Z-MODEM을 이용한 다운로드

① 터미널창을 열어 minicom을 실행 후 보드를 부팅한다.

② /test_app 디렉토리로 이동한다.


```
파일(F) 편집(E) 보기(V) 터미널(T) 도움말(H)
[root@WENDERS root]# cd test_app/
```

③ Ctrl+A를 누르고 다시 S를 눌러 /320app/Application/DC_Motor 디렉토리로 이동 후 파일을 다운로드한다.

```
파일(F) 편집(E) 보기(V) 터미널(T) 도움말(H)
[root@WENDERS test_app]#
 +-----------------[Select one or more files for upload]-----------------+
 |Directory: /320app/Application/DC_Motor                                |
 | [..]                                                                  |
 | 1                                                                     |
 | Makefile                                                              |
 | clcd_driver.c                                                         |
 | dc_control                                                            |
 | dc_control.c                                                          |
 | dc_motor.c                                                            |
 | key_driver.c   +--------------------------------------+               |
 | m              |No file selected - enter filename:    |               |
 |                |> dc_control                          |               |
 |                +--------------------------------------+               |
 |                                                                       |
 |             ( Escape to exit, Space to tag )                          |
 +-----------------------------------------------------------------------+

              [Goto] [Prev] [Show] [Tag] [Untag] [Okay]

CTRL-A Z for help | 38400 8N1 | NOR | Minicom 2.3 | VT102 |     Offline
```

3. 실행화면

① ./dc_motor 명령어를 이용하여 실행한다.

```
파일(F) 편집(E) 보기(V) 터미널(T) 도움말(H)
[root@WENDERS test_app]# ls
camera       gtk_camera   serial_test  stopwatch
dc_control   mp3p         ssb
[root@WENDERS test_app]# ./dc_control
Tank Control App...
```

② 다음과 같이 버튼을 누르게 되면 clcd창에 글씨가 나타나게 된다.

```
[root@WENDERS test_app]# ./dc_control
Tank Control App...
Input Key : 5
Input Key : 7
Input Key : d
Exit Program..
[root@WENDERS test_app]# 
```

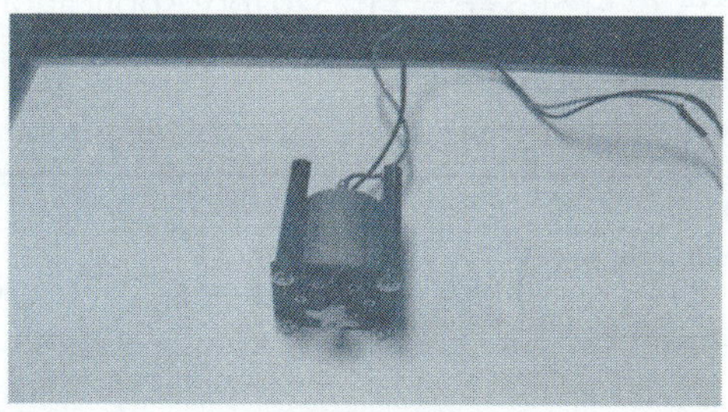

dc 모터 사진

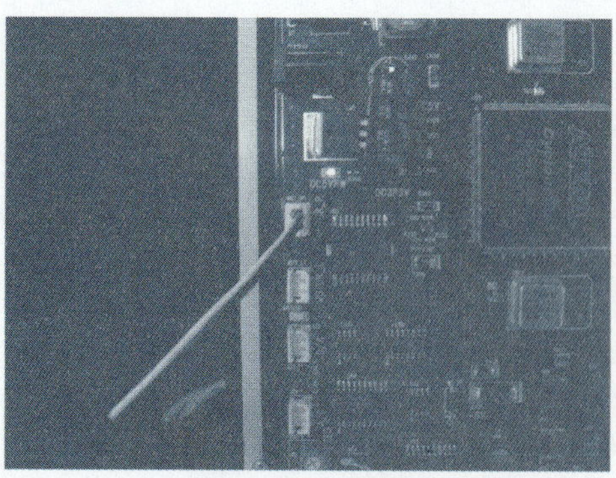

dc 모터 r에 연결

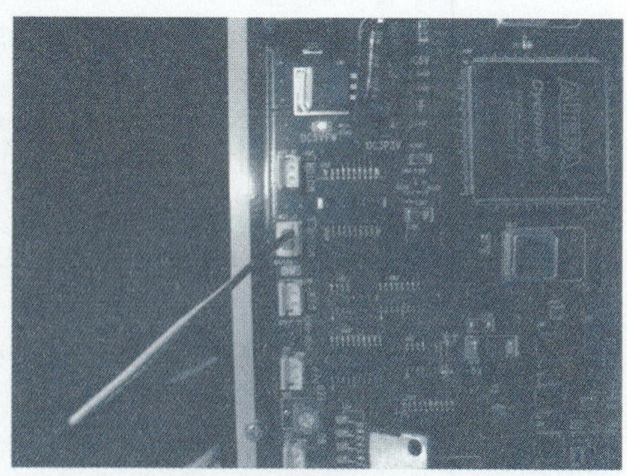

dc 모터 l에 연결

left 모터 전진

left 모터 후진

프로그램 종료

제 11 장

Berkeley DB 애플리케이션

11.1 개 요

이 프로그램은 오라클사의 오픈소스 버클리 데이터베이스 라이브러리를 임베디드 보드에 포팅해보고, API를 기반으로 DB 생성 및 기본기능인 삽입, 삭제, 검색을 수행할 수 있는 간단한 콘솔용 명함관리 프로그램을 작성해 보겠다.

11.2 관련기술

1. Berkeley DB

버클리 데이터베이스는 오라클사의 대표적인 임베디드 DB로 트랜잭션을 관리해 주는 오픈 소스 라이브러리형 데이터베이스이다. 최적화된 API로 제공되기 때문에 사용에 있어서 확장성과 처리성능이 뛰어나다. 다음 그림은 버클리 데이터베이스가 일반적인 관계형 데이터베이스와 어떤 구조적인 차이점이 있는지 잘 설명해 준다.

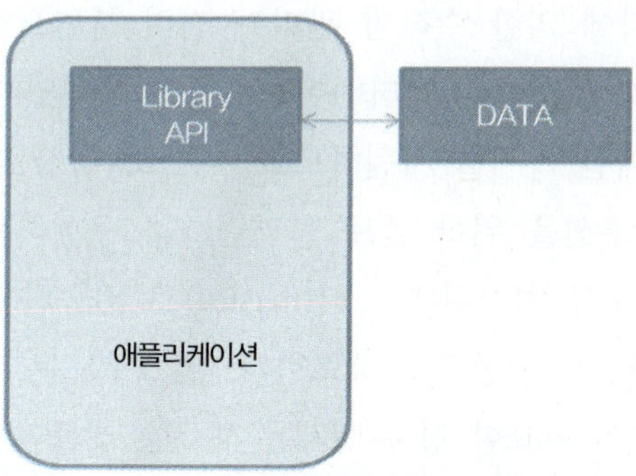

[버클리 데이터베이스의 구조]

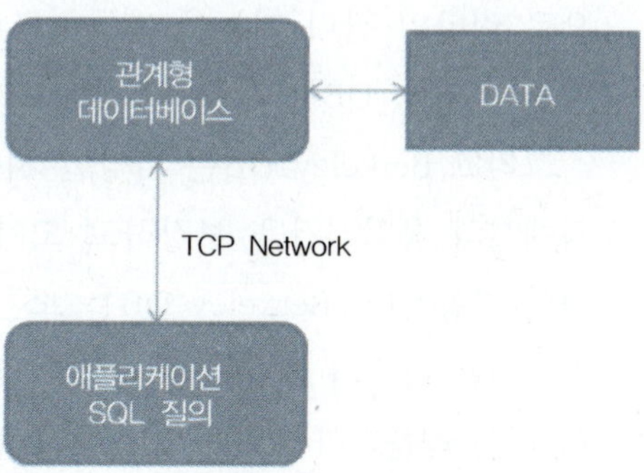

[관계형 데이터베이스의 구조]

Oracle Berkeley DB는 업계 선두의 임베디드 오픈 소스 개발자용 데이터베이스로 빠르고 안정적인 환경을 제공하며, 별도의 관리를 전혀 필요로 하지 않는다. Berkeley DB는 애플리케이션에 직접 연결되는 라이브러리로 제공되며, 애플리케이션은 원격 서버로 메시지를 보내는 대신 간단한 함수 호출만으로 데이터베이스를 이용하며, 따라서 클라이언트/서버 아키텍처의 성능 오버헤드를 피할 수 있다. 또 Oracle Berkeley DB는 SQL 쿼리 프로세싱의 오버헤드를 제거할 수 있게 하며, 예측 가능한 접근 패턴을 가진 애플리케이션의 성능 개선이 가능하다.

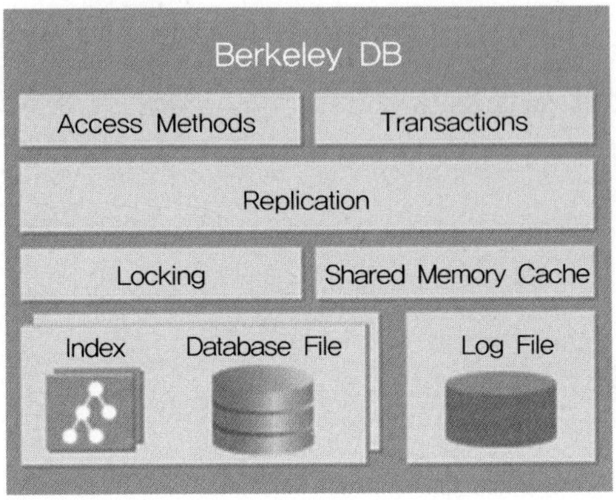

Berkeley DB는 ACID 트랜잭션 및 복구 메커니즘, 락킹 메커니즘, 멀티-프로세스, 멀티-스레드를 이용한 동시성 관리, 핫/콜드 백업, 고가용성 애플리케이션을 위한 싱글-마스터 복제 환경 등 고전적인 관계형 데이터베이스에서 제공되는 것과 동일한 수준의 안정적인 데이터 스토리지 환경을 제공한다. 또한, Berkeley DB는 메모리 또는 디스크상에 존재하는 데이터베이스를 관리할 수 있으며, 애플리케이션이 프로그램적으로 런타임 관리 기능을 제공하므로 운영자에 의한 수작업 관리가 전혀 불필요하다. Berkeley DB는 단순하고 빠르고, 작고, 안정적인 데이터베이스로서 설계되었다.

그리고 Berkeley DB는 다양한 시스템에 대한 복제를 지원하므로, 대규모 확장 환경에서의 응답시간을 보장하고 고가용성 솔루션을 위한 폴트 톨러런스를 구현하는 것이 가능하다. Berkeley DB는 모든 업데이트를 지정된 마스터(master)로 전송하고, 마스터는 다수의 레플리카(replica)에 변경 사항을 자동으로 배포한다. 워크로드는 여러 대의 레플리카에 분산되며, 시스템의 확장이 필요한 경우 언제든 새로운 레플리카를 추가로 배치할 수 있다. 레플리카 중 하나가 실패한 경우 나머지 레플리카가 작업을 수행하며, 마스터에 장애가 발생한 경우 애플리케이션이 마스터 선정(election)을 요청함으로써 새로운 마스터를 지정할 수 있다. 새로운 마스터가 선정되면 모든 레플리카가 새로운 마스터와 동기화되며, 서비스의 중단 없이 정상적인 프로세싱 작업을 계속할 수 있게 된다.

Berkeley DB는 매우 유연한 구조를 가지므로 개발자가 그 동작을 자유롭게 컨트롤할 수 있다. 따라서 다양한 애플리케이션에 적용이 가능하며 기업 내부적으로 개발한 커스텀 솔루션을 대체하는 용도로 활용될 수도 있는데, 예를 들어 개발자는 리소스의 할당 방식, 레코드 캐싱을 위해 사용되는 메모리의 양, 개별 테이블을 위해 사용되는 디스크 스토리지 구조, 내구성(durability)과 격리성(isolation)의 보장방법, 복제정책 등을 직접 컨트롤할 수 있다. 또 포팅, 통합, 디버깅, 최적화를 위한 모든 소스 코드가 제공된다.

Berkeley DB는 데이터를 로컬에 저장하는 애플리케이션을 위해 뛰어난 성능, 안정성, 확장성의 퍼시스턴스 환경을 제공하며, 온라인 상태에서 별도의 관리자 없이도 운영이 가능하고, 또 예측 가능한 방식으로 데이터 접근이 가능하다는 장점이 있다.

1) 데이터 저장

Berkeley DB는 다른 데이터베이스와 달리 추가적인 오버헤드를 수반하지 않고도 데이터에 쉽고 빠르게 접속할 수 있는 환경을 제공한다. Berkeley DB는 애플리케이션 내부에서 실행 가능한 C라이브러리의 형태로 구현되므로, 원격 데이터베이스 서버와의 인터프로세스 커뮤니케이션에 수반되는 지연 요소를 제거할 수 있다. 또 공유 캐시를 이용하여 대부분의 액티브 데이터를 메모리에 보관하므로 디스크 I/O 또한 최소화한다.

① 로컬, 인-프로세스 데이터 스토리지
② 스키마 중립적, 애플리케이션 네이티브 데이터 포맷
③ 인덱스 기반/순차적 데이터 인출 지원(Btree, Queue, Recno, Hash)
④ 멀티-프로세스 및 멀티 스레드 지원
⑤ 높은 동시성을 요구하는 시스템을 위한 정교하고 유연한 락킹 메커니즘
⑥ 멀티-버전 동시성 컨트롤(MVCC)
⑦ 2차 인덱스의 지원
⑧ 인-메모리 방식과 디스크 방식을 동시 지원
⑨ 온라인 Btree 압축 지원
⑩ 온라인 Btree 디스크 용량 재확보 지원
⑪ 온라인 상태에서 사용되지 않는 락을 제거
⑫ 디스크 데이터 암호화(AES)
⑬ 최대 4GB의 레코드, 최대 256TB의 테이블 지원

2) 트랜잭션

Berkeley DB는 다른 데이터베이스와 마찬가지로 데이터를 안정적으로 저장하고 데이터 무결성을 보장한다. Berkeley DB는 데이터베이스 작업을 그룹화하고 전체 작업이 성공하지 않는 경우 전체 작업의 커밋을 취소하는 기능을 제공한다. 시스템에 장애가 발생한 경우에는 자동으로 복구가 수행되며, 부분적으로 완료된 트랜잭션을 롤백하여 시스템의 일관성을 보장한다.

① ACID 원칙의 완벽한 지원
② 격리 레벨(isolation level) 선택 및 내구성(durability) 보장 (트랜잭션 단위로 설정 가능)
③ 네스티드 트랜잭션(nested transaction) 지원
④ 분산 트랜잭션 (XA)
⑤ 재해 복구 및 일반 장애 복구 모드
⑥ 복구 작업의 자동 순차화
⑦ 유연한 데드락 감지 기능 (커스터마이즈 가능)
⑧ 애플리케이션별 로그 파일 저장 및 복구 지원
⑨ 핫/콜드 백업, 로그 파일 아카이브, 풀 데이터베이스 덤프

3) 복 제

높은 시스템 확장성과 가용성이 요구되는 경우를 위해 Berkeley DB는 최신 복제 기능을 제공하고 여러 대의 시스템에 워크로드를 분산할 수 있다. 동일한 샤시 내에 존재하는 다른 보드로, 데이터 센터 내의 여러 서버로 또는 지리적으로 분산된 위치로 데이터를 복제할 수 있다. 복제 시스템의 모든 속성(데이터 무결성, 트랜잭션 보장, 처리속도, 네트워크 전송 등)이 커스터마이즈가 가능하며 애플리케이션 요구사항에 따른 튜닝이 가능하다.

① 싱글 마스터, 멀티 레플리카 모델
② 자동 페일오버/마스터 재선정(re-election)
③ Paxos 호환 마스터 선정 알고리즘
④ 새로운 레플리카를 언제든 그룹에 추가 가능
⑤ 핫 스탠바이 지원

⑥ 무중단 업그레이드
⑦ 노드의 지리적 분산 가능
⑧ 인-메모리 복제 옵션
⑨ 클라이언트 간 복제
⑩ 클라이언트 동기화를 위한 지연 시간 설정 가능
⑪ 동기화 성능 조절
⑫ 네트워크 전송 방식과 무관
⑬ 수천 대의 레플리카 노드를 지원하는 검증된 확장성
⑭ 신속한 개발을 위한 복제 프레임워크 지원

4) 구 축

Berkeley DB는 매우 유연하고 구축 및 통합이 용이하다. Berkeley DB는 C라이브러리 형태로 제공되어 애플리케이션과 함께 설치, 구성되고, 별도 관리자 없이 완벽한 운영이 가능하도록 설계되었으며, 따라서 모든 관리 기능은 프로그램에 의해 컨트롤된다. Berkeley DB는 매우 다양한 프로그램 언어와 운영체제 플랫폼을 지원하며, 초대규모 미션 크리티컬 애플리케이션에서 데스크톱/모바일 디바이스 애플리케이션에 이르는 수백만 고객 환경에서 검증되었다.

① 프로그램에 의한 관리 및 운영-운영자가 전혀 불필요
② 언어 지원 : C, C++, Java, Perl, Python, PHP, Tcl, Ruby 등
③ 운영체제 지원 : Linux, Windows, BSD UNIX, Solaris, Mac OS/X, VxWorks 및 POSIX 호환 운영체제
④ Microsoft Windows 인스톨러 지원
⑤ Apache 통합 기능 제공
⑥ RPC 기반 API
⑦ 제한된 메모리 용량을 갖는 디바이스의 지원(최소 400KB의 메모리 공간 사용)
⑧ 테라바이트급 데이터, 수십억 개의 레코드를 지원하는 확장성
⑨ 소스 코드 및 테스트 제품 포함

Berkeley DB의 사용시 다양한 장점과 기능에 대해서 설명하였다. 간단하게 요약하면 일반 관계형 데이터베이스는 독립된 프로그램으로 구성되어 애플리케이션과 따로 동작하면서 애플리케이션과 네트워크가 'Inter process communication'을 통해 자료

를 주고받는다. 하지만 버클리 데이터베이스는 컴파일시 애플리케이션에 링크되어 애플리케이션의 메모리 어드레스를 함께 사용한다. Locking, 로그 관리, 메모리 관리 등과 같은 기본적인 모든 데이터베이스의 작동이 라이브러리 내에서 수행되고, 멀티 프로세스 또는 프로세스에 있는 멀티-스레드는 동시에 데이터베이스를 사용할 수 있다.

결과적으로 프로세스 간 통신이 사라지게 되어 시스템의 전체적인 구조가 간단해진다. 당연히 버클리 데이터베이스는 일반적으로 널리 사용되고 있는 언어인 Java, C, C++, Perl, Tcl, Phthon 그리고 PHP의 API를 제공해 준다.

또한 버클리 데이터베이스는 많은 플랫폼을 지원한다. 모든 유닉스와 리눅스 플랫폼, MS-Windows 플랫폼, 32bit, 64bit 플랫폼, 하이엔드 인터넷 서버(High-end Internet Server)나 데스크톱 시스템, 노트북 등 모든 곳에서 운용이 가능하다고 볼 수 있다. 버클리 데이터베이스는 다음과 같은 기본적인 기능을 수행한다.

- Page cache management : 불필요한 I/O를 줄임으로써 빠른 데이터 접근을 지원한다.
- Transaction and logging : 데이터베이스 복구를 보장한다.
- Locking : 여러 사용자에 의한 다중 읽기 및 쓰기(multiple read/write)를 보장한다.

특히, 일반적인 관계형 데이터베이스와 차별화된 내용은 다음과 같다.

- SQL 개념의 질의문은 지원되지 않는다.
- 객체 지향적(Object Oriented)으로 설계되어 있지 않다. 즉 C로 코딩되어 있다.
- Network 기능이 없다.
- 데이터베이스 서버가 아니다.

2. 레코드 데이터 관리

버클리 데이터베이스는 데이터를 어떻게 관리할까? 먼저 데이터의 구조는 무척이나 간단하다. 예를 들어 데이터 파일에 저장되는 레코드의 구조는 다음과 같다.

Key	Value
color	blue
size	10
name	Web item

SQL의 테이블, 칼럼 구조에 익숙한 개발자라면 위 표에서 Key, Value 구조의 막막함이 느껴질 것이다. 하지만 잘 코딩된 데이터 구조가 바탕에 있다면 Key, Value의 간단, 명료함은 그 가치를 나타낼 것이다.

위의 구조는 Java 객체 중 Properties 객체와 유사하다. 이 구조를 바탕으로 데이터베이스는 레코드 삽입, 삭제, 수정, 그리고 찾기 기능을 수행한다.

여기서 알아두어야 할 중요한 사항은 Value 부분에 대해서는 전혀 오퍼레이션을 하지 않는다는 것이다. Value는 Key로 구분되는 데이터일 뿐이다. 이는 Value 부분에 대한 찾기 기능이 없다는 뜻으로 특정 Value를 찾고자 한다면 그 Key 값이 무엇인지를 먼저 알아야 한다.

Key와 Value에 대한 특징은 다음과 같다.

① Byte 형태의 값을 갖는다.
② 길이는 고정적이거나 가변적이다.
③ Key나 Value에 대한 형태는 프로그래머에 의해 결정된다.
④ 최대 크기는 4GB이다.

네 가지 주요 특징 가운데 세 번째 특징은 프로그래머에게는 부담이 될 수도 있다. 버클리 데이터베이스는 Key와 Value를 의미가 없는 단순한 'byte string'으로 인식하고 그에 대한 정보를 하나도 갖고 있지 않기 때문이다. 따라서 Key와 Value가 의미를 갖기 위해서는 프로그래머가 미리 구조를 설계한 후 그 구조에 맞게 Key와 Value 값을 가공하여 사용해야 한다. Key와 Value 구조를 모른다면 그 데이터베이스는 의미없는 Byte 덩어리일 뿐이다.

C나 C++로 개발하는 프로그래머일 경우에는 Struct 문장을 사용하여 Key와 Value 구조를 정의하여 사용할 수 있다. 개발 언어가 Java일 경우에는 Object Serialization을 통해 손쉽게 객체를 처리할 수 있다.

11.3 기 능

명함관리 프로그램의 기능은 다음과 같다.

① DB 생성 및 삭제
② BTree 구조
③ DB의 삽입, 삭제 기능
④ 인덱스를 이용한 검색 기능
⑤ DB의 동일 데이터 중복 방지

11.4 구 성

프로그램이 실행되면 제일 먼저 정해진 페이지사이즈와 캐시사이즈를 토대로 데이터베이스가 생성된다. 콘솔상에서 원하는 데이터를 삽입, 삭제, 검색 명령을 내리게 되며 해당 명령에 따라 DB 라이브러리에서 제공되는 API에 의해 DB 파일과 통신을 하게 된다. 명함관리 프로그램의 S/W 구성은 다음과 같다.

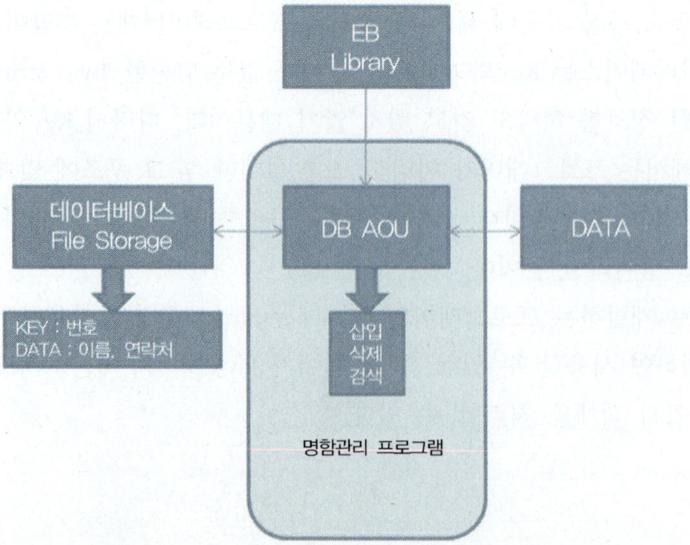

11.5 S/W 구현

(1) recd.c 주요 코드

```
#define DB_NAME "MYDB"

typedef struct my_struct {
    int id;
    char name[15];
    char phonenum[15];
} MY_STRUCT;
MY_STRUCT mydb;

void db_open(DB **, char *, int);

int main()
{
    DB *dbp;
    DBC *dbcp;
    DBT key, data;
    db_recno_t index;
    int ret = 0, i;
    char keyvalue, idxnum;
    // Open the DB
    db_open(&dbp, DB_NAME, 0);
```

DB의 구조체를 정의하고 mydb로 선언하였다.

DB 프로세서 및 DB 커서 프로세서를 포인터로 선언하였다.

DB 테이블로 key와 data를 선언하였고 레코드 번호로 index를 선언하였다.

```
    // Main text form
    printf("************************\n");
    printf("*    NMS Program     *\n");
    printf("*------------------------*\n");
    printf("* 1. Registration *\n");
    printf("* 2. Search          *\n");
    printf("* 3. Delete          *\n");
    printf("* 4. Exit             *\n");
    printf("********************\n");
```

```
do {
    printf("=>");
    keyvalue = getc(stdin);                  // 키보드의 키 값을 읽어온다.
    getc(stdin);

    switch (keyvalue) {
        case '1':          // Registration
            printf("Input the registration ID :");
            idxnum = getc(stdin);
            getc(stdin);
            mydb.id = index = atoi(&idxnum);
            printf("Insert the name :");
                // 입력한 이름을 DB에 저장한다.
            fgets(mydb.name, sizeof(mydb.name), stdin);
            for (i = 0; i < 15; i++) {
                if (mydb.name[i] == '\n') {
                    mydb.name[i] = '\0';
                    break;
                }
            }
            printf("Insert the phone number :");
                // 입력한 폰 번호를 DB에 저장한다.
            fgets(mydb.phonenum, sizeof(mydb.phonenum), stdin);
            for (i = 0; i < 15; i++) {
                if (mydb.phonenum[i] == '\n') {
                    mydb.phonenum[i] = '\0';
                    break;
                }
            }
```

키보드로 숫자를 입력하여 메뉴를 선택한다.
해당 키 값에 의해 등록, 검색, 삭제의 기능으로 구분된다.

```
           // zero out the DBTs before using them
            memset(&key, 0, sizeof(DBT));
            memset(&data, 0, sizeof(DBT));

            key.data = &(mydb.id);
            key.size = sizeof(int);
            data.data = &mydb;
            data.size = sizeof(MY_STRUCT);
                // DB에 데이터를 저장한다.
```

```
            switch (ret = dbp->put(dbp, NULL, &key, &data, DB_NOOVERWRITE))
    {
                case 0:
                    break;
                default:
                    dbp->err(dbp, ret, "DB->put");
                    break;
            }
            break;
        case '2':        // Search
            memset(&key, 0, sizeof(DBT));
            memset(&data, 0, sizeof(DBT));
            memset(&mydb, 0, sizeof(MY_STRUCT));

            mydb.id = index = 1;

            key.data = &(mydb.id);
            key.size = sizeof(int);

            data.data = &mydb;
            data.ulen = sizeof(MY_STRUCT);
            data.flags = DB_DBT_USERMEM;

            /* Acquire a cursor for the database. */
            if ((ret = dbp->cursor(dbp, NULL, &dbcp, 0)) != 0) {
                dbp->err(dbp, ret, "DB->cursor");
                exit (1);
            }
```


dbp->put() 함수를 이용하여 DB에 저장할 때 DB_NOOVERWRITE 옵션을 지정하여 중복저장이 안되도록 처리하였다.

```
            printf("<Registration Name List>\n");
            /* Walk through the database and print out the key/data pairs. */

                // DB에 저장된 모든 key와 데이터 정보를 가져온다.
            while ((ret = dbcp->c_get(dbcp, &key, &data, DB_NEXT)) == 0)
                printf("No.%lu : %.*s\n", *(u_long *)key.data, (int)data.size, mydb.name);

            printf("Input ID Number =>");
            idxnum = getc(stdin);
            getc(stdin);
```

```
            mydb.id = index = atoi(&idxnum);

            key.data = &mydb.id;
            key.size = sizeof(int);

                // DB에 저장된 정보 중 원하는 key에 대한 데이터를 가져온다.
            if ((ret = dbcp->c_get(dbcp, &key, &data, DB_SET)) == 0)
                printf("No.%lu : %.*s's phone number : %s\n", *(u_long \
                        *)key.data, (int)data.size, mydb.name, mydb.phonenum);
            else
                printf("No registration data\n");

//          if (ret != DB_NOTFOUND)
//              dbp->err(dbp, ret, "DBcursor->get");

            /* Close the cursor. */
            if ((ret = dbcp->c_close(dbcp)) != 0) {
                dbp->err(dbp, ret, "DBcursor->close");
                exit (1);
            }
            break;
```

DB에 저장된 정보를 가져올 때 반드시 DB 커서를 얻어야만 한다. 이 커서에 의해 정보의 위치를 찾아서 접근할 수 있다.

커서의 사용이 끝나면 반드시 해제해야 한다.

```
        case '3':           // Delete
            printf("Input ID Number =>");
            idxnum = getc(stdin);               // 검색할 ID를 입력받는다.
            getc(stdin);

            mydb.id = index = atoi(&idxnum);    // 검색할 ID를 저장한다.

            /* Acquire a cursor for the database. */
            if ((ret = dbp->cursor(dbp, NULL, &dbcp, 0)) != 0) {
                dbp->err(dbp, ret, "DB->cursor");
                exit (1);
            }

            key.data = &mydb.id;
            key.size = sizeof(int);
```

```
                while ((ret = dbcp->c_get(dbcp, &key, &data, DB_SET)) == 0)
                    dbcp->c_del(dbcp, 0);  // 해당 Key의 데이터를 삭제한다.

                /* Close the cursor. */
                if ((ret = dbcp->c_close(dbcp)) != 0) {
                    dbp->err(dbp, ret, "DBcursor->close");
                    exit (1);
                }
                break;
            case '4':           // Exit
                printf("Exit Program....\n");
            default:
                break;
        }
    }
    while (keyvalue != '4');        // '4'를 입력하면 프로그램이 종료된다.

    /* Close the DB */
    if (dbp != NULL)
        dbp->close(dbp, 0);

    return 0;
}

void db_open(DB **dbp, char *name, int dups)
{
    DB *db;
    int ret;
    /* Create the database handle. */
    if ((ret = db_create(&db, NULL , 0)) != 0) {        // DB 생성
        exit (1);
    }
    /* Optionally, turn on duplicate data items. */
    if (dups && (ret = db->set_flags(db, DB_DUP)) != 0) {
        db->err(db, ret, "db->set_flags: DB_DUP");
        exit (1);
    }
    db->set_errfile(db, stderr);
    db->set_pagesize(db, 32 * 1024);                    // 페이지사이즈를 결정
    db->set_cachesize(db, 0, 32 * 1024 * 1024, 1);      // 캐시사이즈를 결정
    /*
     * Open a database in the environment:
     *  create if it doesn't exist
     *  free-threaded handle
```

```
    * read/write owner only
    */
   if ((ret = db->open(db, NULL, name, NULL, DB_BTREE,
       DB_CREATE, 0600)) != 0) {                       // DB를 오픈한다.
       (void)db->close(db, 0);
       db->err(db, ret, "db->open : %s", name);
       exit (1);
   }
   *dbp = db;                                          // 오픈된 db의 포인터를 전달한다.
}
```

11.6 수행방법 및 결과

1. Berkeley DB 환경 구축

① 터미널창을 열어 /320app/Application/BerkeleyDB/db-4.5.20 디렉토리로 이동한다.

```
파일(F) 편집(E) 보기(V) 터미널(T) 도움말(H)
hybus@hybus-desktop:~$ cd /320app/Application/BerkeleyDB/db-4.5.20/build_unix/
```

② vi config-arm 명령어를 이용해서 아래와 같이 수정한다.

```
파일(F) 편집(E) 보기(V) 터미널(T) 도움말(H)
hybus@hybus-desktop:/320app/Application/BerkeleyDB/db-4.5.20/build_unix$ vi config-arm
```

```
파일(F) 편집(E) 보기(V) 터미널(T) 도움말(H)
#!/bin/sh
export CC=/usr/local/arm-linux-4.1.1/bin/arm-linux-gcc
export STRIP=/usr/local/arm-linux-4.1.1/bin/arm-linux-strip
export RANLIB=/usr/local/arm-linux-4.1.1/bin/arm-linux-ranlib
export CXX=/usr/local/arm-linux-4.1.1/bin/arm-linux-g++
export AR=/usr/local/arm-linux-4.1.1/bin/arm-linux-ar

../dist/configure --build=i686-pc-linux-gnu \
                  --host=arm-linux \
                  --prefix=/usr/local/arm-linux-4.1.1/arm-iwmmxt-linux-gnueabi \
```

③ 수정을 하고 나서 아래와 같이 순서대로 명령어를 입력한다.

```
파일(F) 편집(E) 보기(V) 터미널(T) 도움말(H)
hybus@hybus-desktop:/320app/Application/BerkeleyDB/db-4.5.20/build_unix$ sudo ./config-arm
[sudo] password for hybus:
```

```
파일(F) 편집(E) 보기(V) 터미널(T) 도움말(H)
hybus@hybus-desktop:/320app/Application/BerkeleyDB/db-4.5.20/build_unix$ sudo make
```

```
파일(F) 편집(E) 보기(V) 터미널(T) 도움말(H)
hybus@hybus-desktop:/320app/Application/BerkeleyDB/db-4.5.20/build_unix$ sudo make install
```

④ vi config-arm 명령어를 이용해 맨 마지막 줄에 --prefix=/usr/local/ 추가한다.

```
파일(F) 편집(E) 보기(V) 터미널(T) 도움말(H)
#!/bin/sh
export CC=/usr/local/arm-linux-4.1.1/bin/arm-linux-gcc
export STRIP=/usr/local/arm-linux-4.1.1/bin/arm-linux-strip
export RANLIB=/usr/local/arm-linux-4.1.1/bin/arm-linux-ranlib
export CXX=/usr/local/arm-linux-4.1.1/bin/arm-linux-g++
export AR=/usr/local/arm-linux-4.1.1/bin/arm-linux-ar

../dist/configure --build=i686-pc-linux-gnu \
                  --host=arm-linux \
                  --prefix=/usr/local/arm-linux-4.1.1/arm-iwmmxt-linux-gnueabi \
                  --prefix=/usr/local \
```

⑤ 입력이 끝나게 되면 계속해서 설치를 진행하면 된다. 아래와 같이 순서대로 입력한다.

```
파일(F) 편집(E) 보기(V) 터미널(T) 도움말(H)
hybus@hybus-desktop:/320app/Application/BerkeleyDB/db-4.5.20/build_unix$ sudo make distclean
```

```
파일(F) 편집(E) 보기(V) 터미널(T) 도움말(H)
hybus@hybus-desktop:/320app/Application/BerkeleyDB/db-4.5.20/build_unix$ sudo ./config-arm
```

```
파일(F) 편집(E) 보기(V) 터미널(T) 도움말(H)
hybus@hybus-desktop:/320app/Application/BerkeleyDB/db-4.5.20/build_unix$ sudo make
```

```
파일(F) 편집(E) 보기(V) 터미널(T) 도움말(H)
hybus@hybus-desktop:/320app/Application/BerkeleyDB/db-4.5.20/build_unix$ sudo ma
ke install DESTDIR=$PWD/Bdb
```

⑥ 설치가 끝나게 되면 현재 있는 디렉토리에서 Bdb/usr/local 디렉토리로 이동한다.

```
파일(F) 편집(E) 보기(V) 터미널(T) 도움말(H)
hybus@hybus-desktop:/320app/Application/BerkeleyDB/db-4.5.20/build_unix$ cd Bdb/
usr/local/
```

⑦ lib를 제외한 나머지 디렉토리를 삭제한다.

```
파일(F) 편집(E) 보기(V) 터미널(T) 도움말(H)
hybus@hybus-desktop:/320app/Application/BerkeleyDB/db-4.5.20/build_unix/Bdb/usr/
local$ sudo rm -rf bin/ docs/ include/
```

⑧ lib디렉토리를 압축한다.

```
파일(F) 편집(E) 보기(V) 터미널(T) 도움말(H)
hybus@hybus-desktop:/320app/Application/BerkeleyDB/db-4.5.20/build_unix/Bdb/usr/
local$ sudo tar cvfz Bdb.tgz *
lib/
lib/libdb-4.5.so
lib/libdb-4.5.a
lib/libdb.a
lib/libdb.so
lib/libdb-4.5.la
lib/libdb-4.so
hybus@hybus-desktop:/320app/Application/BerkeleyDB/db-4.5.20/build_unix/Bdb/usr/
local$
```

⑨ 보드를 켜서 /디렉토리로 이동을 하겠다.

```
파일(F) 편집(E) 보기(V) 터미널(T) 도움말(H)
[root@WENDERS root]# cd ..
```

⑩ /320app/Application/BerkeleyDB/db-4.5.20/build_unix/Bdb/usr/local 디렉토리로 이동 후 Bdb.tgz 파일을 보드로 다운로드한다.

```
파일(F) 편집(E) 보기(V) 터미널(T) 도움말(H)
[root@WENDERS /]# #
 +-----------------[Select one or more files for upload]------------------+
 |Directory: ...Application/BerkeleyDB/db-4.5.20/build_unix/Bdb/usr/local  |
 | [..]                                                                     |
 | [lib]                                                                    |
 | Bdb.tgz                                                                  |
 |                                                                          |
 |                   +-------------------------------------+                |
 |                   |No file selected - enter filename:   |                |
 |                   |> Bdb.tgz                            |                |
 |                   +-------------------------------------+                |
 |                                                                          |
 |              ( Escape to exit, Space to tag )                            |
 +--------------------------------------------------------------------------+

              [Goto]  [Prev]  [Show]  [Tag]  [Untag]  [Okay]
CTRL-A Z for help | 38400 8N1 | NOR | Minicom 2.3 | VT102 |     Offline
```

⑪ 옮겨진 것을 확인 후 tar 명령어를 이용해서 압축을 푼다.

```
파일(F) 편집(E) 보기(V) 터미널(T) 도움말(H)
[root@WENDERS /]# ls
Bdb.tgz    home        media    sbin     tmp
bin        info        pole     share    usr
dev        lib         proc     srv      var
etc        lost+found  root     sys
[root@WENDERS /]# tar xzf Bdb.tgz
```

⑫ 압축을 풀게 되면 Berkeley DB 환경 구축은 끝나게 된다.

2. Bdb 애플리케이션 컴파일

① /320app/Application/BerkeleyDB/bdb_app 디렉토리로 이동한다.

```
파일(F) 편집(E) 보기(V) 터미널(T) 도움말(H)
hybus@hybus-desktop:~$ cd /320app/Application/BerkeleyDB/bdb_app/
```

② sudo make clean명령어를 이용해 이전에 컴파일되어 있는 것을 삭제한다.

```
파일(F) 편집(E) 보기(V) 터미널(T) 도움말(H)
hybus@hybus-desktop:/320app/Application/BerkeleyDB/bdb_app$ sudo make clean
```

③ sudo make 명령어를 이용해서 컴파일한다.

```
파일(F) 편집(E) 보기(V) 터미널(T) 도움말(H)
hybus@hybus-desktop:/320app/Application/BerkeleyDB/bdb_app$ sudo make
/usr/local/arm-linux-4.1.1/bin/arm-linux-gcc -c -g -O2 -Wall -I/usr/local/arm-li
nux-4.1.1/arm-iwmmxt-linux-gnueabi/include -o recd.o recd.c
/usr/local/arm-linux-4.1.1/bin/arm-linux-gcc -o recd recd.o /usr/local/arm-linux
-4.1.1/arm-iwmmxt-linux-gnueabi/lib/libdb-4.so
hybus@hybus-desktop:/320app/Application/BerkeleyDB/bdb_app$
```

3. Z-MODEM을 이용한 다운로드

① 터미널창을 열어 minicom을 실행 후 보드를 부팅한다.

② /test_app 디렉토리로 이동한다.

```
파일(F) 편집(E) 보기(V) 터미널(T) 도움말(H)
[root@WENDERS root]# cd test_app/
```

③ Ctrl+A를 누르고 다시 S를 눌러 /320app/Application/BerkeleyDB/bdb_app 디렉토리로 이동 후 파일을 다운로드한다.

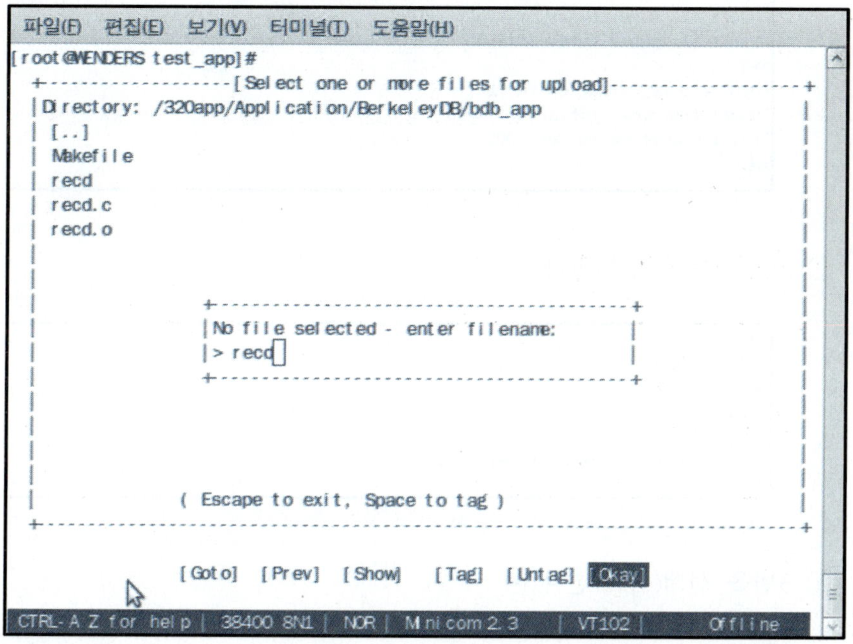

4. 실행화면

① ./recd 명령어를 이용해서 실행을 한다.

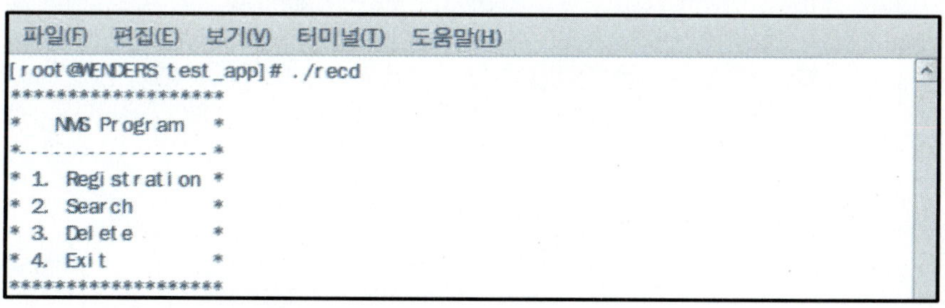

② 1번을 선택(등록)한다.

```
=>1
Input the registration ID :1
Insert the name :hybus
Insert the phone number :1004
=>1
Input the registration ID :2
Insert the name :hytaxi
Insert the phone number :007
=>
```

③ 2번을 선택(검색)한다.

```
=>2
<Registration Name List>
No.1 : hybus
No.2 : hytaxi
Input ID Number =>2
No.2 : hytaxi's phone number : 007
=>
```

④ 3번을 선택(삭제)한다.

```
=>3
Input ID Number =>2
=>2
<Registration Name List>
No.1 : hybus
Input ID Number =>
```

제 12 장

GTK Painter

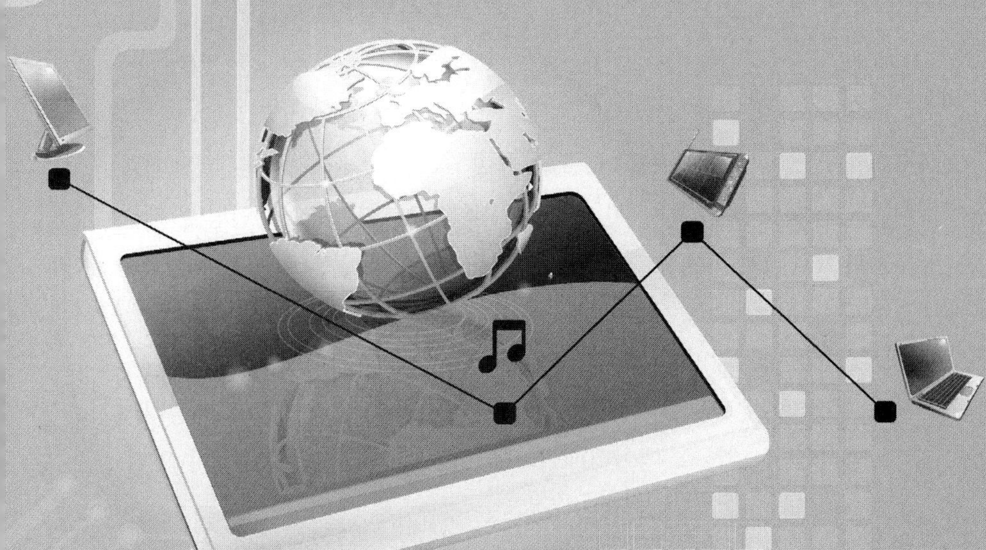

12.1 개 요

이번 장에서는 GTK+ 프로그래밍에 대해 실습해보고자 한다.

GTK Painter는 GTK-2.0+기반으로 작성된 아주 간단한 그림그리기용 프로그램이다. GTK+에서 제공되는 glade-2를 이용하여 기본 틀을 만들었고, 그에 따라 생성되는 위젯들을 통해 사용자 인터페이스를 콜백 함수로써 구현하여 하나의 애플리케이션을 완성하였다. 소개되는 GTK Painter를 통해 Glade 사용법과 GTK+ 프로그래밍의 기초를 익히는데 어느 정도 도움이 될 것이다.

12.2 관련기술

1. 김프 툴킷(GTK)

초기에 GIMP를 위해서 만들어졌던 김프 툴킷(GIMP Toolkit), 줄여서 GTK+라고도 하는 툴킷은 X윈도우 시스템을 위한 위젯 툴킷 중 하나이다. GTK+와 Qt는 모티프에 대한 좋은 대안이 되어 주었다. GTK+는 1997년 Spencer Kimball, Peter Mattis, Josh MacDonald에 의해서 만들어졌다. 그들은 모두 UC Berkeley에 있는 eXperimental Computing Facility (XCF) 소속이었다. LGPL로 라이선스되었기 때문에, GTK+는 자유 소프트웨어이자 오픈 소스 소프트웨어이고 GNU 프로젝트의 일부분이다.

1) 프로그래밍 언어

GTK+는 C(프로그래밍 언어)를 사용한다. 그렇지만 그들의 제작자들은 객체지향 구조를 사용하였다. 그놈 플랫폼은 C++, 펄, 루비, 자바, 파이썬으로의 바인딩을 제공하였다. 많은 사람들이 Ada, D, 하스켈, 파스칼, PHP, 닷넷 프레임워크로의 바인딩을 작성하였다.

다른 많은 위젯 툴킷들과 다르지만 Qt와 마찬가지로 GTK+는 Xt에 기반하지 않는다. 그래서 GTK+를 많은 다른 환경으로 이식할 수 있었다. 하지만 전통적인 X11 애플리케이션의 사용자 설정 방식인 X 리소스 데이터베이스에 접근할 수 없다는 단점이 있다.

2) 모 양

사용자는 디스플레이 엔진으로 툴킷의 모양을 설정할 수 있다. 엔진들은 윈도우, 모티프, Qt, 넥스트스텝 등의 모양으로 그려줄 수 있었다.

3) GTK+를 사용하는 환경

Screenshot of the GIMP 2.0 on Xfce4그놈 환경은 GTK+를 기반으로 사용한다.

Xfce 환경도 GTK+를 기반으로 사용한다. 하지만 Xfce용 프로그램은 많은 것에 의존하지 않는다. (이것은 그놈 프로그램과 GTK+ 프로그램을 구분한다)

GPE, Maemo(노키아의 인터넷 테블릿 프레임워크), 액세스 리눅스 플랫폼 (새로운 팜 OS 호환 PDA 플랫폼)도 GTK+를 기반으로 한다.

GTK+ 프로그램은 KDE 같은 다른 데스크톱 환경에서 돌아간다. GTK+는 마이크로소프트 윈도우에서도 돌아간다. DirectFB와 ncurses 기반 포팅도 있다.

4) 그래픽과 관련되지 않은 코드

GTK+는 초기에 그래픽과 관련되지 않은 코드를 포함했다. 이들은 링크드 리스트 및 바이너리 트리를 제공했다. GObject와 함께 오는 이러한 유틸리티 시스템은 Glib라는 별도의 라이브러리로 쪼개졌고, 이는 그래픽 인터페이스가 필요 없는 프로그래머에게 도움을 준다.

5) GTK+ 2

GTK+ 2는 GTK+를 계승하였다. 이것의 새로운 기능은 Pango를 사용하는 새로운 텍스트 랜더링 엔진, 새로운 테마 엔진, 향상된 접근성, 유니코드로의 완전한 전환이 있다. 하지만 GTK+ 2는 GTK+ 1과 호환성이 없으므로 프로그래머들이 소스를 새로 짜야 한다. 몇몇 프로그램들은 GTK+ 1을 그대로 사용한다. GTK+ 1은 GTK+ 2보다 빠르고 덜 복잡하고 임베디드 환경에 더 적합하다.

6) 차후 개발

Project Ridley는 GTK+가 현재 포함하지 않는 각종의 라이브러리를 포함하려고 하는 시도이다. 이들은 libgnome, libgnomeui, libgnomeprint22, libgnomeprintui22, libglade, libgnomecanvas, libegg, libeel, gtkglext를 포함한다.

2. GTK+의 소개

GTK+는 버튼, 스크롤바, 메뉴와 같은 그래픽 객체와 이것들을 구현하는데 필요한 함수들의 모음이다. 이는 간단하지만 정확한 정의이다. 그래픽 객체는 위젯(Widget)이라고도 하고, GTK+를 구성하는 위젯들의 집합을 GTK+ widget Set이라고 한다. 여기에 대응되는 함수들을 더한 것을 툴킷(Toolkit)이라고 한다.

GTK+는 GNU Image Manipulation Program(GIMP)을 개발하는 도중에 만들어졌다. GIMP는 Spencer Kimball과 Peter Mattis에 의해 만들어진 리눅스와 UNIX 운영체제를 위한 인기 있는 오픈 소스의 이미지 처리 프로그램이다.

원래 GIMP는 X윈도우 시스템에 기반을 둔 상용 툴킷인 모티프(Motif)를 이용하여 개발되었다. 그러나 모티프는 그들이 원했던 만큼의 융통성을 제공하지 못했기 때문에 GIMP의 개발자들은 GIMP Toolkit(GTK)을 만들었다. GTK+는 원래의 GIMP Toolkit을 확장한 것이다.

3. GTK+ 프로그래밍 절차

일반적으로 GTK+ 프로그래밍을 위한 절차는 다음과 같다.

① GTK+ 프로그래밍 환경 구성
② 위젯 생성 및 속성 설정
③ 콜백 함수 정의
④ 시그널과 이벤트 처리
⑤ 컴파일
⑥ 프로그램 실행 테스트

GTK Painter 또한 상기 절차대로 작성을 하였다. 여기서 환경 구성 부분은 X86의 경우 사용자 PC에 리눅스를 설치하게 되면 기본적으로 설치되기 때문에 신경쓸 필요가 없고 임베디드 타깃 보드에서 프로그램이 실행될 수 있도록 ARM용 컴파일러에 GTK+-2.0 라이브러리를 설치해야 한다. 이러한 작업들은 일일이 다 하기에는 시간이 많이 걸리고 복잡하기 때문에 자세히 기술하지 않는다. 다만 일련의 작업들은 이미 다 갖추어져 있기 때문에 GTK+ 프로그래밍부터 시작하면 된다. 위젯 생성과 콜백 함수 정의는 일반적으로 glade-2를 이용하여 작성하게 된다. glade-2란 윈도우즈의 MFC 툴처럼 일종의 사용자 툴이라고 이해하면 된다.

4. Glade-2 유틸리티

리눅스에서 glade-2라는 명령어를 실행하면 다음과 같이 Glade-2 유틸리티가 나타난다.

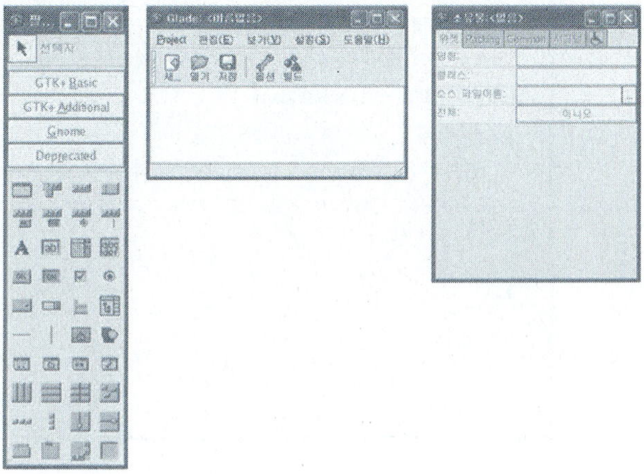

5. GTK+ 프로그래밍 방법

여기서 간단하게 GTK+ 프로그래밍을 하기 위한 방법과 기본적으로 윈도우 위젯을 만드는 방법만 소개하도록 하겠다.

① 제일 먼저 프로젝트를 생성해야 한다.
② 새 프로젝트 만들기 단축 아이콘을 클릭하면 다음과 같은 창이 뜬다.

③ 여기서 [New GTK+Project]를 클릭한 후 저장 아이콘을 클릭한다.

④ 다음과 같이 프로젝트 옵션 창이 뜰 것이다.

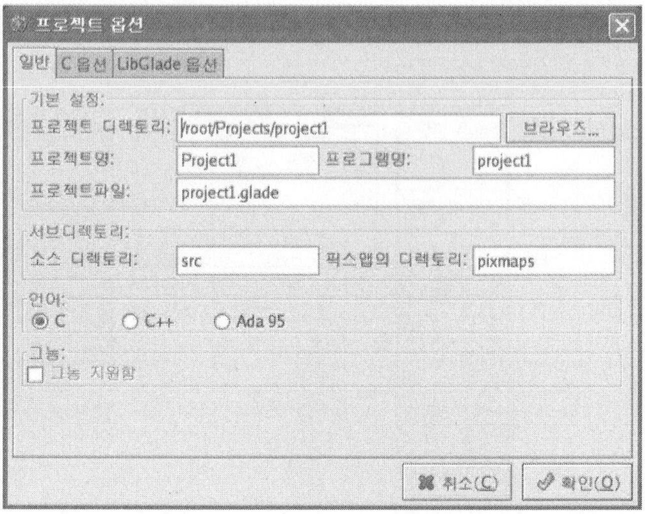

⑤ 원하는 프로젝트 디렉토리와 프로젝트명, 프로그램명 그리고 생성할 Glade 파일을 지정하고 C옵션 탭으로 이동한다.

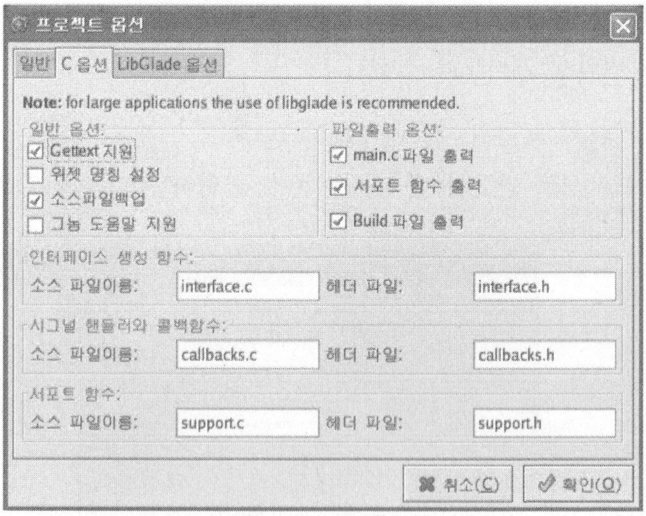

⑥ 일반 옵션에서 [Gettext 지원] 체크를 해제한다.

⑦ 마지막으로 [확인]을 클릭하면 초기 설정한 프로젝트명으로 프로젝트가 생성된다.

6. GTK Painter의 기본 틀과 위젯 생성

이제 GTK Painter의 기본 틀과 더불어 위젯들을 생성시켜 보자.

① 먼저 프로그램의 메인 윈도우를 생성해야 한다.

② 팔레트에서 윈도우 아이콘을 선택하면 아래와 같이 윈도우창이 생성된다.

③ 윈도우창 자체가 하나의 위젯이 되는 것이다.

④ 생성을 했으니 이제 꾸며 보자.

⑤ 그 전에 오브젝트창에서 위젯의 속성을 확인하고 수정할 부분은 수정해야 한다.

⑥ 오브젝트창(소유물)은 다음과 같다.

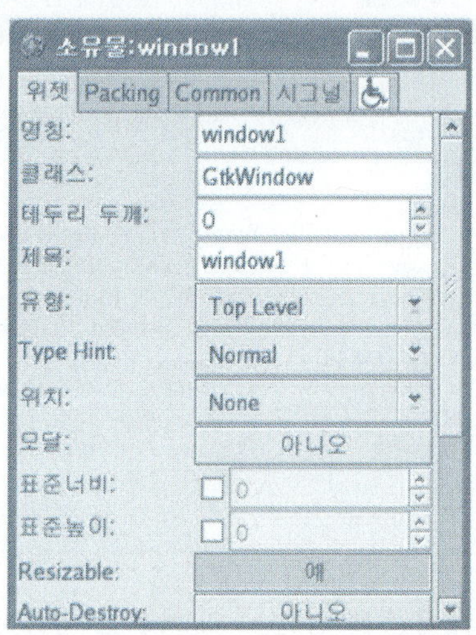

⑦ [Common] 탭으로 이동을 해보자.

⑧ 다음과 같이 너비와 높이, 이벤트 등을 설정할 수 있다.

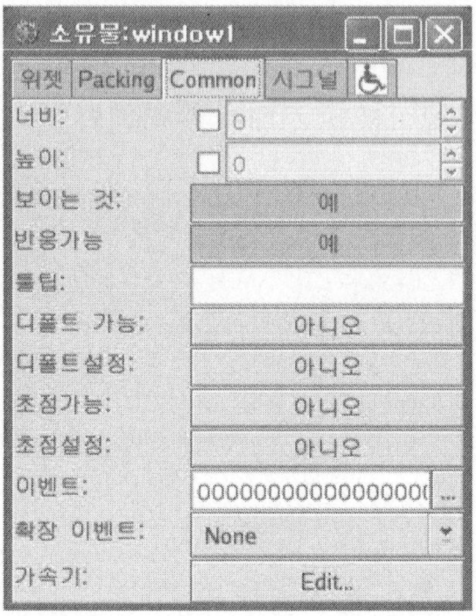

⑨ 이벤트의 [...]를 클릭하게 되면 X이벤트 선택창이 뜨게 된다.

⑩ 다음은 X이벤트를 선택하는 장면이다. X이벤트 선택창에서 필요한 이벤트들을 선택한다. [Ctrl] 키를 누르고 마우스 클릭하면 복수 선택이 가능하다.

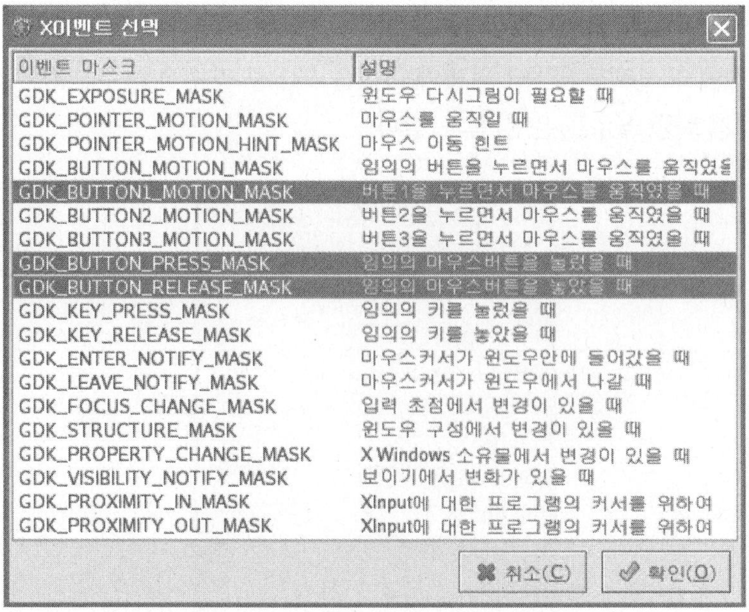

⑪ 자세한 X이벤트의 내용들은 GTK+ 레퍼런스 문서를 참조하기 바란다.

7. 이벤트 생성

위에서 선택한 이벤트들은 일반적으로 선택되는 이벤트들이다. 보통 마우스 또는 터치로 이벤트를 발생시키기 때문에 거의 필수로 선택된다고 해도 과언이 아니다. 선택된 X이벤트들은 시그널을 통해 콜백 함수를 호출하게 될 것이다.

① 다음 시그널 탭으로 이동해 본다.

② 시그널 탭의 모습은 다음과 같다.

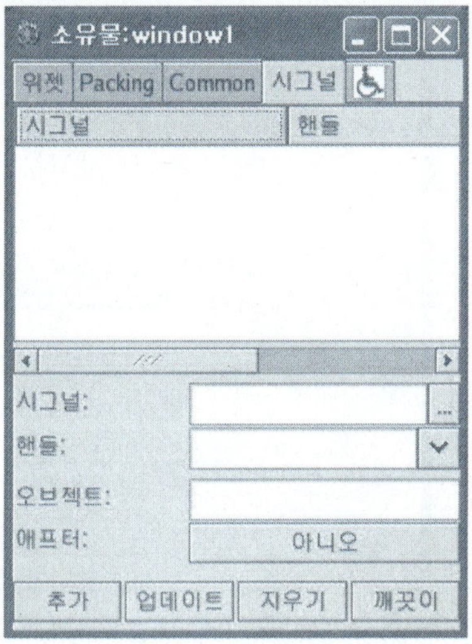

③ 시그널 오른쪽의 ...을 클릭하면 시그널 선택창이 뜨게 된다.

④ 다음은 시그널 선택창이다.

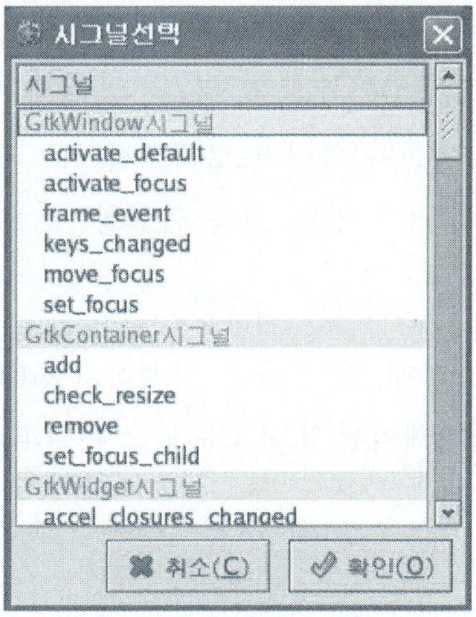

⑤ 시그널은 어떠한 해당 이벤트가 발생했을 시 GTK+에서 해당 함수가 실행되도록 하는 하나의 전달 매개체라고 보면 된다.
⑥ 다음과 같이 등록창에 선택한 시그널이 등록되었다.
⑦ 아래 화면은 destroy 시그널을 등록한 하나의 예시이다.
⑧ destroy 시그널은 해당 위젯이 종료될 때 발생하는 시그널이다.

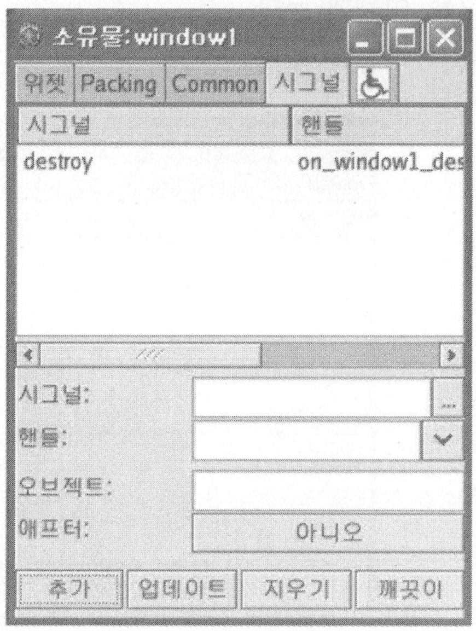

⑨ 마지막으로 팔레트창에서 [고정된 구역] 아이콘을 클릭한 후 윈도우창에 클릭한다.
⑩ 윈도우창이 활성화된 것을 확인할 수 있다.
⑪ 이제 윈도우창 위에 버튼이나 그림구역, 라벨, 콤보박스 등을 올릴 수 있는 상태가 된 것이다. 빌드 버튼을 클릭하고 저장하며 프로그램을 종료시킨다.
⑫ 저장한 장소로 이동을 하면 프로젝트명으로 된 디렉토리에 환경설정 파일과 src 디렉토리가 생성되어 있는 것을 확인할 수 있다.

이것으로 Glade-2 유틸리티를 이용한 GTK+ 프로그래밍의 기본 방법을 알아보았다. 이 후부터는 자기 입맛에 맞게 폼을 구성하고 GUI를 작성하면 된다.

GTK Painter 애플리케이션 또한 Glade-2 유틸리티를 이용해서 기본 인터페이스를 작성을 하였다.

12.3 GTK Painter 특징

1. 기 능

① 팬 브러시 기능
② 색상 선택 기능
③ 팬 굵기 선택 기능
④ 그림판 리셋 기능

2. 사용된 위젯

① 윈도우 스크린
② 그리기 영역
③ 가로 분리선
④ 일반 버튼
⑤ 스핀 버튼
⑥ 컬러 버튼
⑦ 라벨

3. 사용된 이벤트

① GDK_BUTTON1_MOTION_MASK : 마우스 1버튼(왼쪽 버튼)의 클릭 상태에서 움직일 때
② GDK_BUTTON_PRESS_MASK : 마우스 버튼이 눌러졌을 때
③ GDK_BUTTON_RELEASE_MASK : 마우스 버튼이 떼어졌을 때

4. 사용된 시그널

(1) 윈도우 위젯 : destroy

(2) 그리기 영역 위젯

① button_press_event : 버튼이 눌러졌을 때 발생
② button_release_event : 버튼이 떼어졌을 때

③ motion_notify_event : 마우스를 움직였을 때
④ expose_event : 화면이 보여질 때
⑤ configure_event : 위젯이 화면에 뜨기 전
⑥ clicked : 버튼을 클릭했을 때
⑦ value_changed : 스핀 버튼에서 선택값이 변경되었을 때
⑧ color_set : 색상을 선택했을 때

12.4 구 성

GTK+로 작성된 프로그램들은 X윈도우 기반에서 실행된다.

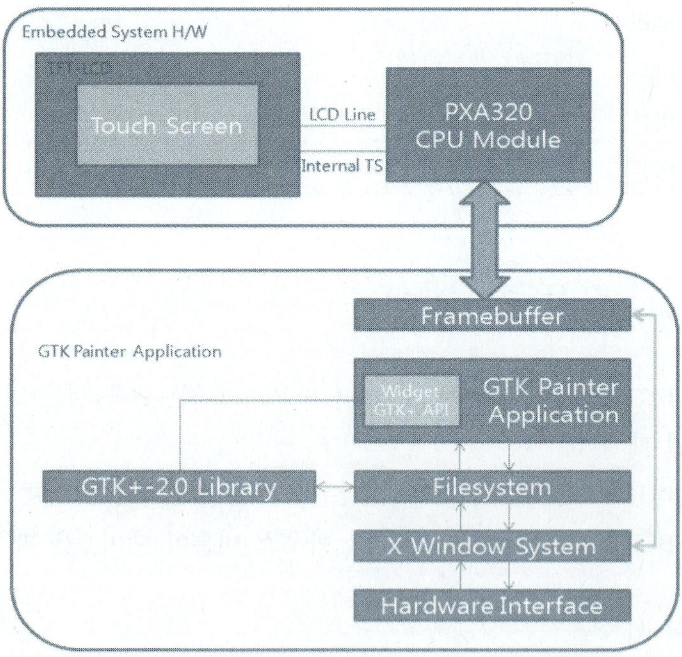

GTK Painter는 터치를 이용하여 조작하게 되며, 입력된 터치 신호는 X윈도우를 거쳐 애플리케이션으로 전달되며 처리된 결과는 X윈도우에서 다시 프레임 버퍼 영역으로 결과를 디스플레이하게 된다. 즉 터치를 이용하여 드래그하면 드래그되는 영역이 선으로 그려지게 되는 것이다.

12.5 동작방법

① Color 버튼 : 16K의 색상을 선택할 수 있는 Color Map이 창으로 뜨며 원하는 선 색을 선택할 수 있다.

② Pitch 스핀 버튼 : 1부터 10까지 선의 굵기를 정할 수 있다.

③ RESET 버튼 : 현재까지 그려진 그림을 지우고자 할 때 클릭을 하면 그림영역이 초기화된다.

12.6 S/W 구현

GTK Painter 소스 코드는 Glade-2를 이용하여 프로젝트를 생성하고 빌드하게 되면 src 디렉토리에 4개의 소스 파일이 생성된다. 4개의 소스 파일은 다음과 같다.

① main.c : 메인 함수로 GTK 초기화 및 최상의 윈도우 위젯을 생성하고 GTK 프로그램의 시작을 알린다.

② interface.c : 위젯 생성 및 시그널 연결을 설정한다.

③ support.c : 위젯 호출 및 픽스맵 생성 함수의 정의가 작성되어 있다.

④ callback.c : 이벤트가 발생했을 때 호출되는 해당 함수가 비어 있는 상태로 정의되어 있다. 이 부분이 사용자가 직접 코딩하고 기능을 구현해야 할 핵심 부분이다.

(1) main.h

전역변수로 GC(PEN 설정 구조체) 포인터와 임시로 사용할 위젯을 선언하였다.

```
GdkGC *g_pen;
GtkWidget *drawing_handle;
```

(2) main.c

```
#ifdef HAVE_CONFIG_H
#  include <config.h>
endif

#include <gtk/gtk.h>

#include "interface.h"
#include "support.h"
#include "main.h"                    // main.h 헤더 선언

int
main (int argc, char *argv[])
{
  GtkWidget *window1;

  gtk_set_locale ();                 // locale 설정
  gtk_init (&argc, &argv);           // GTK 초기화

  add_pixmap_directory (PACKAGE_DATA_DIR "/" PACKAGE "/pixmaps");

  /*
   * The following code was added by Glade to create one of each component
   * (except popup menus), just so that you see something after building
   * the project. Delete any components that you don't want shown initially.
   */
  window1 = create_window1 ();              // window 위젯 생성
  gtk_widget_show (window1);                // window 창을 스크린에 보여줌

  // window 위젯에 대한 임시 핸들러를 생성
  drawing_handle = lookup_widget(GTK_WIDGET(window1), "drawingarea1");
  gtk_widget_set_uposition (window1, 1, 0);

  gtk_main ();       // GTK 애플리케이션 시작
  return 0;
}
```

Glade-2로 위젯을 생성하고 빌드하게 되면 기본적으로 위와 같은 코드가 생성된다. 밑줄 친 부분은 직접 추가한 부분이다.

(3) interface.c 주요 코드

```
GtkWidget*
create_window1 (void)                          // window 위젯과 하위 위젯들을 생성하기 위한 함수
{ // 위젯 선언
  GtkWidget *window1;
  GtkWidget *fixed1;
  GtkWidget *drawingarea1;
  GtkWidget *hseparator1;
  GtkWidget *label1;
  GtkWidget *label2;
  GtkWidget *button1;
  GtkWidget *button2;
  GtkObject *spinbutton1_adj;
  GtkWidget *spinbutton1;
  GtkWidget *colorbutton1;
  GdkColor  white = {0, 0xFFFF, 0xFFFF, 0xFFFF};
  window1 = gtk_window_new (GTK_WINDOW_TOPLEVEL);      // window 위젯 생성
  gtk_widget_set_size_request (window1, 800, 480);
  gtk_window_set_title (GTK_WINDOW (window1), "GTK_Painter");
  gtk_window_set_position (GTK_WINDOW (window1), GTK_WIN_POS_CENTER_ALWAYS);
  gtk_window_set_resizable (GTK_WINDOW (window1), FALSE);
  gtk_window_set_type_hint (GTK_WINDOW (window1), GDK_WINDOW_TYPE_HINT_UTILITY);

  fixed1 = gtk_fixed_new ();    // 고정영역 위젯 생성
  gtk_widget_show (fixed1);
  gtk_container_add (GTK_CONTAINER (window1), fixed1);

  drawingarea1 = gtk_drawing_area_new ();            // 그리기 영역 위젯 생성
  gtk_widget_show (drawingarea1);
  gtk_fixed_put (GTK_FIXED (fixed1), drawingarea1, 0, 56);
  gtk_widget_set_size_request (drawingarea1, 800, 424);

  // 그리기 영역 위젯에서 발생할 이벤트 설정
  gtk_widget_set_events (drawingarea1, GDK_BUTTON1_MOTION_MASK |
    GDK_BUTTON_PRESS_MASK | GDK_BUTTON_RELEASE_MASK);

  hseparator1 = gtk_hseparator_new ();               // 가로 분리선 위젯 생성
  gtk_widget_show (hseparator1);
  gtk_fixed_put (GTK_FIXED (fixed1), hseparator1, 0, 40);
  gtk_widget_set_size_request (hseparator1, 800, 16);

  label1 = gtk_label_new ("Color :");                // 라벨 위젯 생성
  gtk_widget_show (label1);
```

```
gtk_fixed_put (GTK_FIXED (fixed1), label1, 0, 8);
gtk_widget_set_size_request (label1, 50, 30);

label2 = gtk_label_new ("Pitch :");          // 라벨 위젯 생성
gtk_widget_show (label2);
gtk_fixed_put (GTK_FIXED (fixed1), label2, 96, 8);
gtk_widget_set_size_request (label2, 50, 30);

button1 = gtk_button_new_with_mnemonic ("RESET");              // 일반 버튼 위젯 생성
gtk_widget_show (button1);
gtk_fixed_put (GTK_FIXED (fixed1), button1, 744, 8);
gtk_widget_set_size_request (button1, 50, 30);

button2 = gtk_button_new_with_mnemonic ("QUIT");               // 일반 버튼 위젯 생성
gtk_widget_show (button2);
gtk_fixed_put (GTK_FIXED (fixed1), button2, 680, 8);
gtk_widget_set_size_request (button2, 50, 30);

// 스핀 버튼 위젯 생성
spinbutton1_adj = gtk_adjustment_new (1, 1, 10, 1, 10, 10);
spinbutton1 = gtk_spin_button_new (GTK_ADJUSTMENT (spinbutton1_adj), 1, 0);
gtk_widget_show (spinbutton1);
gtk_fixed_put (GTK_FIXED (fixed1), spinbutton1, 144, 8);
gtk_widget_set_size_request (spinbutton1, 40, 30);

// 컬러 버튼 위젯 생성
colorbutton1 = gtk_color_button_new_with_color (&white);        // 초기 컬러 설정
gtk_widget_show (colorbutton1);
gtk_fixed_put (GTK_FIXED (fixed1), colorbutton1, 48, 8);
gtk_widget_set_size_request (colorbutton1, 40, 30);
gtk_color_button_set_title (GTK_COLOR_BUTTON (colorbutton1), "Select the color");
```

gtk_fixed_put() 함수는 위젯의 이름과 고정된 영역에 위젯을 위치시킬 오프셋을 설정하는 함수이다.

gtk_widget_set_size_request() 함수는 해당 위젯의 사이즈를 설정하는 함수이다.

컬러 버튼 위젯 생성에서 초기 상태로 흰색이 선택되도록 API를 변경하였다.

```
g_signal_connect ((gpointer) window1, "destroy",
                  G_CALLBACK (on_window1_destroy), NULL);
g_signal_connect ((gpointer) drawingarea1, "button_press_event",
                  G_CALLBACK (on_drawingarea1_button_press_event), NULL);
```

```
  g_signal_connect ((gpointer) drawingarea1, "button_release_event",
                    G_CALLBACK (on_drawingarea1_button_release_event), NULL);
  g_signal_connect ((gpointer) drawingarea1, "motion_notify_event",
                    G_CALLBACK (on_drawingarea1_motion_notify_event), NULL);
  g_signal_connect ((gpointer) drawingarea1, "expose_event",
                    G_CALLBACK (on_drawingarea1_expose_event), NULL);
  g_signal_connect ((gpointer) drawingarea1, "configure_event",
                    G_CALLBACK (on_drawingarea1_configure_event), NULL);
  g_signal_connect ((gpointer) button1, "clicked",
                    G_CALLBACK (on_button1_clicked), NULL);
  g_signal_connect ((gpointer) spinbutton1, "value_changed",
                    G_CALLBACK (on_spinbutton1_value_changed), NULL);
  g_signal_connect ((gpointer) colorbutton1, "color_set",
                    G_CALLBACK (on_colorbutton1_color_set), NULL);
  g_signal_connect ((gpointer) button2, "clicked",
                    G_CALLBACK (on_button2_clicked), NULL);

  /* Store pointers to all widgets, for use by lookup_widget(). */
  GLADE_HOOKUP_OBJECT_NO_REF (window1, window1, "window1");
  GLADE_HOOKUP_OBJECT (window1, fixed1, "fixed1");
  GLADE_HOOKUP_OBJECT (window1, drawingarea1, "drawingarea1");
  GLADE_HOOKUP_OBJECT (window1, hseparator1, "hseparator1");
  GLADE_HOOKUP_OBJECT (window1, label1, "label1");
  GLADE_HOOKUP_OBJECT (window1, label2, "label2");
  GLADE_HOOKUP_OBJECT (window1, button1, "button1");
  GLADE_HOOKUP_OBJECT (window1, spinbutton1, "spinbutton1");
  GLADE_HOOKUP_OBJECT (window1, colorbutton1, "colorbutton1");
  GLADE_HOOKUP_OBJECT (window1, button2, "button2");

  return window1;
}
```

g_signal_connect() 함수는 시그널 발생시 해당 콜백 함수로 연결되도록 설정하는 함수이다.

(4) callback.c

```
#ifdef HAVE_CONFIG_H
#  include <config.h>
#endif

#include <stdio.h>
```

```
#include <stdlib.h>
#include <string.h>
#include <gtk/gtk.h>
#include "callbacks.h"
#include "interface.h"
#include "support.h"
#include "main.h"                    // main.h 헤더파일 선언

GdkPixmap *pixmap = NULL;  // Pixmap 구조체 포인터 선언
GdkColor white = {0, 0xffff, 0xffff, 0xffff};
int prex = 0; int prey = 0;
void      // 메인 window 종료시 호출되는 함수
on_window1_destroy                    (GtkObject        *object,
                                       gpointer         user_data)
{
  // 할당했던 color 및 pen의 메모리 해제
  gdk_colormap_free_colors(gdk_colormap_get_system(), &white, sizeof(white));
  gdk_gc_unref(g_pen);
  exit(0);
}

gboolean // 버튼을 눌렀을 때 호출되는 함수
on_drawingarea1_button_press_event    (GtkWidget        *widget,
                                       GdkEventButton   *event,
                                       gpointer         user_data)
{
  if(prex == 0 || prey == 0 ){ // 최초 버튼을 눌렀을 때
        prex = event->x;        // 현재의 X 좌표를 저장
        prey = event->y;        // 현재의 Y 좌표를 저장
  }
  gdk_draw_line (widget->window, g_pen, prex, prey, event->x, event->y);
  gdk_draw_line (pixmap, g_pen, prex, prey, event->x, event->y);
  gtk_object_set_data(GTK_OBJECT(widget), "pixmap", pixmap);
  return FALSE;
}
```

gdk_draw_line() 함수를 이용하여 현재 좌표의 위치에 점을 찍는다.

gdk_draw_line() 함수 두 개를 호출하였는데 전자는 widget->window에 그려서 실제 window창에 보이게 하는 것이고, 후자는 pixmap에 그리는 것이다. pixmap에 그리는 이유는 그리기 영역을 다른 창이 가리거나 했을 때 핸들을 잃어버리게 되는데 이때 다시 복구시키기 위해 pixmap에 임시로 그리고 gtk_object_set_data()를 통해 저장하는 것이다.

```
gboolean // 버튼을 떼었을 때 호출되는 함수
on_drawingarea1_button_release_event    (GtkWidget          *widget,
                                         GdkEventButton     *event,
                                         gpointer           user_data)
{
  prex = 0; prex = 0;          // 좌표 초기화
  return FALSE;
}

gboolean // 마우스 클릭 상태에서 드래그했을 때 호출되는 함수
on_drawingarea1_motion_notify_event     (GtkWidget          *widget,
                                         GdkEventMotion     *event,
                                         gpointer           user_data)
{
  // 이전 좌표에서 현재 좌표까지 선을 그린다.
  gdk_draw_line (widget->window, g_pen, prex, prey, event->x, event->y);
  // pixmap에 선을 그린다.
  gdk_draw_line (pixmap, g_pen, prex, prey, event->x, event->y);
  gtk_object_set_data(GTK_OBJECT(widget), "pixmap", pixmap);
  prex = event->x;  // 현재 X좌표를 이전 X좌표에 저장
  prey = event->y;  // 현재 Y좌표를 이전 Y좌표에 저장
  return FALSE;
}

gboolean // 윈도우에 항상 보여질 때마다 호출되는 함수
on_drawingarea1_expose_event            (GtkWidget          *widget,
                                         GdkEventExpose     *event,
                                         gpointer           user_data)
{
  gdk_draw_rectangle(widget->window, widget->style->black_gc, TRUE, 0, 0, 800, 424);
  // 그리기 영역을 검정색으로 초기화한다.

  // pixmap에 저장되어 있던 그림을 window에 그린다.
  gdk_draw_pixmap(widget->window, g_pen, pixmap, 0, 0, 0, 0, 800, 424);
  return FALSE;
}
```

on_drawingarea1_expose_event() 콜백 함수처럼 pixmap에 저장되어 있던 그림들을 window에 나타냄으로써 핸들을 잃어버려도 바로 복구되도록 처리하였다.

```
gboolean // 윈도우창이 뜨기 전 호출되는 함수 (최초의 한 번만 호출)
on_drawingarea1_configure_event         (GtkWidget          *widget,
```

```
                                        GdkEventConfigure *event,
                                        gpointer        user_data)
{
  gint x_size, y_size;
  x_size = widget->allocation.width;
  y_size = widget->allocation.height;
  // pixmap 생성
  pixmap = gdk_pixmap_new (widget->window, x_size, y_size, -1);

  g_pen = gdk_gc_new(widget->window);  // GC 생성
  gdk_colormap_alloc_color(gdk_colormap_get_system(), &white, FALSE, TRUE);
  gdk_gc_set_foreground(g_pen, &white);
  gdk_gc_set_line_attributes(g_pen, 1, GDK_LINE_SOLID, GDK_CAP_ROUND, GDK_JOIN_ROUND);
  return FALSE;
}

void      // 컬러 버튼에서 색상을 지정할 때 호출되는 함수
on_colorbutton1_color_set             (GtkColorButton  *colorbutton,
                                        gpointer       user_data)
{
    GdkColor *color = g_malloc(sizeof(GdkColor));
    memset(color, 0, sizeof(GdkColor));
    gtk_color_button_get_color(colorbutton, color);
    gdk_colormap_alloc_color(gdk_colormap_get_system(), color, FALSE, TRUE);
    gdk_gc_set_foreground(g_pen, color);
}

void      // 버튼 클릭시 호출되는 함수
on_button1_clicked                     (GtkButton       *button,
                                        gpointer        user_data)
{
  gdk_draw_rectangle(pixmap, drawing_handle->style->black_gc, TRUE, 0, 0, 800, 424);
  gdk_draw_pixmap(drawing_handle->window, g_pen, pixmap, 0, 0, 0, 0, 800, 424);
}
```

on_drawingarea1_configure_event() 콜백 함수에서 처음 윈도우가 뜨기 전에 한 번 호출되는 함수로 다음과 같은 초기화 관련 내용들이 작성되어 있다.

① Pixmap을 생성

② GC 핸들을 생성

③ 초기에 사용할 색상 설정(팬 브러시 색상)

④ GC 속성 설정

생성한 위젯 버튼인 RESET 버튼을 클릭하게 되면 on_button1_clicked() 콜백 함수가 호출되는데 이때 배경색을 검정색으로 초기화하게 된다.

```
void      // 스핀 버튼의 값이 변경될 시 호출되는 함수
on_spinbutton1_value_changed              (GtkSpinButton    *spinbutton,
                                           gpointer         user_data)
{
  gint value;
  value = gtk_spin_button_get_value_as_int(spinbutton);           // 스핀 버튼의 값을 저장
  gdk_gc_set_line_attributes(g_pen,        value,      GDK_LINE_SOLID,        GDK_CAP_ROUND,
GDK_JOIN_ROUND); // 스핀 버튼의 값을 GC의 라인 굵기에 반영한다.
}

void
on_button2_clicked                        (GtkButton         *button,
                                           gpointer          user_data)
{
  gdk_colormap_free_colors(gdk_colormap_get_system(), &white, sizeof(white));
  gdk_gc_unref(g_pen);
  exit(0);
}
```


스핀버튼을 이용하여 1부터 10까지 값을 조절할 수 있는데 이때 값이 변경될 때마다 호출되는 함수이다. 값이 변경되었을 때 변경된 값을 value 변수에 저장하여 GC의 라인 속성 설정에서 변경되도록 반영을 한다.

마지막으로 종료 버튼을 클릭시 프로그램은 종료된다.

12.7 수행방법 및 컴파일

1. automake 설치하기

sudo apt-get install automake 명령어를 이용해서 설치한다.

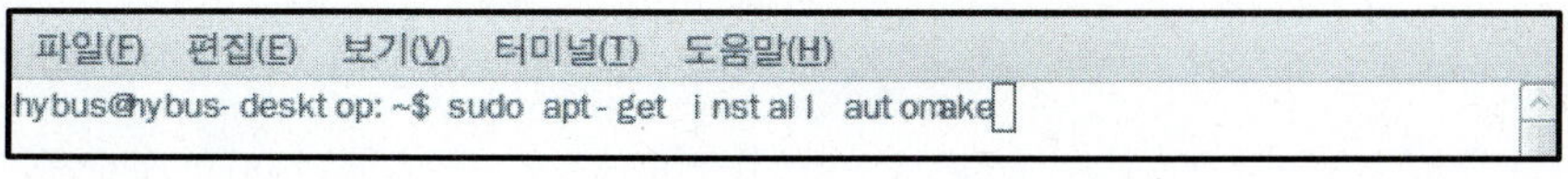

2. GTK Painter 컴파일

① /320app/Application/GTK_Painter 디렉토리로 이동한다.

```
파일(F)  편집(E)  보기(V)  터미널(T)  도움말(H)
hybus@hybus-desktop:~$ cd /320app/Application/GTK_Painter/
```

② ./config-arm 명령어를 이용해서 configure를 한다.

```
파일(F)  편집(E)  보기(V)  터미널(T)  도움말(H)
hybus@hybus-desktop:/320app/Application/GTK_Painter$ sudo ./config-arm
[sudo] password for hybus:
checking for a BSD-compatible install... /usr/bin/install -c
checking whether build environment is sane...
```

③ sudo make clean 명령어를 이용해 이전에 컴파일되어 있는 것을 삭제한다.

```
파일(F)  편집(E)  보기(V)  터미널(T)  도움말(H)
hybus@hybus-desktop:/320app/Application/GTK_Painter$ sudo make clean
```

④ sudo make 명령어를 이용해서 컴파일한다.

```
파일(F)  편집(E)  보기(V)  터미널(T)  도움말(H)
hybus@hybus-desktop:/320app/Application/GTK_Painter$ sudo make
```

3. Z-MODEM을 이용한 다운로드

① 터미널창을 열어 minicom을 실행 후 보드를 부팅한다.

② /test_app 디렉토리로 이동한다.

```
파일(F)  편집(E)  보기(V)  터미널(T)  도움말(H)
[root@WENDERS root]# cd test_app/
```

③ Ctrl+A를 누르고 다시 S를 눌러 /320app/Application/GTK_Painter/src 디렉토리로 이동 후 파일을 다운로드한다.

```
파일(F) 편집(E) 보기(V) 터미널(T) 도움말(H)
[root@WENDERS test_app]#
 +-----------------[Select one or more files for upload]-----------------+
 |Directory: /320app/Application/GTK_Painter/src                          |
 | [..]                                                                   |
 | [.deps]                                                                |
 | Makefile                                                               |
 | Makefile.am                                                            |
 | Makefile.in                                                            |
 | callbacks.c                                                            |
 | callbacks.h                                                            |
 | callbacks.o      +-------------------------------------+               |
 | gtk_painter      |No file selected - enter filename:   |               |
 | interface.c      |> gtk_painter                        |               |
 | interface.c.bak+-------------------------------------+                 |
 | interface.h                                                            |
 | interface.h.bak                                                        |
 | interface.o                                                            |
 | main.c                                                                 |
 |           ( Escape to exit, Space to tag )                             |
 +------------------------------------------------------------------------+

          [Goto] [Prev] [Show] [Tag] [Untag] [Okay]

CTRL-A Z for help | 38400 8N1 | NOR | Minicom 2.3 | VT102 | Offline
```

4. 실행화면

①./gtk_painter 명령어를 이용해서 실행해 보자.

```
파일(F) 편집(E) 보기(V) 터미널(T) 도움말(H)
[root@WENDERS test_app]# ./gtk_painter
```

② 시작 화면

③ 그리기 화면이다.

④ 색상 변경 화면이다.

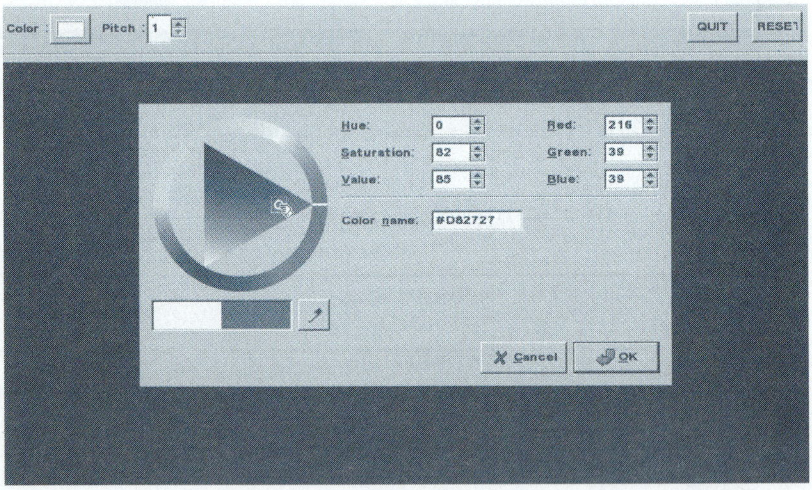

⑤ 색상 변경 후 그리기 화면이다.

⑥ Pith 변경 후 그리기 화면이다.

제 13 장

PXA Camera

13.1 개 요

이 프로그램은 X-Hyper320TKU 보드에 Hybus CMOS Camera 모듈을 부착하여 Camera에서 영상을 인식하여 TFT-LCD에 스크린해주는 프로그램이다. 이 프로그램은 Marvell사에서 제공해준 Camera 제어용 프로그램으로 기본적으로 CMOS Camera 제어를 위해서 어떻게 구성되어 있고 구현되어 있는지를 잘 보여주는 좋은 예제라고 할 수 있다.

13.2 관련기술

1. V4L2 인터페이스

V4L은 리눅스를 위한 비디오 캡처 애플리케이션 프로그래밍 인터페이스이다. 아날로그 라디오와 비디오 캡쳐, 출력 드라이버들을 위한 커널 인터페이스라고 할 수 있다. V4L은 리눅스 커널에 포함되어 있으며, 여러 가지의 USB 웹캠, TV 튜너, 그 밖에 다른 비디오 장치들을 지원한다. V4L2는 V4L의 그 두 번째 버전으로 기존의 V4L과 호환성을 가지며 V4L과는 다르게 Multiple 오픈을 지원한다.

1) V4L2 디바이스 프로그래밍 단계

① 디바이스 오픈
② 디바이스 속성 변경 및 비디오와 오디오 입력, 비디오 표준, 명도, 채도 등을 선택
③ 데이터 포맷 결정
④ 입출력 방식 결정
⑤ 실제 입출력 루프 코딩
⑥ 디바이스 클로즈

2) V4L2 IOCTL 커맨드

V4L2 디바이스를 제어하기 위해서는 ioctl API를 이용해야 하며 V4L2의 ioctl 커맨드들은 다음과 같다.

커맨드에 대한 정의는 리눅스 커널의 include/linux/videodev2.h에서 찾아볼 수 있다.

커맨드의 자세한 설명들은 V4L2 API 명세서를 참조하기 바란다. 문서의 위치는 다음과 같다.

```
http://v4l2spec.bytesex.org/v4l2spec/v4l2.pdf
```

```
#define VIDIOC_QUERYCAP       _IOR  ('V',  0, struct v4l2_capability)
#define VIDIOC_RESERVED       _IO   ('V',  1)
#define VIDIOC_ENUM_FMT       _IOWR ('V',  2, struct v4l2_fmtdesc)
#define VIDIOC_G_FMT          _IOWR ('V',  4, struct v4l2_format)
#define VIDIOC_S_FMT          _IOWR ('V',  5, struct v4l2_format)
#define VIDIOC_G_MPEGCOMP     _IOR  ('V',  6, struct v4l2_mpeg_compression)
#define VIDIOC_S_MPEGCOMP     _IOW  ('V',  7, struct v4l2_mpeg_compression)
```

```
#define VIDIOC_REQBUFS        _IOWR ('V',  8, struct v4l2_requestbuffers)
#define VIDIOC_QUERYBUF       _IOWR ('V',  9, struct v4l2_buffer)
#define VIDIOC_G_FBUF         _IOR  ('V', 10, struct v4l2_framebuffer)
#define VIDIOC_S_FBUF         _IOW  ('V', 11, struct v4l2_framebuffer)
#define VIDIOC_OVERLAY        _IOW  ('V', 14, int)
#define VIDIOC_QBUF           _IOWR ('V', 15, struct v4l2_buffer)
#define VIDIOC_DQBUF          _IOWR ('V', 17, struct v4l2_buffer)
#define VIDIOC_STREAMON       _IOW  ('V', 18, int)
#define VIDIOC_STREAMOFF      _IOW  ('V', 19, int)
#define VIDIOC_G_PARM         _IOWR ('V', 21, struct v4l2_streamparm)
#define VIDIOC_S_PARM         _IOWR ('V', 22, struct v4l2_streamparm)
#define VIDIOC_G_STD          _IOR  ('V', 23, v4l2_std_id)
#define VIDIOC_S_STD          _IOW  ('V', 24, v4l2_std_id)
#define VIDIOC_ENUMSTD        _IOWR ('V', 25, struct v4l2_standard)
#define VIDIOC_ENUMINPUT      _IOWR ('V', 26, struct v4l2_input)
#define VIDIOC_G_CTRL         _IOWR ('V', 27, struct v4l2_control)
#define VIDIOC_S_CTRL         _IOWR ('V', 28, struct v4l2_control)
#define VIDIOC_G_TUNER        _IOWR ('V', 29, struct v4l2_tuner)
#define VIDIOC_S_TUNER        _IOW  ('V', 30, struct v4l2_tuner)
#define VIDIOC_G_AUDIO        _IOR  ('V', 33, struct v4l2_audio)
#define VIDIOC_S_AUDIO        _IOW  ('V', 34, struct v4l2_audio)
#define VIDIOC_QUERYCTRL      _IOWR ('V', 36, struct v4l2_queryctrl)
#define VIDIOC_QUERYMENU      _IOWR ('V', 37, struct v4l2_querymenu)
```

```
#define VIDIOC_G_INPUT          _IOR  ('V', 38, int)
#define VIDIOC_S_INPUT          _IOWR ('V', 39, int)
#define VIDIOC_G_OUTPUT         _IOR  ('V', 46, int)
#define VIDIOC_S_OUTPUT         _IOWR ('V', 47, int)
#define VIDIOC_ENUMOUTPUT       _IOWR ('V', 48, struct v4l2_output)
#define VIDIOC_G_AUDOUT         _IOR  ('V', 49, struct v4l2_audioout)
#define VIDIOC_S_AUDOUT         _IOW  ('V', 50, struct v4l2_audioout)
#define VIDIOC_G_MODULATOR      _IOWR ('V', 54, struct v4l2_modulator)
#define VIDIOC_S_MODULATOR      _IOW  ('V', 55, struct v4l2_modulator)
#define VIDIOC_G_FREQUENCY      _IOWR ('V', 56, struct v4l2_frequency)
#define VIDIOC_S_FREQUENCY      _IOW  ('V', 57, struct v4l2_frequency)
#define VIDIOC_CROPCAP          _IOWR ('V', 58, struct v4l2_cropcap)
#define VIDIOC_G_CROP           _IOWR ('V', 59, struct v4l2_crop)
#define VIDIOC_S_CROP           _IOW  ('V', 60, struct v4l2_crop)
#define VIDIOC_G_JPEGCOMP       _IOR  ('V', 61, struct v4l2_jpegcompression)
#define VIDIOC_S_JPEGCOMP       _IOW  ('V', 62, struct v4l2_jpegcompression)
#define VIDIOC_QUERYSTD         _IOR  ('V', 63, v4l2_std_id)
#define VIDIOC_TRY_FMT          _IOWR ('V', 64, struct v4l2_format)
#define VIDIOC_ENUMAUDIO        _IOWR ('V', 65, struct v4l2_audio)
#define VIDIOC_ENUMAUDOUT       _IOWR ('V', 66, struct v4l2_audioout)
#define VIDIOC_G_PRIORITY       _IOR  ('V', 67, enum v4l2_priority)
#define VIDIOC_S_PRIORITY       _IOW  ('V', 68, enum v4l2_priority)

#if 1
#define VIDIOC_G_SLICED_VBI_CAP _IOR  ('V', 69, struct v4l2_sliced_vbi_cap)
#endif
```

ioctl을 이용한 비디오 디바이스를 제어하는 예제를 다음 장에서 볼 수 있다.

3) Video Inputs and Outputs

다음은 현재 비디오의 입력에 대한 정보를 가져오는 예문이다.

```
struct v4l2_input input;
int index;
if (-1 == ioctl (fd, VIDIOC_G_INPUT, &index)) {
        perror ("VIDIOC_G_INPUT");
        exit (EXIT_FAILURE);
}
memset (&input, 0, sizeof (input));
input.index = index;
if (-1 == ioctl (fd, VIDIOC_ENUMINPUT, &input)) {
        perror ("VIDIOC_ENUMINPUT");
```

```
        exit (EXIT_FAILURE);
}
printf ("Current input: %s\n", input.name);
```

다음은 첫 번째 비디오 입력을 스위칭하는 예문이다.

```
int index;
index = 0;
if (-1 == ioctl (fd, VIDIOC_S_INPUT, &index)) {
        perror ("VIDIOC_S_INPUT");
        exit (EXIT_FAILURE);
}
```

4) Audio Inputs and Outputs

이번에는 현재 오디오 입력에 대한 정보를 가져오는 예문이다.

```
struct v4l2_audio audio;
memset (&audio, 0, sizeof (audio));
if (-1 == ioctl (fd, VIDIOC_G_AUDIO, &audio)) {
        perror ("VIDIOC_G_AUDIO");
        exit (EXIT_FAILURE);
}
printf ("Current input: %s\n", audio.name);
```

마찬가지로 첫 번째 오디오 입력을 스위칭하는 예문이다.

```
struct v4l2_audio audio;
memset (&audio, 0, sizeof (audio)); /* clear audio.mode, audio.reserved */
audio.index = 0;
if (-1 == ioctl (fd, VIDIOC_S_AUDIO, &audio)) {
        perror ("VIDIOC_S_AUDIO");
        exit (EXIT_FAILURE);
}
```

5) Video Standards

다음은 현재 비디오 표준에 대한 정보를 가져오는 예문이다.

```
v4l2_std_id std_id;
struct v4l2_standard standard;

if (-1 == ioctl (fd, VIDIOC_G_STD, &std_id)) {
/* Note when VIDIOC_ENUMSTD always returns EINVAL this
is no video device or it falls under the USB exception,
and VIDIOC_G_STD returning EINVAL is no error. */
        perror ("VIDIOC_G_STD");
        exit (EXIT_FAILURE);
}

memset (&standard, 0, sizeof (standard));
standard.index = 0;

while (0 == ioctl (fd, VIDIOC_ENUMSTD, &standard)) {
        if (standard.id & std_id) {
                printf ("Current video standard: %s\n", standard.name);
                exit (EXIT_SUCCESS);
        }
        standard.index++;
}
```

```
/* EINVAL indicates the end of the enumeration, which cannot be
empty unless this device falls under the USB exception. */
if (errno == EINVAL || standard.index == 0) {
        perror ("VIDIOC_ENUMSTD");
        exit (EXIT_FAILURE);
}
```

다음은 현재 비디오 입력으로 지원되는 비디오 표준을 나열하는 예문이다.

```
struct v4l2_input input;
struct v4l2_standard standard;
memset (&input, 0, sizeof (input));
if (-1 == ioctl (fd, VIDIOC_G_INPUT, &input.index)) {
        perror ("VIDIOC_G_INPUT");
        exit (EXIT_FAILURE);
}
if (-1 == ioctl (fd, VIDIOC_ENUMINPUT, &input)) {
        perror ("VIDIOC_ENUM_INPUT");
```

```
            exit (EXIT_FAILURE);
}
printf ("Current input %s supports:\n", input.name);
memset (&standard, 0, sizeof (standard));
standard.index = 0;
while (0 == ioctl (fd, VIDIOC_ENUMSTD, &standard)) {
            if (standard.id & input.std)
                        printf ("%s\n", standard.name);
            standard.index++;
}

/* EINVAL indicates the end of the enumeration, which cannot be
empty unless this device falls under the USB exception. */
if (errno != EINVAL || standard.index == 0) {
            perror ("VIDIOC_ENUMSTD");
            exit (EXIT_FAILURE);
}
```

마지막으로 새로운 비디오 표준을 선택하여 설정하는 예문이다.

```
struct v4l2_input input;
v4l2_std_id std_id;
memset (&input, 0, sizeof (input));

if (-1 == ioctl (fd, VIDIOC_G_INPUT, &input.index)) {
            perror ("VIDIOC_G_INPUT");
            exit (EXIT_FAILURE);
}
```

```
if (-1 == ioctl (fd, VIDIOC_ENUMINPUT, &input)) {
            perror ("VIDIOC_ENUM_INPUT");
            exit (EXIT_FAILURE);
}
if (0 == (input.std & V4L2_STD_PAL_BG)) {
            fprintf (stderr, "Oops. B/G PAL is not supported.\n");
            exit (EXIT_FAILURE);
}

/* Note this is also supposed to work when only B or G/PAL is supported. */
std_id = V4L2_STD_PAL_BG;
if (-1 == ioctl (fd, VIDIOC_S_STD, &std_id)) {
            perror ("VIDIOC_S_STD");
            exit (EXIT_FAILURE);
}
```

6) User Controls

비디오 디바이스들은 명도나 채도, 투명도 같은 세부사항들을 설정할 수 있다. 이와 같은 설정을 하기 위해서는 Control ID가 필요하다. Control ID들을 ioctl에서 V4L2 제어 커맨드 다음 인자값으로 받아들이게 된다.

다음은 Control ID들에 대한 테이블이다.

V4L2_CID_BASE	
V4L2_CID_USER_BASE	
V4L2_CID_BRIGHTNESS	integer
V4L2_CID_CONTRAST	integer
V4L2_CID_SATURATION	integer
V4L2_CID_HUE	integer
V4L2_CID_AUDIO_VOLUME	integer
V4L2_CID_AUDIO_BALANCE	integer
V4L2_CID_AUDIO_BASS	integer
V4L2_CID_AUDIO_TREBLE	integer
V4L2_CID_AUDIO_MUTE	boolean
V4L2_CID_AUDIO_LOUDNESS	boolean
V4L2_CID_BLACK_LEVEL	integer
V4L2_CID_AUTO_WHITE_BALANCE	boolean
V4L2_CID_DO_WHITE_BALANCE	button
V4L2_CID_RED_BALANCE	integer
V4L2_CID_BLUE_BALANCE	integer
V4L2_CID_GAMMA	integer
V4L2_CID_WHITENESS	integer
V4L2_CID_EXPOSURE	integer
V4L2_CID_AUTOGAIN	boolean
V4L2_CID_GAIN	integer
V4L2_CID_HFLIP	boolean
V4L2_CID_VFLIP	boolean
V4L2_CID_HCENTER_DEPRECATED	integer
V4L2_CID_VCENTER_DEPRECATED	integer
V4L2_CID_POWER_LINE_FREQUENCY	integer
V4L2_CID_HUE_AUTO	boolean
V4L2_CID_WHITE_BALANCE_TEMPERTURE	integer
V4L2_CID_SHARPNESS	integer
V4L2_CID_BACKLIGHT_COMPENSATION	integer
V4L2_CID_LASTP1	
V4L2_CID_PRIVATE_BASE	

VIDIOC_QUERYCTRL과 VIDIOC_QUERYMENE ioctl을 이용하여 애플리케이션 레벨에서 해당 비디오 장치로 제어가 가능한 Control들을 나열할 수 있고, VIDIOC_G_CTRL과 VIDIOC_S_CTRL을 이용하여 비디오 장치의 Control 값을 가져오거나 설정할 수 있다.

다음은 모든 Control들을 열거하는 예문이다.

```
struct v4l2_queryctrl queryctrl;
struct v4l2_querymenu querymenu;
static void enumerate_menu (void)
{
        printf (" Menu items:\n");
        memset (&querymenu, 0, sizeof (querymenu));
        querymenu.id = queryctrl.id;
        for (querymenu.index = queryctrl.minimum; querymenu.index <= queryctrl.maximum;
        querymenu.index++) {
                if (0 == ioctl (fd, VIDIOC_QUERYMENU, &querymenu)) {
                        printf (" %s\n", querymenu.name);
                } else {
                        perror ("VIDIOC_QUERYMENU"); exit (EXIT_FAILURE);
                }
        }
}
memset (&queryctrl, 0, sizeof (queryctrl));
for (queryctrl.id = V4L2_CID_BASE; queryctrl.id < V4L2_CID_LASTP1; queryctrl.id++) {
        if (0 == ioctl (fd, VIDIOC_QUERYCTRL, &queryctrl)) {
                if (queryctrl.flags & V4L2_CTRL_FLAG_DISABLED) continue;
                printf ("Control %s\n", queryctrl.name);
                if (queryctrl.type == V4L2_CTRL_TYPE_MENU) enumerate_menu ();
        } else {
                if (errno == EINVAL) continue;
                perror ("VIDIOC_QUERYCTRL"); exit (EXIT_FAILURE);
        }
}
```

```
for (queryctrl.id = V4L2_CID_PRIVATE_BASE;; queryctrl.id++) {
        if (0 == ioctl (fd, VIDIOC_QUERYCTRL, &queryctrl)) {
                if (queryctrl.flags & V4L2_CTRL_FLAG_DISABLED)
                        continue;
                printf ("Control %s\n", queryctrl.name);
                if (queryctrl.type == V4L2_CTRL_TYPE_MENU)
                        enumerate_menu ();
        } else {
```

```
                if (errno == EINVAL)
                        break;
                perror ("VIDIOC_QUERYCTRL");
                exit (EXIT_FAILURE);
        }
}
```

다음은 Control들을 변경하는 예문이다.

```
struct v4l2_queryctrl queryctrl;
struct v4l2_control control;
memset (&queryctrl, 0, sizeof (queryctrl));
queryctrl.id = V4L2_CID_BRIGHTNESS;
if (-1 == ioctl (fd, VIDIOC_QUERYCTRL, &queryctrl)) {
        if (errno != EINVAL) {
                perror ("VIDIOC_QUERYCTRL");
                exit (EXIT_FAILURE);
        } else {
                printf ("V4L2_CID_BRIGHTNESS is not supported\n");
        }
} else if (queryctrl.flags & V4L2_CTRL_FLAG_DISABLED) {
        printf ("V4L2_CID_BRIGHTNESS is not supported\n");
} else {
        memset (&control, 0, sizeof (control));
        control.id = V4L2_CID_BRIGHTNESS;
        control.value = queryctrl.default_value;
        if (-1 == ioctl (fd, VIDIOC_S_CTRL, &control)) {
                perror ("VIDIOC_S_CTRL");
                exit (EXIT_FAILURE);
        }
}
memset (&control, 0, sizeof (control));
control.id = V4L2_CID_CONTRAST;
if (0 == ioctl (fd, VIDIOC_G_CTRL, &control)) {
        control.value += 1;

        /* The driver may clamp the value or return ERANGE, ignored here */
```

```
struct v4l2_queryctrl queryctrl;
struct v4l2_control control;
memset (&queryctrl, 0, sizeof (queryctrl));
queryctrl.id = V4L2_CID_BRIGHTNESS;
if (-1 == ioctl (fd, VIDIOC_QUERYCTRL, &queryctrl)) {
```

```
        if (errno != EINVAL) {
                perror ("VIDIOC_QUERYCTRL");
                exit (EXIT_FAILURE);
        } else {
                printf ("V4L2_CID_BRIGHTNESS is not supported\n");
        }
} else if (queryctrl.flags & V4L2_CTRL_FLAG_DISABLED) {
        printf ("V4L2_CID_BRIGHTNESS is not supported\n");
} else {
        memset (&control, 0, sizeof (control));
        control.id = V4L2_CID_BRIGHTNESS;
        control.value = queryctrl.default_value;
        if (-1 == ioctl (fd, VIDIOC_S_CTRL, &control)) {
                perror ("VIDIOC_S_CTRL");
                exit (EXIT_FAILURE);
        }
}
memset (&control, 0, sizeof (control));
control.id = V4L2_CID_CONTRAST;
if (0 == ioctl (fd, VIDIOC_G_CTRL, &control)) {
        control.value += 1;

        /* The driver may clamp the value or return ERANGE, ignored here */

        if (-1 == ioctl (fd, VIDIOC_S_CTRL, &control) && errno != ERANGE) {
                perror ("VIDIOC_S_CTRL");
                exit (EXIT_FAILURE);
        }

/* Ignore if V4L2_CID_CONTRAST is unsupported */
} else if (errno != EINVAL) {
        perror ("VIDIOC_G_CTRL");
        exit (EXIT_FAILURE);
}
control.id = V4L2_CID_AUDIO_MUTE;
control.value = TRUE; /* silence */

/* Errors ignored */
ioctl (fd, VIDIOC_S_CTRL, &control);
```

13.3 기 능

Camera 프로그램의 기능은 다음과 같이 요약할 수 있다.

① V4l2 Video Format 지원

② YCBCR422 Pixel Format 지원

③ PXA Overlay-2 사용

④ Video Handling

⑤ 640x480 Mode 지원

⑥ OV7660 CMOS Sensor 지원

13.4 구 성

콘솔 기반의 PXA Camera 프로그램은 다음과 같이 구성되어 있다.

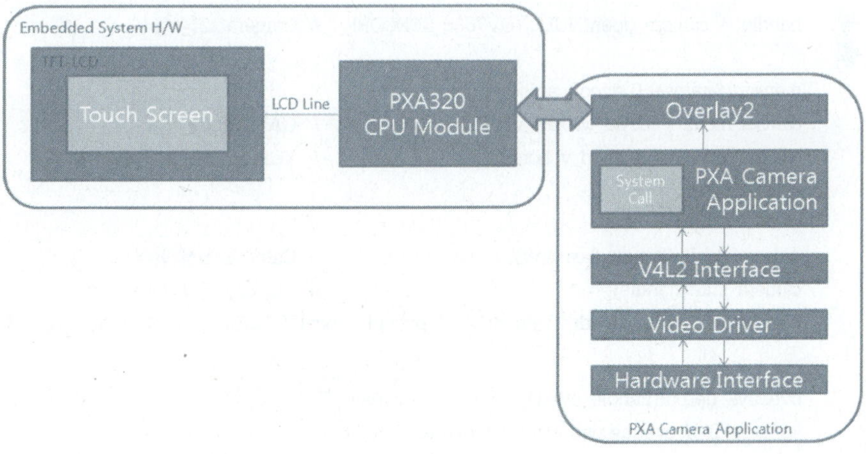

하드웨어 인터페이스를 통해 CMOS Camera와 연결되고 애플리케이션 레벨에서 ioctl을 통해 V4L2 인터페이스로 비디오 드라이버에 접근하여 제어할 수 있다. CMOS Camera에서 감지되는 영상신호들은 비디오 디바이스의 데이터 포맷(YCBCR422)으로 변환되어 오버레이2로 전달되고 TFT-LCD에 디스플레이한다.

13.5 S/W 구현

1. PXA Camera 소스코드

Camera 프로그램은 애플리케이션과 라이브러리 파트로 나눠져 있다. 라이브러리 파트는 Camera와 Overlay-2의 제어를 위한 API로 구성되어 있고, 애플리케이션 파트는 만들어진 API들을 토대로 Camera 프로그램으로 작성되어 있다.

1) 애플리케이션 : camera.c

(1) camera.c 주요 코드

```
int main(int argc, char* argv[])
{
    int handle;
    int handle_overlay2;
    struct pxa_video_buf* vidbuf;
    struct pxacam_setting camset;
    struct pxa_video_buf vidbuf_overlay;
    int len;

    handle = camera_open(NULL, OV7660_SENSOR);    // Camera 오픈 함수

    memset(&camset,0,sizeof(camset));
    camset.mode = CAM_MODE_VIDEO;                 // CAM Mode
    camset.format = pxavid_ycbcr422;              // YCBCR422 Pixel Format
    camset.width = 640;
    camset.height = 480;
    camera_config(handle,&camset);                // Camera 설정 함수
    camera_start(handle);                         // Camera 동작 시작
    handle_overlay2 = overlay2_open(NULL,pxavid_ycbcr422,NULL, 640, 480, 80 , 0);

    overlay2_getbuf(handle_overlay2,&vidbuf_overlay);
    len = vidbuf_overlay.width*vidbuf_overlay.height;

    while(1){
        vidbuf = camera_get_frame(handle); // Frame 읽어오기

         // TFT-LCD에 Pixel 데이터를 출력
        memcpy(vidbuf_overlay.ycbcr.y, vidbuf->ycbcr.y,len);
```

```
        memcpy(vidbuf_overlay.ycbcr.cb, vidbuf->ycbcr.cb,len/2);
        memcpy(vidbuf_overlay.ycbcr.cr, vidbuf->ycbcr.cr,len/2);

        camera_release_frame(handle,vidbuf);
    }

    camera_stop(handle);                    // Camera 동작 정지
    camera_close(handle);
    return 0;
}
```

2) 라이브러리 : camera_lib.c, overlay2.c

(1) camera_lib.c

```
// VIDEOBUF_COUNT must be larger than STILLBUF_COUNT
#define VIDEOBUF_COUNT      3
#define STILLBUF_COUNT      2
#define CAM_STATUS_INIT     0
#define CAM_STATUS_READY    1
#define CAM_STATUS_BUSY     2

struct pxa_camera{   // PXA Camera 구조체
    int handle;                 // 핸들
    int status;                 // 상태정보
    int mode;                   // 비디오 모드
    int sensor;                 // CMOS 센서
    int ref_count;
    // Video Buffer
    int width;
    int height;
    enum    pxavid_format format;         // 픽셀 포맷
    struct  videobuf_dev    cambuf[VIDEOBUF_COUNT];};
```

```
int camera_open(char* camname,int sensor) // Camera 오픈 함수
{
    int handle;
    struct pxa_camera* camobj = NULL;

    if(camname==NULL){
        camname="/dev/video0";                   // Video 오픈 디바이스명
    }
```

```
		handle = open(camname, O_RDONLY);			// video0 오픈
	if (handle<0) {
		ERRMSG("cann't open camera %s (%d)\n",camname,errno);
		ASSERT(handle>=0);
		return 0;
	}

	// CMOS Sensor 설정 - OV7660
	if(ioctl(handle, VIDIOC_S_INPUT, &sensor)<0) {
			ERRMSG("can't set input\n");
			close(handle);
			return 0;
	}

	// Initialize camera object
	camobj = malloc(sizeof(struct pxa_camera));
	memset(camobj,0,sizeof(struct pxa_camera));
	ASSERT(camobj);
	camobj->handle = handle;
	camobj->status = CAM_STATUS_READY;
	camobj->width = 0;
	camobj->height = 0;
	camobj->sensor = sensor;

	ASSERT(sizeof(int)==sizeof(struct pxa_camera*));
	return (int)camobj;
}
```

```
// Camera Configuration
int camera_config(int hcam,struct pxacam_setting* setting)
{
	// V4L2 Interface
	struct	v4l2_format		vformat;
	struct	v4l2_streamparm		streamparm;
	struct	v4l2_requestbuffers	requestbuffers;
	struct	v4l2_buffer		buffer;
	struct	pxa_camera* camera;
	void	*pmapped = NULL;
	int count,i;
	int mode;
	enum	pxavid_format format;
	int width, height;

	mode = setting->mode;
```

```
format = setting->format;
width = setting->width;
height = setting->height;

// set video stream parameter
camera = (struct pxa_camera*)hcam;   // 디바이스 핸들러 포인터 복사
ASSERT(camera->handle>0 && camera->status!=CAM_STATUS_BUSY);
ASSERT(camera->ref_count==0);

streamparm.type = V4L2_BUF_TYPE_VIDEO_CAPTURE;
streamparm.parm.capture.timeperframe.numerator      = 0;
streamparm.parm.capture.timeperframe.denominator    = 0;
streamparm.parm.capture.capturemode = mode;
streamparm.parm.capture.extendedmode = CI_SSU_SCALE_DISABLE;

printf("camera_config :  streamparm.type = %d\n",  streamparm.type);
// Video Stream Parameter 설정
if(ioctl(camera->handle, VIDIOC_S_PARM, &streamparm)<0) {
    ERRMSG("can't set camera parameter\n");
    return -1;
}

// Set video format : Video Capture Mode, YUV422P
vformat.type                    = V4L2_BUF_TYPE_VIDEO_CAPTURE;
```

```
// Only support three pixel formats
ASSERT(format==pxavid_rggb10 || format==pxavid_ycbcr422 || format==pxavid_ycbcr420);

switch(format){  // 픽셀 포맷 선택
case pxavid_rggb10:
    vformat.fmt.pix.pixelformat  = V4L2_PIX_FMT_SRGGB10;
    break;
case pxavid_ycbcr422:
    vformat.fmt.pix.pixelformat  = V4L2_PIX_FMT_YUV422P;
    break;
case pxavid_ycbcr420:
    vformat.fmt.pix.pixelformat  = V4L2_PIX_FMT_YUV420;
    break;
default:
    ASSERT(0);
    break;
}

vformat.fmt.pix.width = width;
```

```
vformat.fmt.pix.height = height;

// 비디오 포맷 설정
if(ioctl(camera->handle, VIDIOC_S_FMT, &vformat)<0) {
        ERRMSG("can't set camera format\n");
    goto FAIL_EXIT;
}

// Release previous allocated buffer if it's applicable
if(mode==CAM_MODE_VIDEO){
    count = VIDEOBUF_COUNT;         // 캡쳐 모드
}else{
    count = STILLBUF_COUNT;         // 스틸 모드
}
for (i = 0; i < count; ++i) {
    if(camera->cambuf[i].buf){
        munmap(camera->cambuf[i].buf,
            camera->cambuf[i].length);
    }
}
memset(camera->cambuf,0,sizeof(camera->cambuf));
```

```
// Request buffers
requestbuffers.type                 = V4L2_BUF_TYPE_VIDEO_CAPTURE;
requestbuffers.memory               = V4L2_MEMORY_MMAP;
requestbuffers.count                = count;

// Camera Buffer 요청
if(ioctl(camera->handle, VIDIOC_REQBUFS, &requestbuffers)<0) {
        DBGMSG("can't require camera buffer");
    goto FAIL_EXIT;
}

if (requestbuffers.count < (unsigned int)count ) {
        ERRMSG("Insufficient camera buffer allocated\n");
    goto FAIL_EXIT;
    }

// do memory map
for (i = 0; i < (int)requestbuffers.count; i++) {
        memset (&buffer, 0, sizeof(buffer));
        buffer.type         = V4L2_BUF_TYPE_VIDEO_CAPTURE;
        buffer.memory       = V4L2_MEMORY_MMAP;
```

```
            buffer.index            = i;

            if (ioctl (camera->handle, VIDIOC_QUERYBUF, &buffer)<0) {
            goto FAIL_EXIT;
            }

             // Video Memory Map 할당
            pmapped = mmap (NULL, buffer.length, PROT_READ ,
                MAP_SHARED, camera->handle, buffer.m.offset);
            if (MAP_FAILED == pmapped) {
                ERRMSG("can't do mmap of camera buffer\n");
            goto FAIL_EXIT;
            }
        ASSERT(camera->cambuf[i].buf==0);
        camera->cambuf[i].buf = pmapped;
        camera->cambuf[i].length = buffer.length;
    }
```

```
    // queue buffer for capture
    for (i = 0; i < (int)requestbuffers.count; i++) {
       memset (&buffer, 0, sizeof(buffer));
       buffer.type              = V4L2_BUF_TYPE_VIDEO_CAPTURE;
       buffer.memory            = V4L2_MEMORY_MMAP;
       buffer.index             = i;

        if (ioctl (camera->handle, VIDIOC_QBUF, &buffer)<0) {
             ERRMSG("fatal error - fail to queue buffer\n");
             ASSERT(0);
             goto FAIL_EXIT;
        }
    }

    // Save configuration to device object
    camera->mode = mode;
    camera->width = width;
    camera->height = height;
    camera->format = format;
    camera->status = CAM_STATUS_READY;
    return 0;

FAIL_EXIT:
    for (i = 0; i < VIDEOBUF_COUNT; ++i) {
        if(camera->cambuf[i].buf){
            munmap(camera->cambuf[i].buf,
```

```
                camera->cambuf[i].length);
        }
    }
    memset(camera->cambuf,0,sizeof(camera->cambuf));
    camera->width   = 0;
    camera->height  = 0;
    camera->format  = pxavid_invalid;
    camera->status  = CAM_STATUS_INIT;

    return -1;
}
```

```
int camera_start(int hcam)        // Camera 동작 시작 함수
{
    int buftype;
    struct  pxa_camera* camera;

    // set video stream parameter
    camera = (struct pxa_camera*)hcam;
    ASSERT(camera->status==CAM_STATUS_READY);

    buftype = V4L2_BUF_TYPE_VIDEO_CAPTURE;

    // 비디오 스트리밍 시작
    if (ioctl (camera->handle, VIDIOC_STREAMON, &buftype)<0) {
            ERRMSG("can't start camera streaming\n");
        return -1;
        }
    camera->status = CAM_STATUS_BUSY;

    return 0;
}

int camera_stop(int hcam)         // Camera 동작 정지 함수
{
    struct  pxa_camera* camera;
    enum v4l2_buf_type buftype;
    // set video stream parameter
    camera = (struct pxa_camera*)hcam;
    ASSERT(camera->status==CAM_STATUS_BUSY);
    ASSERT(camera->ref_count==0);

    buftype = V4L2_BUF_TYPE_VIDEO_CAPTURE;
    // 비디오 스트리밍 정지
```

```
    if (ioctl (camera->handle, VIDIOC_STREAMOFF, &buftype)<0) {
            DBGMSG("can't stop streaming\n");
                return -1;
        }

    camera->status = CAM_STATUS_READY;
    return 0;
}
```

```
struct pxa_video_buf*  camera_get_frame(int hcam)     // Frame 가져오기 함수
{
    int ret;
    struct  pollfd ufds;
    struct  v4l2_buffer* buffer;
    struct  pxa_camera* camera;
    struct  ext_video_buf*  extbuf;
    struct  pxa_video_buf*  vidbuf;

    // set video stream parameter
    camera = (struct pxa_camera*)hcam;
    ASSERT(camera->status==CAM_STATUS_BUSY);
    ASSERT(camera->ref_count<VIDEOBUF_COUNT);

    // This function maybe obsolete
    ufds.fd             = camera->handle;
    ufds.events         = POLLIN;
    do {
        ret = poll(&ufds, 1, -1);
    } while (!ret);

    extbuf = (struct ext_video_buf*)malloc(sizeof(struct ext_video_buf));
    ASSERT(extbuf);
    vidbuf = &extbuf->pxabuf;
    buffer = &extbuf->v4l2buf;
    memset(buffer, 0, sizeof(struct v4l2_buffer));
    buffer->type        = V4L2_BUF_TYPE_VIDEO_CAPTURE;
    buffer->memory  = V4L2_MEMORY_MMAP;

    if (ioctl (camera->handle, VIDIOC_DQBUF, buffer)<0) {
        ERRMSG("can't dequeue camera buffer\n");
        return NULL;
    }

    // Return buffer information
```

```
    if(camera->format==pxavid_rggb10){
        vidbuf->width         = camera->width;
        vidbuf->height        = camera->height;
        vidbuf->format        = pxavid_rggb10;
        vidbuf->rggb10.buf    = (unsigned short*)camera->cambuf[buffer->index].buf;
        vidbuf->rggb10.len    = camera->cambuf[buffer->index].length;

    }else if(camera->format==pxavid_ycbcr422){
         cambuf_to_ycbcr422(&camera->cambuf[buffer->index],vidbuf,
                      camera->width,camera->height);
    }else if(camera->format==pxavid_ycbcr420){
         cambuf_to_ycbcr420(&camera->cambuf[buffer->index],vidbuf,
                      camera->width,camera->height);
    }else {ASSERT(0);}

    camera->ref_count++;

    return (struct pxa_video_buf*)extbuf;
}

int camera_release_frame(int hcam,struct pxa_video_buf* vidbuf)
{
    struct  pxa_camera* camera;
    struct  ext_video_buf* extbuf;
    // set video stream parameter
    camera = (struct pxa_camera*)hcam;
    ASSERT(camera->status==CAM_STATUS_BUSY);
    ASSERT(camera->ref_count>0);

    extbuf = (struct ext_video_buf*)vidbuf;

        if (ioctl (camera->handle, VIDIOC_QBUF, (void*)&extbuf->v4l2buf)<0) {
        DBGMSG("can't enqueue buffer\n");
        return -1;
        }

    memset(extbuf,0,sizeof(struct ext_video_buf));
    free(extbuf);                    // Video Buffer 해제
    camera->ref_count--;

    return 0;
}
```

(2) overlay2.c

```
#define FORMAT_PLANAR_422          0x3
#define FORMAT_PLANAR_420          0x4
#define MIN(x, y)    ((x < y) ? x : y)

// Overlay-2 오브젝트 구조체
struct overlay2_object{
    int fd;
    enumpxavid_format format;
    structpxa_rect window;
    unsigned char*  map;
    int smem_len;
    struct  pxa_video_buf vidbuf;
};

// Overlay-2 오픈 함수
int overlay2_open(char* dev, enum pxavid_format format, struct pxa_rect* rect, int w, int h, int w_off,
int h_off)
{
    struct overlay2_object* devobj;
    struct fb_var_screeninfo var;
    struct fb_fix_screeninfo fix;
    int disformat;
    int result,mfb;
    struct pxa_rect window;

    ASSERT(format==pxavid_ycbcr422 || format==pxavid_ycbcr420);

    // Overlay-2 오브젝트 초기화
    devobj = (struct overlay2_object*)malloc(sizeof(struct overlay2_object));
    ASSERT(devobj);
    memset(devobj,0,sizeof(struct overlay2_object));

    if(dev==NULL)
        dev = "/dev/fb2";
    devobj->fd = open(dev, O_RDWR);       // 프레임 버퍼 Overlay-2 오픈
    if(devobj->fd<0)
        goto ERROR_RETURN;
```

```
    if(rect==NULL){
        // Open main framebuffer to know screen resolution
        mfb = open("/dev/fb", O_RDWR);                // 메인 프레임 버퍼 오픈
        result = ioctl(mfb, FBIOGET_VSCREENINFO, &var);
```

```
        ASSERT(result==0);
        printf("width=%d, height=%d\n",var.xres,var.yres);
        close(mfb);
        window.x=w_off; window.y=h_off;              // X Res
        window.width=w; window.height=h;             // Y Res
    }
    else{
        memcpy(&window,rect,sizeof(window));
    }
    memset(&var,0,sizeof(var));
    var.xoffset = window.x;
    var.yoffset = window.y;
    var.xres = window.width;
    var.yres = window.height;
    switch(format){
    case pxavid_ycbcr422:
        var.bits_per_pixel = 16; // 16bit
        break;
    case pxavid_ycbcr420:
        var.bits_per_pixel = 16;
        break;
    default:
        ASSERT(0);
    }
    // Convert external format to LCD format. This macro shall be
    // defined in LCD driver.
    switch(format){
    case pxavid_ycbcr422:
        disformat = FORMAT_PLANAR_422;
        break;
    case pxavid_ycbcr420:
        disformat = FORMAT_PLANAR_420;
        break;
    default:
        // Other format are not supported
        ASSERT(0);
    }
```

```
    var.nonstd = (disformat <<20) | (window.y<< 10) | window.x;
    // set "var" screeninfo
    result = ioctl(devobj->fd, FBIOPUT_VSCREENINFO, &var);
    ASSERT(result==0);

    // get updated screen information
```

```
    result = ioctl(devobj->fd, FBIOGET_FSCREENINFO, &fix);
    ASSERT(result==0);
    result = ioctl(devobj->fd, FBIOGET_VSCREENINFO, &var);
    ASSERT(result==0);

    devobj->map = (unsigned char*)mmap(0, fix.smem_len,
            PROT_READ | PROT_WRITE, MAP_SHARED, devobj->fd, 0);
    ASSERT(devobj->map != MAP_FAILED);

    // Save video buffer to overlay object
    ASSERT(var.xres%2==0);
    devobj->vidbuf.ycbcr.y = devobj->map+var.red.offset;
    devobj->vidbuf.ycbcr.ystep = var.xres;
    devobj->vidbuf.ycbcr.cb = devobj->map+var.green.offset;
    devobj->vidbuf.ycbcr.cbstep = var.xres/2;
    devobj->vidbuf.ycbcr.cr = devobj->map+var.blue.offset;
    devobj->vidbuf.ycbcr.crstep = var.xres/2;
    devobj->vidbuf.width = window.width;
    devobj->vidbuf.height = window.height;
    devobj->vidbuf.format = format;

    devobj->smem_len = fix.smem_len;
    memcpy(&devobj->window,&window,sizeof(window));
    devobj->format = format;

    return (int)devobj;

ERROR_RETURN:
    if(devobj->fd>=0)
        close(devobj->fd);
    free(devobj);
    return 0;
}
```

```
void overlay2_close(int handle)
{
    int result;
    struct overlay2_object* devobj;

    devobj = (struct overlay2_object*)handle;
    ASSERT(devobj && devobj->map && devobj->smem_len);

    result = munmap(devobj->map, devobj->smem_len);
    ASSERT(result==0);
```

```
    close(devobj->fd);
    memset(devobj,0,sizeof(struct overlay2_object));
    free(devobj);
    return;
}

// Map display buffer to application work space
int overlay2_getbuf(int handle, struct pxa_video_buf* vidbuf)
{
    struct overlay2_object* devobj;

    devobj = (struct overlay2_object*)handle;
    ASSERT(devobj && devobj->map && devobj->smem_len);
    ASSERT(vidbuf);
    memcpy(vidbuf,&devobj->vidbuf,sizeof(devobj->vidbuf));
    return 0;
}
```

13.6 수행결과 및 컴파일

1. PXA Carmera 컴파일

① /320app/Application/PXA_Camera 디렉토리로 이동한다.

```
파일(F)  편집(E)  보기(V)  터미널(T)  도움말(H)
hybus@hybus-desktop:~$ cd /320app/Application/PXA_Camera/
```

② sudo make clean 명령어를 이용해 이전에 컴파일되어 있는 것을 삭제한다.

```
파일(F)  편집(E)  보기(V)  터미널(T)  도움말(H)
hybus@hybus-desktop:/320app/Application/PXA_Camera$ sudo make clean
```

③ sudo make 명령어를 이용해서 컴파일을 한다.

```
파일(F) 편집(E) 보기(V) 터미널(T) 도움말(H)
hybus@hybus-desktop:/320app/Application/PXA_Camera$ sudo make
/usr/local/arm-linux-4.1.1/bin/arm-linux-gcc -mcpu=iwmmxt -mtune=iwmmxt -mabi=aa
pcs-linux -Iinclude/    -c -o driver/camera_lib.o driver/camera_lib.c
/usr/local/arm-linux-4.1.1/bin/arm-linux-gcc -mcpu=iwmmxt -mtune=iwmmxt -mabi=aa
pcs-linux -Iinclude/    -c -o driver/overlay2.o driver/overlay2.c
/usr/local/arm-linux-4.1.1/bin/arm-linux-gcc -mcpu=iwmmxt -mtune=iwmmxt -mabi=aa
pcs-linux -Iinclude/  -shared -Wl,-soname,libpxadev.so -o lib/libpxadev.so drive
r/camera_lib.o driver/overlay2.o
/usr/local/arm-linux-4.1.1/bin/arm-linux-gcc -mcpu=iwmmxt -mtune=iwmmxt -mabi=aa
pcs-linux -Iinclude/  -Llib/ -lpxadev  -o bin/camera demo/camera.c
hybus@hybus-desktop:/320app/Application/PXA_Camera$
```

2. Z-MODEM을 이용한 다운로드

① 터미널창을 열어 minicom을 실행 후 보드를 부팅한다.

② /test_app 디렉토리로 이동한다.

```
파일(F) 편집(E) 보기(V) 터미널(T) 도움말(H)
[root@WENDERS root]# cd test_app/
```

③ Ctrl + A를 누르고 다시 S를 눌러 /320app/Application/PXA_Camera 디렉토리로 이동 후 파일을 다운로드한다.

```
파일(F) 편집(E) 보기(V) 터미널(T) 도움말(H)
[root@WENDERS test_app]#
  +------------------[Select one or more files for upload]------------------+
  |Directory: /320app/Application/PXA_Camera/bin                            |
  | [..]                                                                     |
  | camera                                                                   |
  |                                                                          |
  |                   +------------------------------------+                 |
  |                   |No file selected - enter filename:  |                 |
  |                   |> camera                            |                 |
  |                   +------------------------------------+                 |
  |                                                                          |
  |                 ( Escape to exit, Space to tag )                         |
  +--------------------------------------------------------------------------+

                 [Goto] [Prev] [Show] [Tag] [Untag] [Okay]
 CTRL-A Z for help | 38400 8N1 | NOR | Minicom 2.3  | VT102 |    Offline
```

3. 실행화면

① ./gtk_painter 명령어를 이용해서 실행해 보자.

파일(F) 편집(E) 보기(V) 터미널(T) 도움말(H)

```
[root@WENDERS test_app]# ./camera
PXA_CAMERA: choose MT.... sensor
camera_config :  streamparm type = 1
count = 3
width=800, height=480
```

제 14 장

SDL 애니메이션

14.1 개 요

이 장에서는 SDL를 ARM용으로 포팅하는 방법과 SDL 라이브러리를 이용한 애니메이션 프로그램을 작성해 보도록 하겠다.

14.2 관련기술

1. SDL 개요

SDL은 Simple DirectMedia Layer의 약자로 다양한 플랫폼에서 그래픽, 사운드 그리고 입력장치와의 간단한 인터페이스로 표현되는 C로 작성된 오픈소스 기반의 멀티미디어 라이브러리이다. 주로 컴퓨터 게임이나 그밖에 멀티미디어 애플리케이션을 개발하는데 사용되며 리눅스, 윈도우즈, Mac OS X 등 같은 운영체제에 기본적으로 포함되어 있다. SDL을 사용함으로써 개발자들은 비디오, 이벤트 처리, 디지털 오디오, CD-ROM, 사운드, 네트워킹을 관리할 수 있고 오브젝트 이미지 로딩, 타이머, 스레드와 같은 기능을 API 형태로 제공받을 수 있다.

2. SDL 기능

1) 비디오

① 원하는 모든 depth(8-bpp 이상)로 비디오 모드를 세팅한다. 하드웨어에 의해 지원되지 않는다면 추가적인 변환을 통해 가능하다.

② 선형 그래픽 프레임 버퍼에 쓰기 선형 그래픽 프레임 버퍼에 쓰기

③ 컬러키 또는 알파 블렌딩 속성을 갖는 서페이스(surface) 생성. 컬러키 또는 알파 블렌딩 속성을 갖는 서페이스(표면)를 생성한다.

④ 서페이스 블릿(blits)은 최적화된 블리터(blitter)를 통해 자동적으로 변환되고, 가능하다면 하드웨어 가속된다. X86에서는 MMX는 최적화된 블릿이 지원된다.

⑤ 하드웨어 가속 블릿과 칠하기(fill) 기능은 하드웨어에 의해 지원되는 경우에 사용된다.

2) 이벤트

① 이벤트는 다음을 위해 제공된다.

- 애플리케이션의 모양이 변할 때 애플리케이션의 모양이 변할 때
- 키보드 입력 키보드 입력
- 마우스 입력 마우스 입력
- 사용자 요구에 의한 종료

② 각 이벤트는 SDL_EventState()에 의해 활성화되거나 비활성화될 수 있다.

③ 이벤트들은 내부 이벤트 큐로 보내지기 전에 사용자 지정의 필터 함수를 거치게 된다.

④ 스레드-안전한 이벤트 큐

3) 오디오

① 8비트와 16비트, 모노 또는 스테레오의 오디오 재생 설정. 하드웨어에 의해 지원되지 않는 포맷이라면 추가적인 변환을 통해 가능하다.

② 오디오는 별도의 스레드를 사용해 독립적으로 수행되며, 사용자 콜백 메커니즘에 의해 채워진다.

③ 커스텀 오디오 믹서를 위해 설계되었지만 예제들을 통해 완전한 오디오/음악 출력 라이브러리를 제공한다.

4) 타이머

① 밀리세컨드(millisecond) 단위의 경과된 시간을 얻는다.

② 지정된 밀리세컨드 단위의 시간동안 기다린다.

③ 10ms 단위의 단일 주기 타이머를 설정한다.

5) 엔디안 비의존성(Endian independence)

6) 스레드

7) CD-ROM 오디오

3. SDL 플랫폼

1) 리눅스

① 비디오 디스플레이를 위해서는 X11을 사용한다. XFree86 DGA 익스텐션을 사용하며 풀스크린 디스플레이를 위해서는 새로운 MTRR 가속을 사용한다.

② 사운드를 위해서는 OSS API를 사용한다.

③ 스레드는 clone() 시스템 콜과 SysV IPC 또는 glibc-2.1 pthread를 사용해 구현된다.

2) Win32

① 두 가지 버전이 있는데 하나는 Win32 API에 기반해서 모든 시스템에 안정적으로 사용할 수 있는 것이고, 또 하나는 DirectX API에 기반한 빠른 성능을 낼 수 있는 것이다.

② 안정 버전은 비디오 디스플레이를 위해 GDI를 사용한다. 고성능 버전은 비디오 디스플레이를 위해 DirectDraw를 사용하며, 가능하다면 하드웨어 가속의 도움을 받는다.

③ 안정 버전은 사운드를 위해 waveOut API를 사용하고, 고성능 버전은 오디오 재생을 위해 DirectSound를 사용한다.

3) BeOS

① 비디오 디스플레이를 위해서는 BDirectWindow가 사용된다.

② 사운드를 위해서는 BSoundPlayer가 사용된다.

4) MacOS, MacOS X

① 비디오 디스플레이를 위해서는 Carbon과 DrawSprockets이 사용된다.

② 사운드를 위해서는 SoundManager API가 사용된다.

③ MacOS X에서는 자체 비선점형 스레드가 지원된다.

5) 비공식적 포팅들, 진행중인 포팅들

① Solaris, IRIX, FreeBSD, QNX, OSF/True64

4. SDL 포팅

여기서는 임베디드 시스템 기반의 X-HYPER320TKU 보드를 타깃으로 ARM용 라이브러리를 생성시키고 포팅하여 타깃 보드상에서 SDL 기반으로 작성된 하나의 애니메이션 예제 프로그램을 테스트해보고자 한다. 사용된 SDL 버전은 가장 최근 버전은 1.2.13이고 확장 라이브러리인 SDL Image 버전은 1.2.6을 이용할 것이고 입력장치로 TSLIB를 사용하여 터치 기능을 사용할 수 있도록 할 것이다.

14.3 S/W 구현

1. SDL 애니메이션 프로그램의 코드 설명

SDL_animation.cpp 주요 코드는 다음과 같다.

```
//Screen attributes
const int SCREEN_WIDTH = 800; const int SCREEN_HEIGHT = 480;
const int SCREEN_BPP = 16;
//The dimensions of the stick figure
const int FOO_WIDTH = 64; const int FOO_HEIGHT = 205;
//The direction status of the stick figure
const int FOO_RIGHT = 0; const int FOO_LEFT = 1;

SDL_Surface *foo = NULL;          // 전역변수

bool load_files()                 // 이미지 파일 로딩 함수
{
    //Load the sprite sheet
    foo = load_image("foo.png");  // foo.png 파일을 로딩한다.
    //If there was a problem in loading the sprite
    if( foo == NULL ) {
        fprintf(stderr, "Couldn't load image file: %s\n", SDL_GetError());
        return false;
    }
   //If everything loaded fine
    return true;
}
```

```
SDL_Surface *load_image(std::string filename)           // 이미지 로딩 함수
{
    //The image that's loaded
    SDL_Surface* loadedImage = NULL;
    //The optimized surface that will be used
    SDL_Surface* optimizedImage = NULL;
    //Load the image
    loadedImage = IMG_Load(filename.c_str());           // PNG 이미지 파일을 로딩
    //If the image loaded
    if(loadedImage != NULL){
        //Create an optimized surface
        optimizedImage = SDL_DisplayFormat(loadedImage);
        //Free the old surface
        SDL_FreeSurface(loadedImage);
        //If the surface was optimized
        if(optimizedImage != NULL){
            //Color key surface
            SDL_SetColorKey(optimizedImage, SDL_SRCCOLORKEY, SDL_MapRGB
                        (optimizedImage->format, 0, 0xFF, 0xFF));
        }
    }
    //Return the optimized surface
    return optimizedImage;
}
void Foo::handle_events()                               // TSLIB 이벤트 처리 함수
{
    //If a touch was pressed
    if(event.type == SDL_MOUSEBUTTONDOWN) {             // 터치 펜 다운
        if(offSet < event.button.x) {
            velocity += FOO_WIDTH / 4;
            pointer_status = 1;
        }
        else {
            velocity -= FOO_WIDTH / 4;
            pointer_status = 2;
        }
    }
```

```
    else if(event.type == SDL_MOUSEBUTTONUP) {                    // 터치 펜 업
        if (pointer_status == 1)
            velocity -= FOO_WIDTH / 4;
        else if (pointer_status == 2)
            velocity += FOO_WIDTH / 4;
    }
}
bool init()// SDL 서브시스템 초기화 함수
{   //Initialize all SDL subsystems
    if (SDL_Init(SDL_INIT_VIDEO) < 0) {                          // SDL 초기화
        fprintf(stderr, "Couldn't initialize SDL: %s\n", SDL_GetError());
        return false;
    }
    //Set the window caption
    SDL_WM_SetCaption("Animation Test", "SDL_animation");        // 캡션 설정
    //Set up the screen
    screen    =    SDL_SetVideoMode(SCREEN_WIDTH,    SCREEN_HEIGHT,    SCREEN_BPP,
SDL_SWSURFACE);  // 비디오 모드 설정
    //If there was an error in setting up the screen
    if( screen == NULL ) {
        fprintf(stderr,  "Couldn't  set  %dx%dx%d  video  mode:  %s\n",  SCREEN_WIDTH,
SCREEN_HEIGHT, SCREEN_BPP, SDL_GetError());
        return false;
    }
    //If everything initialized fine
    return true;
}
int main(int argc, char* args[])                                 // 메인 함수
{
    //Quit flag
    bool quit = false;
    //Initialize
    if(init() == false)
        return 1;
    //Load the files
    if(load_files() == false)
        return 1;
    //Clip the sprite sheet
    set_clips();
    //The frame rate regulator
    Timer fps;
```

제14장

```
    //The stick figure
    Foo walk;
    //While the user hasn't quit
    while(quit == false) {
        //Start the frame timer
        fps.start();
        //While there's events to handle
        while(SDL_PollEvent(&event)) {                    // 이벤트 발생을 감시
            //Handle events for the stick figure
            walk.handle_events();
            //If the user has Xed out the window
            if(event.type == SDL_QUIT) {
                //Quit the program
                quit = true;
            }
        }
        //Move the stick figure
        walk.move();
        //Fill the screen white
        SDL_FillRect(screen, &screen->clip_rect, SDL_MapRGB(screen->format, 0xff, 0xff, 0xFF));
        //Show the stick figure on the screen
        walk.show();
        //Update the screen
        if(SDL_Flip(screen) == -1)
            return 1;
        //Cap the frame rate
        if(fps.get_ticks() < 1000 / FRAMES_PER_SECOND)
            SDL_Delay((1000 / FRAMES_PER_SECOND) - fps.get_ticks());
    }
    //Clean up
    clean_up();
    return (255);
}
```

14.4 ARM용 SDL 구축

1. SDL-1.2.13 컴파일

① /320app/Application/SDL_Example/SDL-1.2.13/디렉토리로 이동한다.

```
파일(F) 편집(E) 보기(V) 터미널(T) 도움말(H)
hybus@hybus-desktop:~$ cd /320app/Application/SDL_Example/SDL-1.2.13/
```

② vi에디터를 이용해서 config-arm 파일을 수정한다.

```
파일(F) 편집(E) 보기(V) 터미널(T) 도움말(H)
hybus@hybus-desktop:/320app/Application/SDL_Example/SDL-1.2.13$ sudo vi config-a
rm
```

```
#!/bin/sh
export PKG_CONFIG_PATH=/usr/local/arm-linux-4.1.1/arm-iwmmxt-linux-gnueabi
/lib/pkgconfig
export PKG_CONFIG=/usr/local/arm-linux-4.1.1/arm-iwmmxt-linux-gnueabi/bin/
pkg-config
export CC=/usr/local/arm-linux-4.1.1/bin/arm-linux-gcc
export STRIP=/usr/local/arm-linux-4.1.1/bin/arm-linux-strip
export RANLIB=/usr/local/arm-linux-4.1.1/bin/arm-linux-ranlib
export CXX=/usr/local/arm-linux-4.1.1/bin/arm-linux-g++
export AR=/usr/local/arm-linux-4.1.1/bin/arm-linux-ar

./configure --build=i686-pc-linux-gnu \
            --prefix=/usr/local/arm-linux-4.1.1/arm-iwmmxt-linux-gnueabi \
            --host=arm-linux \
            --disable-debug --enable-events --disable-joystick \
            --disable-cdrom --disable-diskaudio --disable-mintaudio \
            --disable-esd --disable-nsam --disable-dga \
            --disable-video-x11-dgamouse --disable-video-x11-xv \
            --enable-video-x11-xinerama --disable-video-x11-xme \
            --disable-video-dga --disable-video-photon \
            --disable-video-ps2gs --disable-video-xbios \
            --disable-video-gem --disable-video-opengl \
            --enable-input-event --enable-input-tslib \
            --disable-stdio-redirect --disable-directx --disable-directfb \
```

```
--disable-atari-ldg --disable-video-x11-dpms \
--disable-video-cocoa --disable-video-svga --disable-video-vgl \
--disable-video-wscons --disable-video-dummy --disable-ipod \
--disable-dummyaudio --disable-altivec --disable-esdtest \
--disable-esd-shared --disable-pulseaudio \
--disable-pulseaudio-shared --with-x \
--x-includes=/usr/local/arm-linux-4.1.1/arm-iwmmxt-linux-gnueabi/ include \
--x-libraries=/usr/local/arm-linux-4.1.1/arm-iwmmxt-linux-gnueabi/lib
```

③ vi에디터를 사용해서 include/SDL_stdinc.h 133번째 줄을 주석처리한다.

```
파일(F) 편집(E) 보기(V) 터미널(T) 도움말(H)
hybus@hybus-desktop:/320app/Application/SDL_Example/SDL-1.2.13$ sudo vi include/
SDL_stdinc.h
```

```
파일(F) 편집(E) 보기(V) 터미널(T) 도움말(H)
126 #endif
127
128 typedef enum{
129         DUMMY_ENUM_VALUE
130 } SDL_DUMMY_ENUM
131
132 #ifndef   NDS
133 //SDL_COMPILE_TIME_ASSERT(enum, sizeof(SDL_DUMMY_ENUM) == sizeof(int));
134 #endif
135
136
137 #include "begin_code.h"
138 /* Set up for C function definitions, even when using C++ */
139 #ifdef __cplusplus
140 extern "C" {
141 #endif
142
143 #ifdef HAVE_MALLOC
144 #define SDL_malloc      malloc
145 #else
146 extern DECLSPEC void * SDLCALL SDL_malloc(size_t size);
147 #endif
148
                                                  131,0-1       21%
```

④ 다음 절차대로 컴파일 및 설치를 진행한다.

```
파일(F) 편집(E) 보기(V) 터미널(T) 도움말(H)
hybus@hybus-desktop:/320app/Application/SDL_Example/SDL-1.2.13$ sudo chmod 755 c
onfig-arm
```

```
파일(F) 편집(E) 보기(V) 터미널(T) 도움말(H)
hybus@hybus-desktop:/320app/Application/SDL_Example/SDL-1.2.13$ sudo ./config-arm
```

```
파일(F) 편집(E) 보기(V) 터미널(T) 도움말(H)
hybus@hybus-desktop:/320app/Application/SDL_Example/SDL-1.2.13$ sudo make
```

```
파일(F) 편집(E) 보기(V) 터미널(T) 도움말(H)
hybus@hybus-desktop:/320app/Application/SDL_Example/SDL-1.2.13$ sudo make install
```

⑤ vi에디터를 이용해서 config-fs 내용을 수정한다.

```
파일(F) 편집(E) 보기(V) 터미널(T) 도움말(H)
hybus@hybus-desktop:/320app/Application/SDL_Example/SDL-1.2.13$ sudo vi config-fs
```

```
파일(F) 편집(E) 보기(V) 터미널(T) 도움말(H)
#!/bin/sh
export PKG_CONFIG_PATH=/usr/local/arm-linux-4.1.1/arm-iwmmxt-linux-gnueabi/lib/pkgconfig
export PKG_CONFIG=/usr/local/arm-linux-4.1.1/arm-iwmmxt-linux-gnueabi/bin/pkg-config
export CC=/usr/local/arm-linux-4.1.1/bin/arm-linux-gcc
export STRIP=/usr/local/arm-linux-4.1.1/bin/arm-linux-strip
export RANLIB=/usr/local/arm-linux-4.1.1/bin/arm-linux-ranlib
export CXX=/usr/local/arm-linux-4.1.1/bin/arm-linux-g++
export AR=/usr/local/arm-linux-4.1.1/bin/arm-linux-ar

./configure --build=i686-pc-linux-gnu \
            --prefix=/usr \
                        --host=arm-linux \
                        --disable-debug \
                        --enable-events \
                        --disable-joystick \
                        --disable-cdrom \
                        --disable-diskaudio \
                        --disable-mintaudio \
                        --disable-esd \
                        --disable-nsam \
                        --disable-dga \
-- 끼워넣기 --                                  11,24-30      꼭대기
```

⑥ 그리고 계속해서 컴파일 및 설치를 한다.

```
파일(F)  편집(E)  보기(V)  터미널(T)  도움말(H)
hybus@hybus-desktop:/320app/Application/SDL_Example/SDL-1.2.13$ sudo chmod 755 c
onfig-fs
```

```
파일(F)  편집(E)  보기(V)  터미널(T)  도움말(H)
hybus@hybus-desktop:/320app/Application/SDL_Example/SDL-1.2.13$ sudo make distcl
ean
```

```
파일(F)  편집(E)  보기(V)  터미널(T)  도움말(H)
hybus@hybus-desktop:/320app/Application/SDL_Example/SDL-1.2.13$ sudo ./config-fs
```

```
파일(F)  편집(E)  보기(V)  터미널(T)  도움말(H)
hybus@hybus-desktop:/320app/Application/SDL_Example/SDL-1.2.13$ sudo make
```

⑦ make install을 진행할 때 설치 디렉토리를 반드시 지정해야 한다. 그렇지 않으면 X86상의 /usr 밑에 설치되어 기존의 설치된 X86용 SDL 라이브러리와 겹치게 되는 문제가 발생한다.

```
파일(F)  편집(E)  보기(V)  터미널(T)  도움말(H)
hybus@hybus-desktop:/320app/Application/SDL_Example/SDL-1.2.13$ sudo make instal
l DESTDIR=$PWD/_install-fs
```

⑧ 설치가 완료되었으면 _install-fs/usr 디렉토리로 이동한다.

```
파일(F)  편집(E)  보기(V)  터미널(T)  도움말(H)
hybus@hybus-desktop:/320app/Application/SDL_Example/SDL-1.2.13$ cd _install-fs/u
sr/
```

⑨ 확인 후 lib 디렉토리를 제외한 나머지 디렉토리를 삭제한다.

```
파일(F)  편집(E)  보기(V)  터미널(T)  도움말(H)
hybus@hybus-desktop:/320app/Application/SDL_Example/SDL-1.2.13/_install-fs/usr$
sudo rm-rf include bin share
```

⑩ 그리고 lib 디렉토리로 이동 후 pkgconfig 디렉토리도 삭제한다.

```
파일(F)  편집(E)  보기(V)  터미널(T)  도움말(H)
hybus@hybus-desktop:/320app/Application/SDL_Example/SDL-1.2.13/_install-fs/usr/l
ib$ sudo rm-rf pkgconfig
```

⑪ 그리고 다시 하위 디렉토리로 이동 후 usr 디렉토리를 압축한다.

```
파일(F) 편집(E) 보기(V) 터미널(T) 도움말(H)
hybus@hybus-desktop:/320app/Application/SDL_Example/SDL-1.2.13/_install-fs$ sudo
 tar zcvf sdl.tgz usr/
usr/
usr/lib/
usr/lib/libSDL-1.2.so.0
usr/lib/libSDL.a
usr/lib/libSDLmain.a
usr/lib/libSDL-1.2.so.0.11.2
usr/lib/libSDL.la
usr/lib/libSDL.so
hybus@hybus-desktop:/320app/Application/SDL_Example/SDL-1.2.13/_install-fs$
```

⑫ 압축 파일을 보드에 다운로드시켜 보겠다. minicom를 실행시킨 후 최상위 디렉토리로 이동 /320app/Application/SDL_Example/SDL-1.2.13/_install-fs 디렉토리에 있는 sdl.tgz 파일을 보드로 다운로드한다.

```
파일(F) 편집(E) 보기(V) 터미널(T) 도움말(H)
[root@WENDERS root]# cd /
```

```
파일(F) 편집(E) 보기(V) 터미널(T) 도움말(H)
[root@WENDERS /]#



     +-----------[zmodem upload - Press CTRL-C to quit]------------+
     |Sending: sdl.tgz                                             |
     |Bytes Sent:   5120/1402309   BPS:4543     ETA 05:07          |
     |                                                             |
     |                                                             |
     |                                                             |
     |                                                             |
     |                                                             |
     +-------------------------------------------------------------+


CTRL-A Z for help | 38400 8N1 | NOR | Minicom 2.3 | VT102 | Offline
```

제14장

⑬ 다운로드가 끝났으면 압축을 푼다.

```
파일(F) 편집(E) 보기(V) 터미널(T) 도움말(H)
[root@WENDERS /]# tar zxvf sdl.tgz
```

이것으로 라이브러리 설치가 완료되었다. 이어서 SDL 확장 라이브러리를 설치하도록 하겠다. 확장 라이브러리의 설치방법은 라이브러리 설치방법과 동일하다.

⑭ /320app/Application/SDL_Example/SDL_image-1.2.6/ 디렉토리로 이동한다.

```
파일(F) 편집(E) 보기(V) 터미널(T) 도움말(H)
hybus@hybus-desktop:~$ cd /320app/Application/SDL_Example/SDL_image-1.2.6/
```

⑮ vi편집기를 이용해서 config-arm 내용을 아래와 같이 수정한다.

```
파일(F) 편집(E) 보기(V) 터미널(T) 도움말(H)
hybus@hybus-desktop:/320app/Application/SDL_Example/SDL_image-1.2.6$ sudo vi config-arm
```

```
#!/bin/sh
export PKG_CONFIG_PATH=/usr/local/arm-linux-4.1.1/arm-iwmmxt-linux-gnueabi
/lib/pkgconfig
export PKG_CONFIG=/usr/local/arm-linux-4.1.1/arm-iwmmxt-linux-gnueabi/bin/
pkg-config
export CC=/usr/local/arm-linux-4.1.1/bin/arm-linux-gcc
export STRIP=/usr/local/arm-linux-4.1.1/bin/arm-linux-strip
export RANLIB=/usr/local/arm-linux-4.1.1/bin/arm-linux-ranlib
export CXX=/usr/local/arm-linux-4.1.1/bin/arm-linux-g++
export AR=/usr/local/arm-linux-4.1.1/bin/arm-linux-ar

./configure \
        --build=i686-pc-linux-gnu \
        --host=arm-linux \
        --prefix=/usr/local/arm-linux-4.1.1/arm-iwmmxt-linux-gnueabi \
        --disable-sdltest
```

⑯ 다음 절차대로 컴파일 및 설치를 진행한다.

```
파일(F) 편집(E) 보기(V) 터미널(T) 도움말(H)
hybus@hybus-desktop:/320app/Application/SDL_Example/SDL_image-1.2.6$ sudo chmod
755 config-arm
```

```
파일(F) 편집(E) 보기(V) 터미널(T) 도움말(H)
hybus@hybus-desktop:/320app/Application/SDL_Example/SDL_image-1.2.6$ sudo ./conf
ig-arm
```

```
파일(F) 편집(E) 보기(V) 터미널(T) 도움말(H)
hybus@hybus-desktop:/320app/Application/SDL_Example/SDL_image-1.2.6$ sudo make
```

```
파일(F) 편집(E) 보기(V) 터미널(T) 도움말(H)
hybus@hybus-desktop:/320app/Application/SDL_Example/SDL_image-1.2.6$ sudo make i
nstall
```

⑰ 이름을 바꿔서 복사한 다음 vi에디터를 이용해서 config-fs를 아래와 같이 수정한다.

```
파일(F) 편집(E) 보기(V) 터미널(T) 도움말(H)
hybus@hybus-desktop:/320app/Application/SDL_Example/SDL_image-1.2.6$ sudo cp con
fig-arm config-fs
```

```
파일(F) 편집(E) 보기(V) 터미널(T) 도움말(H)
hybus@hybus-desktop:/320app/Application/SDL_Example/SDL_image-1.2.6$ sudo vi con
fig-fs
```

```
#!/bin/sh
export PKG_CONFIG_PATH=/usr/local/arm-linux-4.1.1/arm-iwmmxt-linux-gnueabi
/lib/pkgconfig
export PKG_CONFIG=/usr/local/arm-linux-4.1.1/arm-iwmmxt-linux-gnueabi/bin/
pkg-config
export CC=/usr/local/arm-linux-4.1.1/bin/arm-linux-gcc
export STRIP=/usr/local/arm-linux-4.1.1/bin/arm-linux-strip
export RANLIB=/usr/local/arm-linux-4.1.1/bin/arm-linux-ranlib
export CXX=/usr/local/arm-linux-4.1.1/bin/arm-linux-g++
export AR=/usr/local/arm-linux-4.1.1/bin/arm-linux-ar
export SDL_CONFIG=/usr/local/arm-linux-4.1.1/arm-iwmmxt-linux-gnueabi/bin/sdl
-config
./configure ₩
        --build=i686-pc-linux-gnu ₩
```

제14장

```
--host=arm-linux ₩
--prefix=/usr ₩
--disable-sdltest
```

⑱ 아래와 같이 컴파일 및 설치를 진행한다.

```
파일(F) 편집(E) 보기(V) 터미널(T) 도움말(H)
hybus@hybus-desktop:/320app/Application/SDL_Example/SDL_image-1.2.6$ sudo chmod
755 config-fs
```

```
파일(F) 편집(E) 보기(V) 터미널(T) 도움말(H)
hybus@hybus-desktop:/320app/Application/SDL_Example/SDL_image-1.2.6$ sudo make d
istclean
```

```
파일(F) 편집(E) 보기(V) 터미널(T) 도움말(H)
hybus@hybus-desktop:/320app/Application/SDL_Example/SDL_image-1.2.6$ sudo ./conf
ig-fs
```

```
파일(F) 편집(E) 보기(V) 터미널(T) 도움말(H)
hybus@hybus-desktop:/320app/Application/SDL_Example/SDL_image-1.2.6$ sudo make
```

⑲ make install을 진행할 때 설치 디렉토리를 반드시 지정해야 한다. 그렇지 않으면 X86상의 /usr 밑에 설치되어 기존의 설치된 X86용 SDL 라이브러리와 겹치는 문제가 발생한다.

```
파일(F) 편집(E) 보기(V) 터미널(T) 도움말(H)
hybus@hybus-desktop:/320app/Application/SDL_Example/SDL_image-1.2.6$ sudo make i
nstall DESTDIR=$PWD/_install-fs
```

⑳ 설치가 끝나면 _install-fs/usr/디렉토리로 이동한다.

```
파일(F) 편집(E) 보기(V) 터미널(T) 도움말(H)
hybus@hybus-desktop:/320app/Application/SDL_Example/SDL_image-1.2.6$ cd _install
-fs/usr/
```

㉑ lib 디렉토리를 제외한 나머지는 모두 삭제한다.

```
파일(F) 편집(E) 보기(V) 터미널(T) 도움말(H)
hybus@hybus-desktop:/320app/Application/SDL_Example/SDL_image-1.2.6/_install-fs/
usr$ sudo rm -rf include
```

㉒ 지우고 난 뒤 하위 디렉토리로 이동한 후 usr 디렉토리를 압축한다.

```
파일(F) 편집(E) 보기(V) 터미널(T) 도움말(H)
hybus@hybus-desktop:/320app/Application/SDL_Example/SDL_image-1.2.6/_install-fs/
usr$ cd ..
```

```
파일(F) 편집(E) 보기(V) 터미널(T) 도움말(H)
hybus@hybus-desktop:/320app/Application/SDL_Example/SDL_image-1.2.6/_install-fs$
 sudo tar zcvf sdl_image.tgz usr/
```

㉓ 압축 파일을 보드에 다운로드시켜 보겠다. minicom를 실행시킨 후 최상위 디렉토리로 이동 /320app/Application/SDL_Example/SDL-image-1.2.6/_install-fs 디렉토리에 있는 sdl_image..tgz 파일을 보드로 다운로드한다.


```
파일(F) 편집(E) 보기(V) 터미널(T) 도움말(H)
[root@WENDERS root]# cd /
```

```
파일(F) 편집(E) 보기(V) 터미널(T) 도움말(H)
[root@WENDERS /]#

        +-----------[zmodem upload - Press CTRL-C to quit]------------+
        |Sending: sdl_image.tgz                                        |
        |Bytes Sent:  14336/ 159565   BPS:4652      ETA 00:31         |
        |                                                              |
        |                                                              |
        |                                                              |
        |                                                              |
        |                                                              |
        +--------------------------------------------------------------+

CTRL-A Z for help | 38400 8N1 | NOR | Minicom 2.3 | VT102 | Offline
```

㉔ 다운로드가 끝나게 되면 압축을 풀어 보겠다.

```
파일(F) 편집(E) 보기(V) 터미널(T) 도움말(H)
[root@WENDERS /]# tar zxvf sdl_image.tgz
usr
usr/lib
usr/lib/libSDL_image-1.2.so.0.1.5
usr/lib/libSDL_image.la
usr/lib/libSDL_image-1.2.so.0
usr/lib/libSDL_image.so
usr/lib/libSDL_image.a
[root@WENDERS /]#
```

㉕ 이것으로 ARM용 SDL 라이브러리 포팅을 완료하였다.

14.5 SDL 애니메이션 기능

PNG 이미지 파일을 로드하여 디스플레이를 한다. TSLIB를 이용하여 터치를 사용할 수 있다. 여러 개의 이미지로 애니메이션 효과를 나타낼 수 있다.

14.6 구 성

SDL 애니메이션 프로그램의 구성은 다음과 같다.

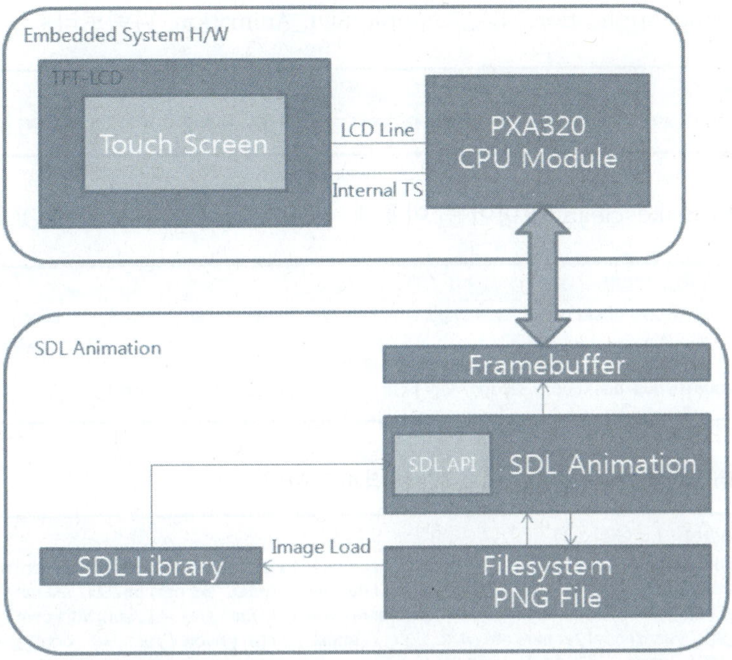

SDL 확장 API인 Image Loader를 사용하여 파일시스템에 저장되어 있는 특정 PNG 이미지 파일을 가져오고 SDL 애니메이션 프로그램에서 SDL API를 이용하여 애니메이션 효과를 나타내게 된다. 애니메이션 효과는 TFT-LCD를 통해 디스플레이 될때 TSLIB 터치를 이용하여 캐릭터의 방향을 정하여 움직이게 할 수 있다. 다음 그림은 터치에 따라 좌측 또는 우측으로 움직이는 효과를 나타 내기 위한 'foo.png' 파일이다.

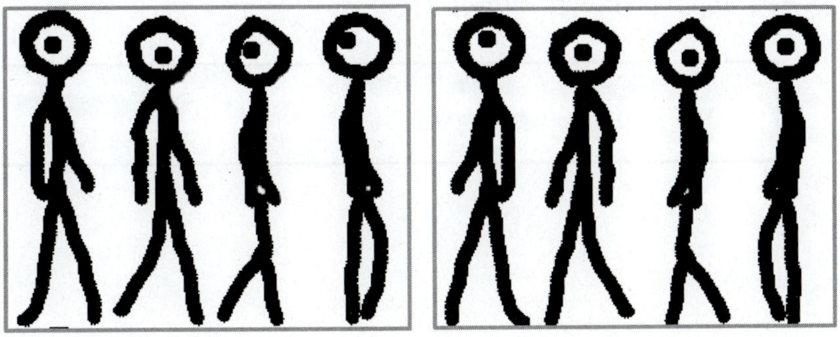

14.7 수행결과 및 컴파일

1. SDL 애니메이션 컴파일

① /320app/Application/SDL_Example/SDL_Animation 디렉토리로 이동한다.

```
파일(F) 편집(E) 보기(V) 터미널(T) 도움말(H)
hybus@hybus-desktop:~$ cd /320app/Application/SDL_Example/SDL_Animation
```

② sudo make clean 명령어를 이용해 이전에 컴파일되어 있는 것을 삭제한다.

```
파일(F) 편집(E) 보기(V) 터미널(T) 도움말(H)
hybus@hybus-desktop:/320app/Application/SDL_Example/SDL_Animation$ sudo make cle
an
rm -rf SDL_animation SDL_animation SDL_animation.o test.o
hybus@hybus-desktop:/320app/Application/SDL_Example/SDL_Animation$
```

③ sudo make 명령어를 이용해서 컴파일한다.

```
파일(F) 편집(E) 보기(V) 터미널(T) 도움말(H)
hybus@hybus-desktop:/320app/Application/SDL_Example/SDL_Animation$ sudo make
/usr/local/arm-linux-4.1.1/bin/arm-linux-g++ -o SDL_animation SDL_animation.cpp
-g -O2 `/usr/local/arm-linux-4.1.1/arm-iwmmxt-linux-gnueabi/bin/sdl-config --cfl
ags` `/usr/local/arm-linux-4.1.1/arm-iwmmxt-linux-gnueabi/bin/sdl-config --libs`
 -lSDL_image -L/usr/local/arm-linux-4.1.1/arm-iwmmxt-linux-gnueabi/lib -lpng -l
pthread
hybus@hybus-desktop:/320app/Application/SDL_Example/SDL_Animation$
```

2. Z-MODEM을 이용한 다운로드

① 터미널창을 열어 minicom을 실행 후 보드를 부팅한다.

② /test_app 디렉토리로 이동한다.

```
파일(F) 편집(E) 보기(V) 터미널(T) 도움말(H)
[root@WENDERS root]# cd test_app/
```

③ Ctrl+A를 누르고 다시 S를 눌러 /320app/Application/SDL_Example/SDL_Animation 디렉토리로 이동 후 파일을 다운로드한다. (SDL_animation, foo.png)

```
+----------[zmodem upload - Press CTRL-C to quit]------------+
|Sending: SDL_animation                                      |
|Bytes Sent:   1024/  50054   BPS:12153    ETA 00:04         |
|                                                            |
|                                                            |
|                                                            |
|                                                            |
|                                                            |
+------------------------------------------------------------+
```

```
+----------[zmodem upload - Press CTRL-C to quit]------------+
|Sending: foo.png                                            |
|Bytes Sent:   1024/   7111   BPS:13005    ETA 00:00         |
|                                                            |
|                                                            |
|                                                            |
|                                                            |
|                                                            |
+------------------------------------------------------------+
```

3. 실행화면

① ./SDL_animation 명령어를 이용해서 실행해 보자.

```
파일(F)  편집(E)  보기(V)  터미널(T)  도움말(H)
[root@WENDERS test_app]# ./SDL_animation
```

② 터치를 이용하여 캐릭터의 오른쪽으로 입력하면 캐릭터가 오른쪽으로 이동하게 되고 왼쪽으로 입력하면 반대방향으로 움직이게 된다.

캐릭터 오른쪽 터치

캐릭터 왼쪽 터치

찾아보기

저자약력

- **남 상 엽**
  - 공학박사
  - 삼성종합기술원 정보시스템연구소 근무
  - 모토로라 반도체통신(주) 기술연구소 근무
  - 국제대학 IT계열 교수(현)
- 하이버스(주) 기술연구소

임베디드 시스템 구성 및 응용

2010년 7월 25일 1판 1쇄 발행

저 자 남 상 엽
하이버스(주) 기술연구소
발행인 남 승 우

발행처 도서출판 상尙 학學 당堂
서울특별시 동작구 사당3동 220-43
TEL : 02) 595-1692~4
FAX : 02) 595-1394
E-mail : namdoo6@unitel.co.kr
신고 : 2-155호 (1968. 11. 29)

(CD 포함) **정가 28,000원**

ISBN 978-89-93383-71-3 93560